49

XINZHI

Thumbs,Toes,and
Tears,and Other Traits
that Make Us Human

重返人类演化现场

[美] 奇普·沃尔特 著   蔡承志 译

生活·讀書·新知 三联书店

图书在版编目（CIP）数据

重返人类演化现场／（美）沃尔特著；蔡承志译．—北京：
生活·读书·新知三联书店，2014.7（2023.3 重印）
（新知文库）
ISBN 978－7－108－04931－5

Ⅰ．①重…　Ⅱ．①沃…　②蔡…　Ⅲ．①人类进化－研究
Ⅳ．①Q981.1

中国版本图书馆 CIP 数据核字（2014）第 044599 号

责任编辑　徐国强　曹明明
装帧设计　陆智昌　康　健
责任印制　董　欢
出版发行　生活·讀書·新知 三联书店
　　　　　（北京市东城区美术馆东街 22 号　100010）
网　　址　www.sdxjpc.com
图　　字　01-2018-7166
经　　销　新华书店
印　　刷　河北松源印刷有限公司
版　　次　2014 年 7 月北京第 1 版
　　　　　2023 年 3 月北京第 6 次印刷
开　　本　635 毫米×965 毫米　1/16　印张 18.5
字　　数　223 千字
印　　数　21,001－23,000 册
定　　价　36.00 元
（印装查询：01064002715；邮购查询：01084010542）

新知文库

出版说明

　　在今天三联书店的前身——生活书店、读书出版社和新知书店的出版史上，介绍新知识和新观念的图书曾占有很大比重。熟悉三联的读者也都会记得，20世纪80年代后期，我们曾以"新知文库"的名义，出版过一批译介西方现代人文社会科学知识的图书。今年是生活·读书·新知三联书店恢复独立建制20周年，我们再次推出"新知文库"，正是为了接续这一传统。

　　近半个世纪以来，无论在自然科学方面，还是在人文社会科学方面，知识都在以前所未有的速度更新。涉及自然环境、社会文化等领域的新发现、新探索和新成果层出不穷，并以同样前所未有的深度和广度影响人类的社会和生活。了解这种知识成果的内容，思考其与我们生活的关系，固然是明了社会变迁趋势的必需，但更为重要的，乃是通过知识演进的背景和过程，领悟和体会隐藏其中的理性精神和科学规律。

　　"新知文库"拟选编一些介绍人文社会科学和自然科学新知识及其如何被发现和传播的图书，陆续出版。希望读者能在愉悦的阅读中获取新知，开阔视野，启迪思维，激发好奇心和想象力。

生活·讀書·新知 三联书店

2006年3月

谨以此书献给我的父母
比尔（Bill）和罗斯玛丽（Rosemary），
他们从未阻止我追问"为什么"。

目　录

Tears　眼　泪

Kissing　亲　吻

序　言

为什么我们是独一无二的？

斯蒂芬·杰伊·古尔德（Stephen Jay Gould）生前写道："把最重要的科学变革全都考虑在内，其唯一共通的特征就是，人类逐步卸下自大心态，摆脱种种老旧信念，不再夜郎自大，妄称自己在宇宙占有核心地位。"举例来说，几个世纪以前，我们还认为所有天体都环绕着地球运行，后来却发现，我们僻处寻常星系的偏远一隅，住在一颗绕着不起眼的恒星运行的小型行星的地表上。不久之前，我们还自诩为诸神后裔，结果发现我们其实是灵长类的后裔，再往前追溯则是蠕虫类。古尔德和理查德·道金斯（Richard Dawkins）等人指出，演化是种偶发作用，若是再重新演化一次，我们的样子就可能会与现在极为不同，甚至根本无从演化出现。

这一切都是事实，却偏离了要点。我们毕竟身处核心地位。让我来解释个中缘由。

我们居住的宇宙能把信息涵盖在原子和分子结构里面。出现这种情况的起因，本身就是个有趣的问题。为什么各种物理定律和涵盖在这批定律里面的几十种常数，都是这么地配合无间，恰好能够生成原子和分子等各种构造呢？根据这种诠释说法，如今我们称之为"人择原理"的基本观点认为，要不是我们住在这样的宇宙里面，我们也不会在这里谈起这一点。另有一个思想学派和人择原理并无二致，这就是我曾经着眼论述的流派。这派的说法是，我们的宇宙历经了重重宇宙，才演化出了这些规则。

即便如此，我们也实在侥幸，物理定律果真能够让原子和分子生成，因为这样一种大型混沌的系统，里面充满了这种富含信息的结构，正是开展演化历程的理想舞台。于是演化才得以由此创造出种种构造，还会与时俱进，一天天变得更为复杂、更有知识、更具智慧、更富创意，也变得更美。

如果更详细地检视演化的进展，我们就可以权衡演化的过往和未来，把它区划为六大组成纪元，其中每个纪元都各具特有的信息贮存机制。第一个纪元我们可以称之为"物理和化学纪元"，这时信息是涵盖在原子和化学构造里面的。这方面特别醒目的是碳原子。这种原子具有一种癖性，能分别从四个方向和其他原子相连，因此特别擅长编译信息。

生化物质愈见复杂，终于演化出 DNA，这是能直接编译数码资料的分子，称为基因。有了 DNA，演化就具备了一种信息处理骨干，可以逐一记录、引领实验进展。这就是第二纪元，称为"生物纪元"。这时信息可经由编码而纳入 DNA 的"梯级"当中。纳米尺度的生物机体（好比核糖体）把这种 DNA 资料转换成三维蛋白质，紧接着蛋白质就会自组构成生物体。

这群生物体会彼此对抗（有时则相互合作），同时也逐渐演变，越来越复杂。最后，脑部演化出现，开创第三纪元，也就是我所说的"脑部纪元"。这时信息是编码纳入神经传导物质和离子通道的神经式组型。

当脑子的复杂程度和功能都演化到相当的水准时，身体的各种相关特征随之演化出现，这时能创造技术的物种也演化出现了（其实这样的物种曾经出现过好几种，如今却只剩一种存活）。这就是第四纪元的象征，这时信息是贮存在硬件当中，最后还纳入了软件设计。

第五纪元就是眼前正由我们开创的纪元，在这个时期，能创造技术的物种（就是我们）运用掌握的技术来了解自身的生物原理（这就是一种逆向工程成果），包括脑子的运作方法，并将生物学的设计理念纳入自己创造的技术中。

要说明第六纪元，势必得先洞察演化历程的指数本质。演化是种间接运作现象：演化创造出一种能力，接着就等待这种能力演化至后续阶段再把它纳入其中。因此进程加速，同时演化进程所得产物的能力也呈指数增长。

举例来说，DNA 花了十亿年才演化出现，但在此后所有后续阶段，所有生物却都用上了 DNA。下一个阶段是寒武纪大爆发，动物界所有躯体蓝图全都在这时演化出现，其进展速率呈百倍增长，约只花了千万年时光。这个进程持续加速，历经区区几百万年，我们这个物种就演化出现了。最早几个技术阶段（火、石器、轮子）则相对更快，只花了数万年光阴。我们不断使用最新一代的技术，来开创更新近世代的技术。所以，如今技术方面的典范转移只需数年就能完成。 请回想多数人都不使用搜索引擎的时代，这段历史显得相当古老，其实却只是不到十年的事情。

技术能力呈指数增长，展现出一种惊人的进步幅度。就以你手上那支 50 美元的手机来讲，其内建芯片的运算能力，已经千倍于 20 世纪 60 年代晚期我就读麻省理工学院的时代，全校师生共享的总计算能力。这就代表价格—表现比率增长了十亿倍，然而比起我们未来能够见到的情况却又相形见绌。如今，我们的计算和通讯的价格—表现每年都呈倍数增长。同时就连这个比率也逐日提升，因此在短短25年间，我们还会见识到另一次十亿倍的增长。就在这同一期间，我们也必能完成人脑逆向工程，因为这项工作同样以指数步调不断进步。目前人脑已经有二十几个区，包括脑皮质听觉、视觉区和小脑（我们的技能养成区）都经模塑成形，并能以电脑模拟。同时，目前已经有一项方案，正针对最重要的大脑皮层进行模拟。

按照这种指数进展，不到百年之间，人类就能孕育出充足的能力，得以在我们的地球上从事巍峨睿智的计算处理。接着我们还会拓展到宇宙其他地方，让这种演化进程的指数进展延续不懈。这样的扩展超出了地球，就代表进入第六纪元，我称之为"宇宙苏醒"。第六纪元涉及人类智慧的壮阔发展（主要都属于非生物性现象），最终将以物理最高速度从地球向外延伸。我们知道这个局限就是光速，不过迹象显示也可能存在捷径可供依循，那就是虫洞。

概括而言，这就是演化的过往、现在和未来的情节。这段情节的关键步骤就是一种递归（自循环，也称递回）进程。演化历史曾出过一次旋转乾坤的大事，当时演化出一个能力高强的物种（智人），竟然能够启动一种崭新的演化手法：技术。就像生物演化一样，技术演进也日新月异逐渐发展出更复杂、微妙的形式，不过步调更快，达千倍之速。事实上，这种步调还在不断加速，最后总要以数百万倍高速奔驰而去，让生物学望尘莫及。

那么这是如何成真的？这就是沃尔特这本精彩著作所要讲解的内容。这是段很重要的故事，不单就自我认识的观点而论，而且从第六纪元的视角看来也是如此。这是演化转捩点的故事。

就算你相信我们并不是宇宙孤客，而且除了地球之外还有众多能创造技术的智慧文明（就此有好几项很合理的疑点，不过这里我不深入探讨），那么这类外星物种在演化进程中，想必也经历了若干能提升能力的雷同因素。个中细节应该有所不同，不过关键因素可能都是相似的。

所以有哪些能增进能力的因素呢？按照奇普在本书提出的说明，最突出的是我们演化出了大型头颅，并纳入一颗大型头脑（代价则是额部变得脆弱，所以请别和其他灵长类动物比赛咬东西）。脑部有更多部分转变成大脑（前额）皮层，所以我们才有更高的本领来做递归思维。我们具有这种本领，能指定一个符号来代表一组复杂的概念，接着使用这个符号来思索更为巧妙的概念构造。于是我们才有办法发明复杂的程序来创造工具，也才有能力处理语言的递归结构。

当然，我们还拥有重要至极的对生附肢（拇指），这样才能把心中的"假使……则……"实验拿来实际操作。以往我们会去思考如何在石头上绑一根棍子，这样就真正造出了工具。或许有人会指出，黑猩猩的手，样子和我们的雷同。不过俗话说"漠视细节魔鬼上身"，黑猩猩的手并没有设计得那么好，完全不够用来打造工具。还有些人坚称，黑猩猩也是能制造工具的物种。没错，黑猩猩确实能抓握棍子、戳刺地面，不过它的这项本领也太简陋了，无法长久延续技术的改进历程。黑猩猩手部的支点位置不对，无法强力握持，也不能做细密的动作调节。而智人就能拿细绳小心地缠绕石头和棍子，创造出有用的工具，接着再用这件工具来创造出下一代工具。

奇普指出，倘若我们必须继续用前肢来行走，那么我们的手部演化进程就要改变。此外，倘若我们必须继续以四肢行走，那么我们就不能腾出双手来制造工具。所以我们的大脚趾和脚部其他细部解剖构造的演化现象，正是这个演化转捩点的关键要素。

就笑和哭方面，诚如本书所述，这在人类故事当中，是比较微妙却也同等重要的环节。除了让生活变得有趣得多之外，笑和哭还是促成社会凝聚的关键因素，在我们的文化和技术演变进程中扮演了一个十分重要的角色。一个人的脑和手并不足以开创技术宏图。要修筑铁道搭设通讯网络，组建实现人类这种成就，势必得仰仗绵密的社会组织。笑和哭代表了一种关键的特征，彰显出我们设身处地为旁人着想的能力，而这就是形成从家庭到国家等种种社会组织不可或缺的要素。还有，别忘了亲吻，这是人类另一种能增益社会秩序的独有特征。

　　我们的神经和社会联结也有连带关系，好比镜像神经元，从名称就能看出，它让我们能够从旁人的视角来看自己。最近我们发现了一组特别复杂的神经元，称为梭形细胞，这似乎能赋予我们高等情绪能力。部分灵长类动物也有梭形细胞，比如人猿类群，不过和人类相比数量较少。我们近来还发现，鲸类也有这类细胞。

　　这个故事还有众多内情，而据我所知，《重返人类演化现场》是第一本通盘综论这方面课题又妙趣横生的著作。我们可以说，这是宇宙史上最重要的故事。

　　该来的迟早要来，宇宙必然会演化出一种兼具递归思维能力，又有本领运用、改变环境的物种。不论这个门槛在宇宙其他地方是否已经达到，目前尚不清楚；我们确实知道，在地球上这已经实现了。于是，我们就是（就我们所知）唯一能以指数比率累积知识基础并代代相传的物种。我们是唯一能借助自己的设计成果，凌驾于自身生物局限性之上的物种。我们是唯一能改变自己所处的环境，甚至改变自身设计的物种。我们不停留在地面，不停留在行星上。同时，生物性限制因素也已经不能局限我们了。一千年前人类的预期寿命只有 25 岁，1800 年预期能活到 37 岁，如今则已经朝 80

岁逼近。随着改动生物的信息科技转换高速发展，这种增长趋势很快就会加速进行。同时，就在寿命急遽延展之时，我们和威力日盛又愈益精进的技术创造也两相融合，于是生命的界定也随之急遽扩充了。

由此观之，我们确实是独一无二的。

雷·库日韦尔(Ray Kurzweil)

2007 年 9 月

绪　　论

　　我们（所有人）都是天生怪胎。当然，我们一般并不觉得自己是这样。毕竟身为一个人，还有什么比人类更寻常呢？然而事实却是，我们自认为毫不突出的（偏私）印象，却完全经不住平实、客观的事实考验。试以走路方式为例，我们靠一对带关节的长骨高高撑起，蹒跚前行，这是哺乳类动物独有的特例，就如象鼻和鸭嘴兽脚同样荒谬反常。我们还相互发出繁复怪诞的声音来沟通交流，由此莫名其妙地就能传达种种错综复杂的感觉、思想和信息。我们使用这些声音并能理解其含意，仿佛这是飘荡在风中的香气，而且我们心中还有一种特殊的鼻子，能嗅闻这种声音的芳香含意。我们用这种声音就能改变旁人的心意，甚至让彼此泪珠双垂。我们还从事发明（甚至达到危险的地步），并不断扭曲周遭的事物，包括有生命的和其他的种类，从而达成我们自己的目标。由于这种习性，不论结果好坏，我们总归能肇造出国家经济，还在埃及吉萨和墨西哥奇琴伊察（Chichén Itzá）遗址搭建起金字塔，创作出精致的艺术、雕像和音乐，发明了蒸汽机、登月火箭、数码电脑、隐形轰炸机和"军武化"的疾病。看来地球万物没有一样能逃过我们强烈的改造欲望。近来我们甚至还动手裁制基因来改造自己。

　　本书谈的是我们怎样变成了我们这种奇怪的生物，还有我们为什么会投入这些乖僻的人类事务之中。书中也思考，哪些事情惹我们哭泣，我们为什么坠入爱河，从事发明、欺骗，和挚友一起喧嚣笑闹，还亲吻我们钟爱的人。书中还问起，是哪种演化转折触发种种事件，终至促成莫扎特交响曲，达·芬奇的洞见和技艺，莎士比亚的戏剧、幽默的作品和诗歌，更不必说还有拙劣的肥皂剧、好莱坞电影和伦敦音乐剧。书中也揣摩，尽管黑猩猩和我们的 DNA 有这么多共通之处，为什么没见到它们思索生命的意义，或者倘若它们有这种思维，为什么至今还没有分享心中所想。尾声提出思考，为什么你变成你，为什么我们这种生物没有发展成其他各种相貌，却变成如今这样前所未见的物种。

人类的好奇心无边无际，遇上了人类自己这个课题格外好奇，这并不是新鲜的观点。代代哲学家、诗人、神学家和科学家，从柏拉图到达尔文、圣奥古斯丁，乃至于弗洛伊德，全都写出浩繁的卷帙，沉沉地压弯了一排排无边无际的图书馆书架。你或许要问，倘若连这些思想家都克服不了这种难题，全都力竭溃败倒地喘息，那么这本书凭什么交上鸿运。答案很简单，今天我们可用的信息，远比以往更为扎实。

过去十年间，两大科学领域的成就取得了壮阔的进展：遗传学和神经生物学。遗传学进展协助我们洞察了所有生物的演化、发展方式。我们每个人都发育出自有独特形式，这归功于双亲传给我们的基因组合。你之所以成为现在的你，很大程度上归因于这些基因向外发送的信息，到现在这些信息依然不断传递，发送给只为了形成你才凝集的一万兆细胞①。难得有哪一天见不到新闻报道与

---

① 这个估计值引用自 1986 年出版的《小宇宙》（*Microcosmos*），作者为科学记者多里昂·萨根（Dorion Sagan）及其母亲——微生物学家琳恩·马古利斯（Lynn Margulis）。

DNA 相关的精彩发现，每个进展都让我们更进一步认识让生命得以成真的 DNA 分子机体。

另一个领域是脑部研究。身为一个人（相对于一只黄蜂或果蝇），你的一切行为和举止，都不单单由你的基因来掌控。你的脑子掌握了人之所以为人的众多秘密。或许基因复杂得非比寻常，然而人脑却让我们的遗传密码看起来就像四岁小孩的蜡笔涂鸦[①]。尽管人脑只重达区区 1.3—1.4 千克，里面却含有百兆神经元，而且各采一千种不同方式，分别和周围其他神经元相连。这就表示，在你清醒时的每个瞬间，你的脑子都依循一百兆条不同的路径相连，传递输入思维和所洞见的，处理一束束宏大的感觉输入，运转你身体的复杂管道，滋生（却不见得总能消弭）你所有的矛盾抵触情绪，有些是刻意所为，有些则属无意识之举。这种联结让你产生种种可能的心态，而且根据一项估计，在你一生当中，其总数大于宇宙所有电子和质子的数量。[②]既然这个数字如此庞大，你永远不可能彻底发挥你真正的实力，穷尽一切可能的思维，遍历一切可能的感受。不过，在每个灿烂的日子里，我们总是会做个尝试。

过去十年当中，科学家已经开发出种种愈益精密的扫描做法，更深入地展现我们脑子的构造和运作细节。虽然他们距离破解脑子的谜团还极其遥远，不过如今我们对脑部的行为已经知之甚详，甚

---

① 科学家、发明家雷·库日韦尔曾指出，复杂如人类的基因组，里面所含信息相当稀少：计约 30 亿指令集，或 60 亿位元，或约为 8 亿数元组（还包含众多冗余）。他在《奇点迫近》（The Singularity is Near）中谈到，基因组可以压缩成将近 3000 万数元组——比微软的 Word 程序还小。另一方面，这个相当简单的"程序"，则启动了创造出人脑的种种程序，而人脑的复杂程度，却达基因组本身的 10 亿倍之多。人类的小脑就是个好例子，小脑几乎囊括了脑子的半数神经元，然而只有少数基因（相当于几万数元组信息）能为脑中那处部位传达接线指令。当然，正是由于脑子具备弹性和挑选、贮藏、利用信息且创造新信息的能力，才让它显得如此出色，因此也才有机会构思该如何为基因组定序完成图谱。

② Carl Sagan, The Dragons of Eden (New York: Ballantine Books, 1977), p. 42.

至在最近短短时期都有了长足的进展。正电子放射断层造影和功能性核磁共振造影能摄得"影片"来显现我们的思维，更明确地讲，也就是展现出我们在思索、感受之时，脑中阵阵涌现的化学质流。如今，我们已经远比昔日更能明白，语言、笑和思维是如何在脑中自行显现的，甚至和初入21世纪区区几年之前的知识相比，都有云泥之别。就目前而言，这些影片的解析度只达细胞等级，不过很快就能从分子层级来显现脑部构造，到那时，读心术就远非魔术奇技之流堪可比拟的了。

科学家还在一点一滴地破解谜团，不断攻克各种学科领域的前沿，包括古人类学、心理学、生理学、社会学和电脑科学，这还只是其中少数例子，渐次阐明我们称之为人性的特殊行为。换句话说，我们大体上仍无自知之明，不过我们也渐次开创了可观的局面。

我们是如何发展成人类的？所有生物个体都是独一无二的。这是驱动演化的各种力量带来的结果，这些力量逐一淬炼每个生物，周密详尽，无微不至，赋予它好几项特质，孕育出独树一帜的特有个体。大象有象鼻；放屁甲虫（或称"投弹手甲虫"）能制造出烧灼的化学毒物，并从尾端精准地喷射。游隼能振翅高速推进，在空中以时速110千米准确无误地逮住猎物。这些特征都是动物的界定属性，能决定它们如何表现举止。那么，我们又是由哪些独有的特征来塑造、界定的？

我已经把它们削减到六项，每项都是人类的独有的特性——我们的大脚趾、拇指、造型独特的咽和喉咙、笑、泪以及亲吻。你或许会问，平凡如大脚趾、愚蠢如笑声或平淡如拇指的东西，怎么可能和我们的独特能力有丝毫关联，如何能让我们发明书写、表达欢乐、坠入爱河，或产生出中国先祖的民族特色呢？这些事物对火箭和收音机、交响乐、电脑晶片、悲剧或西斯汀礼拜堂引人瞩目的艺术能有什么影响呢？但事实就是这样。

人类所有成就的源头，都可以追溯至这些特质，其中每项都标示出演化道路的一个分叉点，而我们就在这些地点和动物界的其他物种分道扬镳，在人类情意心思特有的地势当中辟出细窄通道，标定小径的起点，引领我们向人类机能的荒僻边陲前进。

试以我们双脚前端的圆瘤状大脚趾为例。倘若大脚趾没有拉直，拉得比五百万年前更直，那么我们的祖先就永远不能挺直站立，也永远不能腾出前脚并演变出双手。若是我们没有腾出双手，那么我们就不能演化出对生的特化拇指，而我们正是拥有了这种拇指，才得以打造出最早的工具。

我们的脚趾和拇指都牵扯到第三种特质——我们特殊的喉咙和其中造型独特的咽。有了咽，我们才能比其他动物更精确地发出声音。挺直站立让我们的喉咙变得更直、更长，于是我们的发声喉腔下降了。一段时间之后，我们便孕育出说话的能力，不过还需要能产生复杂心智构造的脑子，才能满足语言和说话的需求。制造工具需要能够运用物件的脑子，这是由于脑子能带来逻辑、语法和文法的神经基础，这样一来，脑子就不只能够条理地安排物件，还能构思出概念，并由我们的咽转换成声音符号，把我们称为单词的这群符号组织起来，产生意义。

拥有语言能力的心智，也就是拥有自我意识的心智。意识以一种全然出人意料的方式，把我们古老的原始驱动力和我们新近演化的智慧融合在一起，这种做法连语言都没办法清楚阐明。从这里就能解释笑、亲吻和哭泣的起源。尽管从我们灵长类表亲的鸣啼、呼叫和远古行为当中，能瞥见这些举止的根源，然而检视其他物种采用的所有沟通对策，却没有哪一种动物能把这几项涵括在内。

或许有人要辩称，我们怎么可能降格简化成六样东西。还有些人或许要说，这些特质并不是我们才有。毕竟，袋鼠也能挺直站立，狗也会呜咽哀鸣，黑猩猩不是也会撅嘴咂唇吗？没错。不过袋鼠不会迈步，它们是跳着走；狗不会因伤心而落泪或因自豪而喜极而泣。事实上，它们根本就不会哭泣落泪。没有其他动物会这样，连大象也不会哭泣落泪。所以有些道听途说的故事并非事实。尽管黑猩猩能受训学会亲吻，但它们却不会天生就在青少年时期爬到雪佛兰汽车后座上，或躲到其他地方去亲热。

更重要的是，这些界定我们这个物种特色的额外本领和行为（不论结果好坏）总有个出处，而且若是我们不断询问其"出处、方式和起因"，问得够多了，我们就会追查到它们的根源。这种研究可以触类旁通，闻一知十，只要通盘了解演化的特殊算术，最终累加起来就能描绘出我们这种奇特、惊人又令人费解的生物。或许重点倒不完全在于如何把我们摆在显微镜的镜片底下，不带感情地自我剖析出无可批驳的最后答案。我们这种动物太复杂了，不能简化成这些许多琐细事项的总和。或许重点完全在于不断提出有趣的问题，接着就看答案把我们带向何处。结果就会发现，这些答案引领我们来到了很多不同凡响而又饶富兴味的地方。

奇普·沃尔特
2006 年于匹兹堡

Toes

脚　　趾

倘若我们的祖先从未进化出大脚趾，他们就永远不会挺直站立。直立行走不只改变了我们的外形，同时也改变了我们对世界的看法和我们的行为，特别是在人际互动方面从根源上产生了深远的影响。换句话说，这不只塑造了一具新的身体，还塑造出一种全新的心智。

第一章

大脚趾的异想传奇

人的直立站姿是他决定性发展的起点。

——西格蒙德·弗洛伊德（Sigmund Freud）

人种的故事源远流长，蜿蜒曲折，最早是从一块辽阔神秘大陆的草原开始的。站在东非塞伦盖蒂（Serengeti）平原上，你不禁要自觉渺小。大致而言，面对周围整片广袤的世界，你会清楚地了解自己不过是个微不足道的凡人。草原一望无际，灌木丛和猴面包树（baobab tree）零星散置，一直绵延到地平线。山峦、树林、峡谷和云朵等事物全都缩小了。至于狮子、牛羚和斑马等较小的动物，则全都在暑热当中消失无形，因为以你能力卑微的双眼，完全瞧不出这些渺小的细节。

感觉上，这片浩瀚的平原是另一个世界，然而这里却是我们的老家，因为人类就是在类似这样的地方，步履蹒跚地挺立身形，踏上漫长旅程，迈向现代。或许也因为如此，这片平原才让人有永恒的感受，仿佛那是亘古至今永远存续的地方。

不过非洲莽原并不是自古就在那儿。距今 600 万年前，非洲远比现在酷热。事实上，当时整个世界都是如此。雨林界线曾向北移，到达伦敦的纬度。如今已属干旱草原甚至沙漠的地区，当时却是苍翠繁茂的热带丛林，那里就像伊甸园一般，有各式各样的猿类共同生活。后来又过了一百万年，有一种生物演化出两个分支，到最后，其中一类孕育出人种，另一类则发展成黑猩猩和大猩猩。①不过在那个时期，灵长类种群还没有分化。环境很温暖，并有可供藏身的栖息所，食物也十分充沛，而且掠食动物相对较少。

倘若对现今大猩猩和黑猩猩行为的认知正确，那么当时的灵长类应该会集结成部族，大概三四十只一起在丛林中游荡。它们做短距离运动时可以用指节着地、四肢行走，若想以较快的速度跨越较广大的地域，就用树间摆荡的方式来移动。它们的双臂很长，双腿呈弓形，整个体态适于丛林生活。它们的双脚和双手同样也适于紧握树枝，脚上有四根长趾，第五根内趾的作用就像拇指一样，能用来抓握树枝，在林间优雅地摆荡。

我们的树栖型先祖留下的化石极少。丛林必须有湿气和细菌才像丛林，而这些环境通常并不利于保存骨骸。不过从已发现的证据推断，它们和今天的大猩猩、黑猩猩一样，都很可能不打造工具。在沟通方面，则只限于几种呼叫、呜啼和咕哝低哼（黑猩猩和大猩猩有时会拿草、树枝和石块来当做工具，不过它们并不从一开始就创造工具）。它们偶尔还可能适时地用捶胸或龇牙咧嘴来阐明特定的观点。不论它们采用哪些方式来沟通，这群猿类都约略表现出动物的智能。当时它们是地球上最聪明的灵长类动物，从我们的优越

---

① 古人类学是一门不怎么精准的学问，我们、黑猩猩和大猩猩都出身于同一群猿类，然而那个单一物种究竟在何时真正地分道扬镳，各自踏上不同的演化道路，迄今在科学界仍有激烈争议。多数人都认为，应该发生在距今 600 万—500 万年之前，也就是中新世结束之际。

地位来看（倘若我们能到那里观看），它们的日常生活显得极其单纯又全无文明可言。当时没有火把，火也用不上。到了夜晚一片漆黑，没有丝毫光亮，唯一的就是变动不绝的月亮和宇宙大爆炸时期洒落天空黑毯的银河灿烂星辰。那时世界还没有人类，不过人类就要现身了。

地球是颗暴躁、善变的行星。大陆漂移；山脉升高；洋流去向不定，忽而从北转南，或从东转西；陆地分裂爆炸碰撞。就是这样扰攘不止的地质现象，连同其他种种原因，让地球上的生命变得如此狂野而又繁茂滋长。生命在演化的压力下自行改造，并在地球不断造就生成的崭新生态栖位中觅得一席之地。适应作用一方面能够生成新的物种，另一方面也把不能因应调节的物种彻底消灭。

变动固然是地球本色，不过 600 万年前的扰动情形似乎特别严重。南极地区覆盖冰帽。全球温度逐日下降，海平面也是如此，于是海域赤道洋流受阻，最初发生在地中海东区海域，接着是直布罗陀，最后则出现在巴拿马地峡，也就是当初南、北美洲浮现之时，从沉陷的海域中露出的狭窄陆地。地中海排流之后重新充水，接着又排流枯竭，水位高低取决于洋流的怪诞行径和地球漂泊的陆块。当海水流光，那里就会形成山。这些山有时从盆地拔地而起超过1500 米高，接着在后续亿万年间又重新淹没在水平面下。

正当这些现象在地球西侧开展之时，印度洋各陆块则由庞大的地壳板块承载着向北漂移。印度次大陆延续了先前 3500 万年的态势，继续冲撞南亚大陆，到当时已经深入大陆近 2000 千米，而且就像铲雪机一般，在前头高高铲起了青藏高原和喜马拉雅山脉。

这种漂移作用还把科学家口中的"印尼活门"进一步向北拉

扯。这道活门由一群群岛屿和陆块组成，控制着从北太平洋流向印度洋的几十亿吨海水，发挥类似水闸和水坝的功能。然而随着海平面下降，活门所属的大型岛群也向北偏移，北太平洋较低温的海水则开始向南流动，为非洲沿岸带来了冷空气。随着清冷的寒风横扫印度洋面，大陆气候也慢慢开始改变。①于是丛林后撤，昔日的森林和草原地区也开始化为撒哈拉沙漠。

这种后退现象进行得并不是很快，也没有清楚划分的界线。近来科学家发现了 600 万年前的植被化石遗迹和同位素，显示出当时埃及以南埃塞俄比亚地区的湿度和森林分布都高于先前的设想。这些地带并非热带丛林区，却也不是辽阔的开放莽原。森林依然沿着河岸丛生，茂密地分布于山谷地区，而且往后几千年间，仍有众多树丛在平原上生长，接着塞伦盖蒂一类的草原才开始把森林彻底挤到一旁。

随着东非平原日渐寒冷、干燥，浩瀚的大陆也分裂开来。非洲和亚洲开始分离生成红海、亚丁湾，内陆更深处则形成大裂谷，那是一处地质伤疤，从叙利亚绵延到莫桑比克南部，总长超过 5000 千米。 庞大的火山升起，熔岩涌出，爆炸喷出岩浆、烟尘和灰烬，四散遍布至成千上万平方公里的范围。非洲最高峰乞力马扎罗山是个特别引人瞩目的喷发结果——熔岩层层堆叠将近 6000 米高，山顶还有积雪和冰河，然而这座山峰却几乎正好坐落在赤道上。其他地方的地表像庞大骨头般断裂一样，当裂缝成形，庞大的山谷也随之展开，形成耸立达数千尺高的山壁。

对于在这个区域平静地生活了那么久，且不愿改变固有习性的猿类而言，那段森林缩减、空气改变、地表确确实实就在它们脚下移位的时期，绝对会让它们不知所措。它们并不知道，这种变迁会让猿类本身改变到何等深远的地步。

---

① James D. Wright, "Climate Change: The Indonesian Valve", *Nature* 411 (2001) : 142-143.

　　　　　　重返人类演化现场

由于这种变迁，一个灵长类家族分支就此与世隔绝，而人类也正是这群地理孤儿的后裔。尽管人类学家对个中细节仍有争议①，不过演化出人类的那群动物，当初似乎被困在比较干旱的大裂谷东侧，接着大约从 500 万年之前开始，就自行发展出一支猿类分支。

当我们的祖先陷入困境，只能聚居在裂谷东侧逐渐缩减的、残

---

① 近来的几项发现，对精准时间轴线以及我们直接祖先起源越来越激烈的纷争产生了推波助澜的作用。其中一项是 2001 年 7 月在乍得发现的一件颅骨，出土地点在裂谷以西约 2400 千米处，据信其年代接近 600 万年前。有人说乍得人应该归入人科，隶属于后来演化出我们的非猿类世系。另有人说，这个种类有可能是黑猩猩和我们的最后共同进化环节。由于出土的颅骨只有碎片，我们无法得知这种生物是直立行走还是以四肢移行。另有个叫作原初人图根种的种类，发现者坚称那是人科物种，其出土地点位于肯尼亚图根山区（Tugen Hills），同样发现于 2001 年。图根原人和乍得人都具猿类相貌及类似人的特征。目前仍不清楚这两个物种是不是我们的直接祖先。华盛顿特区国立自然历史博物馆的"人类起源研究计划"主持人里克·波茨（Rick Potts）说的最有道理："这所有（特征的）混杂、匹配现象，显示出族群一再隔绝，独立演化，接着又凝聚结合的过程。要想厘清所有现象实在非常困难。"到了 2007 年夏季，情况更是治丝益棼，难上加难。当时对两件化石进行了重新分析，它们都在肯尼亚图尔卡纳湖（Lake Turkana）以东地区出土，分析结果让人开始质疑一个公认的观点：直立人直接由最早会打制工具的能人进化而来。另一项发现是在埃塞俄比亚出土的化石牙齿，结果显示，约 1000 万年前，大猩猩（不是黑猩猩）的祖先和人类分道扬镳了，产生了不同世系，年代比先前所想的还要早数百万年。

对于有关我们祖先在何时以及为什么开始直立行走的问题，古人类学家至今仍未达成共识。目前最广受采信的理论是，人科祖先因遭遇到非洲众多丛林因气候变迁而摧毁的情况，不得不才开始直立行走。早先非洲大半都长满森林，约 600 万年前才开始消失。然而，新近的几项化石发现同样让人对这项理论存疑。2001 年，人类学家发现了一批颅骨、上肢骨和锁骨碎片，并把这种生物命名为卡达巴始祖地猿（*Ardipithecus ramidus kadabba*）。它们分布于埃塞俄比亚中阿瓦什流域（Middle Awash River Valley），生存于距今 580 万—520 万年之间。然而，在这些发现的遗骨当中，最有趣的是一件趾骨，由此可见这种动物已经能够挺直站立。这种现象之所以奇特，是因为针对该区土壤其他化石所做的研究，全都暗指埃塞俄比亚这一带在 600 万年之前还是一片森林。所以，若说早期人科祖先之所以用后肢行走是莽原和草地扩张引致的优胜劣汰结果，那么这种依然栖居森林的生物，为什么也要直立行走？或许是由于它们栖居的森林之外是一片开放空间，所以才有必要直立行走。或许这就表示，那是种脱出常轨的生物。有些科学家推想，在那个时期，那种早期会踩着大树枝干行走的生物，"预先适应"直立行走方式。不论真相如何，我们的祖先总归在东非开放的莽原演化，最后挺直身形，终于演变成我们这种生物。

存森林的周边，同时另有些灵长类群则固守旧习，跟着丛林向非洲南部和中部撤退以求平安，最后跨出了裂谷山脉。它们演化出现今的三个大猩猩亚种和两个黑猩猩种，其中包括黑猩猩，也就是你在马戏团看到的那种，还有巴诺布猿（即"倭黑猩猩"），它们极有可能是和我们关系最密切的亲缘种类。现在它们依然栖居于这类丛林，然而，由于我们砍伐它们的森林栖所，还捕食或猎取它们来贩卖，恐怕它们也无法再存活多久了。

不过，基于500万年前的情况来看，我们完全可以合理地猜想，这另外一群猿类，也就是困居于裂谷东侧的那群，注定要踏上灭绝之路。然而，它们却奋力地活了下来，而且在一段时间之后，还自行分裂出好几个物种。人类学家原先不明白这点，甚至在几十年前都毫无所悉。他们假定我们人类是从单一物种干净利落地举步迈进现代，就像新款车型或新型电脑那样，后续版本都从前一版本改良而来。现在我们的认识更深了，不过全貌依然不清楚。

举例来说，有些物种的演化地点有可能位于乍得①，远比人类学家先前的设想更偏西。而且当它们在干涸、破碎的地形上漂泊的时候，有几种还可能曾经相遇、杂交。其他物种则有可能踏上恐龙的命运，没有留下任何后代，连一个基因都没有留下，只残存了少许碎骨化石——这是出自另一部史诗的杂乱信息，不过我们至今还无法解读。②我们的起源相当繁杂，远比许多科学家早先的推想更混乱。不过，目前我们正在慢慢掌握真相，厘清我们如何演变成直立行走的裸猿。

---

① M. Brunet, et al., "A New Hominid from the Upper Miocene of Chad, Central Africa", *Nature* 418(2002):145-151；P. Vignaud, et al., "Geology and Paleontology of the Upper Miocene Toros-Menalla Hominid Locality, Chad", *Nature* 418(2002): 152-155.

② 莱托里脚印相关详情可参见网页 http：//www. asa3. org/archive/evolution/199505-10/0668. html。

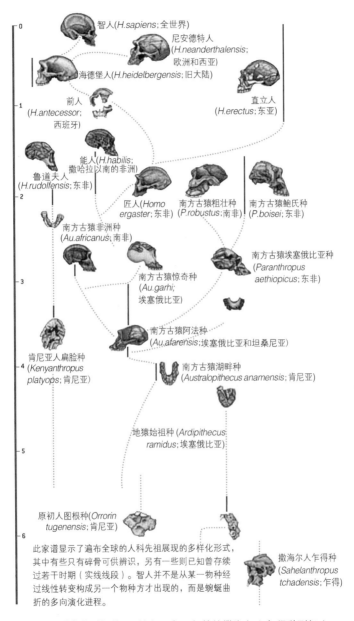

智人(*H.sapiens*;全世界)

尼安德特人
(*H.neanderthalensis*;
欧洲和西亚)

海德堡人(*H.heidelbergensis*;旧大陆)

前人
(*H.antecessor*;
西班牙)

直立人
(*H.erectus*;东亚)

能人(*H.habilis*;
撒哈拉以南的非洲)

鲁道夫人
(*H.rudolfensis*;东非)

匠人(*Homo
ergaster*;东非)

南方古猿粗壮种
(*P.robustus*;南非)

南方古猿鲍氏种
(*P.boisei*;东非)

南方古猿非洲种
(*Au.africanus*;南非)

南方古猿埃塞俄比亚种
(*Paranthropus
aethiopicus*;东非)

南方古猿惊奇种
(*Au.garhi*;
埃塞俄比亚)

南方古猿阿法种
(*Au.afarensis*;埃塞俄比亚和坦桑尼亚)

肯尼亚人扁脸种
(*Kenyanthropus
platyops*;肯尼亚)

南方古猿湖畔种
(*Australopithecus anamensis*;肯尼亚)

地猿始祖种 (*Ardipithecus
ramidus*;埃塞俄比亚)

原初人图根种(*Orrorin
tugenensis*;肯尼亚)

此家谱显示了遍布全球的人科先祖展现的多样化形式，
其中有些只有碎骨可供辨识，另一些则已知曾存续
过若干时期（实线线段）。智人并不是从某一物种经
过线性转变构成另一个物种才出现的，而是蜿蜒曲
折的多向演化进程。

撒海尔人乍得种
(*Sahelanthropus
tchadensis*;乍得)

人科演化时间线图,从六百多万年前的撒海尔人乍得种到智人

人类家谱

化石记录杂乱且前后矛盾，只凭这个资料框（甚至全书篇幅）是无法解答的。不过若能综观我们的家谱，浏览古人类学家迄今奠定的化石发现基础，还是会有帮助的。当然，化石记录的问题在于，它是一种不完整的拼图。尽管我们对人类演化全貌的了解渐深，就某方面而言，每次新的发现都能展现某些真相，不过每项发现也都带来新的问题。灵长类曾在不同时期，在非洲不同地区演化出众多品系，各具特有能力、才智和解剖学构造。这其中有些品系不无可能会相互交流。

大致全貌如下：在非洲各个不同地区，之前大部分时间待在林间的猿类都开始挺立身形。它们这样做可能有不同的原因，此时似乎只能蹒跚举步。根据最新的化石证据，好几支灵长类最后都演化出带有人类始祖血统的品系，其中最早的是撒海尔人乍得种，它们生活在非洲中北部，年代可上溯至 700 万年前。但有些科学家提出异议，认为它们有可能是现代大猩猩的早期类型。这个问题尚待厘清。

大约 600 万年前，另一种称为原初人图根种的灵长类在现今的肯尼亚西部出现了。它们有可能兼用四肢和双足方式行走，也许和我们有亲缘关系，古人类学界仍在这点上探寻真相。

距今 580 万—400 万年前，另两种也存有疑义的灵长类在东非出现了：地猿始祖种和南方古猿湖畔种。目前还不清楚地猿始祖种能用双足行动到什么程度，不过南方古猿湖畔种则毫无疑问地大部分时间都用双足步行。

大约从350万年前开始，延续至100万年前，莽原猿类似乎有一次新种的迷你爆发现象，每个种类都历经了挣扎奋斗，在日渐荒瘠的非洲平原上勉强维持生计。不过这可能只是因化石记录不规则所致。当时还可能有更多物种，不过或许留存下来的骨头较少。也或许后来还出现了其他种类，只是目前没有被人发现。不论情况如何，当时特别突出的有两个物种：南方古猿阿法种和南方古猿非洲种。它们应该比黑猩猩略高一些，两腿和双臂依比例略比我们的长。假定你在南非德兰士瓦省（Transvaal）或非洲裂谷区，看到一群南方古猿阿法种或非洲种在山脊上行走，那么除了它们的直立站姿之外，你或许会误以为那是一队黑猩猩。它们的身形很小，体重30—70千克，身高不超过150厘米，四肢细瘦修长，体态不同于非洲中部丛林的大猩猩。我们从化石得知，它们的脑子体积约为450毫升，和现今的巴诺布猿约略相等。因此，它们的聪明程度，想来是凌驾于在逐步缩减的丛林中发展出现的第一群大趾猿类（例如地猿一类）之上的。在这些形形色色的猿类中，还有其他身材细瘦的种类，不过对此仍有争议，不确定其中哪些能真正代表独立的物种，哪些则只是形态不同的南方古猿非洲种或阿法种。这些种类包括肯尼亚人扁脸种和南方古猿惊奇种。

　　就在这群比较细瘦的猿类在这幅非洲图景上游荡之际，另一群双足猿类也逐渐演化出现，它们比南方古猿非洲种和阿法种更高大、厚实；古人类学家总爱说它们很"粗壮"。它们的额头偏斜、胸腔较大，而它们的大脸孔和颌部也更方便纳入方正的齿列和粗短的牙齿。这套牙齿经过适应改变，适于食用在非洲林地、莽原游荡时采集的坚果、植物根部和叶片。为了支撑研磨食物所需的庞大肌群，它们演化出了大型矢状脊，这是一道沿着颅骨前后延伸的厚骨，可供长条状颌肌附着。这些猿类包括南方古猿粗壮种（*Australopithecus robustus*）、南方古猿埃塞俄比亚种（*Australopithecus aethiopicus*）和南方古猿鲍氏种（*Australopithecus boisei*，又称东非人鲍氏种，*Zinjanthropus boisei*）。这群猿类脑子的大小迥异，体积多为400毫升左右。

有些科学家论称，这两群猿类的食性是它们至关重要的演化转折点。体态比较瘦长的猿类有可能较倾向于吃肉，大半营腐食生活。即便是只部分吃肉的种类，其消化道也比较小，消化食物所需能量也比较少。这有可能造就出两个根本的演化变迁。首先，维系较大型的消化道运行所需能量较多，缩小之后腾出的能量，就可能改用来建造较大型的脑部；其次，细瘦型食腐猿类找到的肉类都具有较高浓度的蛋白质，能提供基础原料并加速大脑发育。

就算南方古猿非洲种和阿法种都是食肉型物种，却也不算是可怕的掠食动物；它们没有那种天生的配备。大致而言，它们大概都很温和，具有高度的社会性。更重要的是，必须依赖部族其他成员才能存活。存活是一项全职工作，因为这群猿类的生活并不安逸。它们没有真正的工具、没有火、没有语言，也没有爪子或武器。它们的数量或许大概仅以千为单位，肯定不足以百万来计算。如此想来婴儿的死亡率会很高，寿命则很短。

这群猿类中至少有几种很可能做过相互交流。它们可能曾经杂交配种，或者成为害对方灭种的帮凶，或也可能曾经和平共存，就像牛羚和大象，这点我们并不清楚。

不论事实怎样，体型最大、最粗壮的品系全都逐渐消失了，瘦长型猿类则历经了种种不同品系而演化成为能人，这就是人属的第一个人种，也就是最早制造工具的物种（详见第三章）。没错，能人的化石标本可以区分出不止一种，不过就目前而言，这些种类一般都要归入能人类群。

多数人都同意，直立人是能人的后裔，不过它们的脑子和身体的尺寸差距颇大（和能人相比，有些直立人的脑子大了50%，身材也高出将近30厘米），所以二者之间可能还存有尚未发现的物种。2002年，在格鲁吉亚德马尼西（Dmanisi）发现了一个人种，命名为格鲁吉亚人（*Homo georgicus*）。他和能人大约等高，均150厘米，脑量却比多数能人的都大，约为650毫升。这种人类住在约180万年前的中东北方，后来直立人才再次从非洲向外迁徙，开始散布到全世界。

在直立人之后接连出现了好几种生物，清楚地显现了我们的血统源流，然而这幅图像依然很难描绘出完整的面貌。匠人和前人的生存年代早于尼安德特智人（*Homo sapiens neanderthalensis*，即尼安德特人），也比2003年在印尼弗洛勒斯岛（Island of Flores）上发现的弗洛勒斯人（*Homo floresiensis*）更早。弗洛勒斯人显然非常先进。他们或许能制造工具，说不定还能讲话或使用某种语言。但是成年个体站立高度却不及90厘米，脑量和黑猩猩的约略相等（这似乎能证明，就脑子而言，重点在于构造而非尺寸）。根据最新理论所述，弗洛勒斯人是一种直立人，不过他和其他岛屿的哺乳动物一样，也是为了适应食物短缺以及岛上的小规模生态系统，才演化出类似侏儒的尺寸。

尼安德特人就完全不同了。这是一种很聪明的早期智人，不过现在学界一般都认为他们和我们并没有直接的关联（我们的祖先是否曾与尼安德特人交配，人类学家对此仍有争议）。事实上，他们之所以消失无踪，很可能是由于我们的直系祖先克罗马农人制作出更高级的工具，把他们彻底消灭了。

现代人和直立人之间还有另一种古代智人，古人类学界多半称之为海德堡人，这种人类的脸部特征类似直立人（比如额头倾斜），不过也具有部分现代人的特征（比如牙齿较小且颅骨较圆）。他们的盛期在距今50万—20万年前，也就是第一群现代人出现的时期。

尽管化石显示这些早期现代人的身体和我们的一模一样，但他们的脑部构造却可能并不相同，因为大概还要再过16万年，演化的花朵才会绽放，我们也才会见到最早的复杂艺术创作、雕塑，以及其他真正可称为现代意义上的文化和沟通形态。复杂脑部的不同部位是否经各种方式相连，终于促成了意识和顿悟，并让我们拥有更为完备的自我认知呢？这个谜团犹未得解。

❦

1974年11月30日正午时分，艳阳高照，唐纳德·约翰逊（Donald Johanson）和他的同事汤姆·格雷（Tom Gray）动身返回营地午休。埃塞俄比亚哈达尔村（Hadar）的正午并不适合搜寻化石，此时最好停工休息。这不只是酷热所致，也因为日正当中不会产生阴影，骨头和岩石往往都混杂在一起，难以区分，放眼看去就是一片褐色的尘土。

当天上午，除了发现了几块古代猪、猴的骨头之外，约翰逊和格雷并没有更好的收获。当他们一走出发掘区，经过一处冲沟时，约翰逊注意到一处斜坡上有块看似肘关节的化石。两人跪下来仔细地端详，这才猛然察觉，四周遍布着人科先祖的骨头——有肘骨、一段股骨、一块骨盆、好几块脊椎骨和几段肋骨。约翰逊事后回忆，当时他一边翻捡岩块，一边强烈期盼这些化石都属于同一个人类祖先。不过，他担心若是自己开口表明这点，恐怕会坏了这种运气。①

约翰逊为他们那天发现的那只"动物"起了个俗名，叫作"露西"（Lucy）——出自披头士的流行歌曲《缀满钻石天空下的露西》（*Lucy in the Sky with Diamonds*）。不过他还为露西代表的物种起了个学名：*Australopithecus afarensis*，意思是"南方古猿阿法种"。[露西的发现地恰好坐落于三个地壳板块接壤区，称为非洲阿法三角地带（Afar Triangle，译注：亦称阿法洼地），直到现在，该地依然是三个板块向不同方向拉扯。]

露西颠覆了科学界对人类演化的看法，迄今为止，依然是20世纪最重要的古人类学发现之一。因为格雷和约翰逊在那天发现的骨头让世界得知，露西直立行走的时代早于所有科学家心中认定的时期。它的骨盆、股骨和胫骨，全都透露出一项清楚的信息，那就是尽管大小和身长都类似黑猩猩（它的身高约107厘米，体重约28

---

① Donald Johanson and James Shreeve, *Lucy's Child: The Discovery of a Human Ancestor* (New York: William Morrow, 1989).

千克），但它和黑猩猩却采取完全两样的视角来看待世界。^①

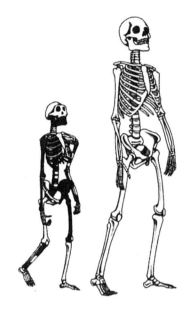

露西(左)和一位现代女性的骨骼对
比。露西的骨盆结构和现代黑猩猩
的并不相像，也不完全像现代人的，
不过却很接近现代人了

　　大约就在约翰逊拼组露西骸骨之时，传奇人类学家玛丽·利基
（Mary Leakey），即人类学家路易斯·利基（Louis Leakey）的妻
子，再次来到坦桑尼亚一处称为莱托里（Laetoli）的地方，那里有一
片满覆尘土的平坦沙地，位于她和她丈夫十分喜爱的化石密集分布
区奥杜威峡谷（Olduvai Gorge）南方近 50 千米处。几十年来，两人
都不曾回到莱托里，原因也相当合理。在他们较早几次来访时，这
里都不曾有任何重大的化石发现。这次探察也没有挖到重要的骨
头，然而探察时却找到了史上极其重要的散步记录：迤逦 25 米的

① 有些科学家在研究了露西之后称，它至少有部分时间栖居于树上。理由是在露西的腕部
　有一块能让它使用指节行走的骨头。他们的理由是，若它没有把前辈物种的下地习性部
　分地保留下来，那么它也不必保留这块骨头。然而另有些科学家却认为，拥有这块骨
　头，不见得就非得拿它派上用场，或许这不过就像智齿或盲肠一样，只是一种演化的遗
　痕罢了。

三组足迹，完美地保存在一处夹杂泥土和火山灰的遗址当中。

　　当初利基并没有认真地看待这项发现。这些印痕是在十分细薄的泥层底下找到的，乍看之下很是有趣，却也不是显而易见的重要发现。看起来倒像是几千年前，三个人散步穿越峡谷时留下的足迹。利基认为，附近隐约可见的萨迪曼山（Mount Sadiman）一度是座活火山，或许曾喷发火山灰并形成一种混凝土，把这几位"旅人"的行程保存了下来。①

　　1976年，利基终于有时间为烙有印痕的岩石标出年份，结果让她大吃一惊。原来这次散步的时间并不是几千年前，而是发生在350万年之前，比任何现代人漫游非洲的时间都更久远。换个说法，这些足迹显示当时有个物种，就像约翰逊的露西一样，用纯正的人类姿态直立行走。利基在多年之后坦承，就是在那个时候，"我们激动不已！"②

　　人类学家蒂莫西·怀特（Timothy White）与约翰逊和利基都曾共事过，后来他表示，"可别搞错，（莱托里脚印）就像现代人的脚印。倘若其中一个留在当今加州的沙滩中，然后你问一个四岁孩子那是什么，他马上就会说，有个人从这里走过。他没办法分辨这个印痕和海滩上其他一百个脚印有什么分别，你也办不到"③。

　　利基的发现把双足行走人科先祖的年代更往前推进了，提前露西的时代达40万年。在这些发现之前，没有人能想到，在这么久远之前，竟然已经存在直立行走的猿类了。然而，这些证据就存在

---

① 相关详情可参阅网页 http：//www.webster.edu/~woolflm/maryleakey.html。
② 来自玛丽·利基的叙述，参见网页 http://www.sciam.com/article.cfm? articleID = 0006E1CC-7860-1C76-9B81809EC588EF21 & pageNumber = 2 & catID = 4。
③ Donald C. Johanson and Maitland A. Edey, *Lucy：The Beginnings of Humankind*（London：Penguin，1981），p. 250.

于露西的骨头以及利基发现的脚印里面：长了一个圆瘤状大脚趾的修长足部，撑起带有一双长臂的细小身躯，推动它们远离火山，朝着目的地前进。脚后跟已经延伸加长，脚趾并列生长，足弓则明确发育成形，能缓冲体重，并沿着外侧转移，再跨越大脚趾趾根部位，和现今我们的脚部相同。

想象这幅令人难以忘怀的景象：这三个生物——其中两个已经成年，另一个还是小孩，从印痕看来，模样和现今在地球上生活的灵长类都不相同——结伴穿越一片平坦沙地，后方隐约可见萨迪曼山喷发滚滚炽热灰烬，撼动它们脚下的大地。然而，它们并没有惊惶地奔跑，或许早已见惯了暴躁的火山。脚印经过测量，看不出奔

保存在坦桑尼亚的莱托里脚印（左）以及其中一个脚印的特写（右）。这些脚印起码有 360 万年之久，然而和我们自己的脚印却几乎完全相同

逃的迹象。事实上，它们的脚步印痕显示，其中一个还曾驻足暂停，转身向东观看那座嗔怒的火山，接着才又继续向前走去。①

没有人说得准这三个生物的长相。显然，它们平安度过了这趟旅程，继续在大裂谷这片变动不息的破碎地形上过它们的日子，因此我们并没有找到它们的遗骸。不过，它们的解剖学构造和露西相同，而且科学家大多也认为它们确是如此。远远地观看它们的步伐，甚至它们的身体，这种步态就像两个青少年和一个学步幼童举步穿过公园的样子。②它们扭摆臀部的方式，已经非常接近人类的形态了。它们的体型很小，双腿并不呈弓形，而是内转撑在细瘦的骨盆底下。臀部以下的部位，和我们应该是非常接近的了。

⌒⌒⌒⌒⌒⌒

约翰逊和利基的发现，彻底颠覆了人类演化理论。露西还没有出现之前，科学家大多都很肯定，倘若我们的祖先和猿类表亲真有任何差异，那也应在双方的脑部，而非在它们的脚上。因为依据理论推断，是大脑促成了双足步行，反过来讲并不成立。然而，他们显然想错了。露西并没有一颗大脑袋，至少依照我们的标准看并不算大。从约翰逊和他的团队找到的颅骨碎片看来，它的大脑容积约为450毫升，约略相当于现代的黑猩猩。然而，从露西的锁膝关节和短窄的骨盆看来，毫无疑义，它的确能挺直站立。

莱托里的脚印也明确地发出了相同的信息。我们的祖先开始直立行走的时代，比我们料想的要早，或许在我们这个种属从人类与

---

① 有关"莱托里脚印"的争议参见 Ian Tattersall and Jeffrey H. Schwartz, *Extinct Humans* (Boulder, Colo.:Westview Press, 2001)。

② 和现代人相比，南方古猿阿法种显得很矮小。男性身高大约150厘米，体重约45千克。女性更矮小，身高约105厘米，体重约28千克。

黑猩猩的共同始祖分化出来之后一百万年就开始了。从演化观点看来，这只是眨眼的片刻，它们瞬间就从以指节行走、在林间攀爬的丛林猿类，转变成阔步前行、步履稳健的莽原猿类，而且走路方式已经和现代人类非常相近了。

这很引人瞩目，却也令人费解。毕竟，这类动物怎么会这么快就挺直站起？还有这一切是如何发生的？

《格雷解剖学》（*Gray's Anatomy*）把我们长在足部前端的奇特附肢称为"大趾"。我们多数人称之为大脚趾。这是个模样古怪的东西，通常我们都不会太在意。我们实在不该如此，因为倘若我们的祖先从未进化出大脚趾，它们就永远不会挺直站立。而倘若它们始终没有挺立身形，我们也根本不会在这里询问这种事情怎么可能发生。

就像现代的黑猩猩、大猩猩和红毛猩猩一样，露西的先祖也从未长过大脚趾，至少没长过我们这种大脚趾。它们的内趾应该比较像简陋的大拇指，适于紧握枝干，而非用来把脚部推离硬实的地面。

大猩猩和黑猩猩能直立行走，不过它们走得不是很好。它们的骨盆和双腿把重量压在一双扁平足的外侧，走起来左右摇晃。最早的莽原猿类和它们栖身丛林的表亲，在 500 万年前开始分别向不同的方向演化发展，那时它们的双腿很可能呈弓形，而且骨盆也都很大，外形方正。它们的脚看起来和人类的脚应该完全不同，和人手却十分相似。而且四根外趾显然比我们的更长。

不过，那群祖先和现代人类的真正差别在于内趾，如今这根脚趾依然像个不受欢迎的晚宴宾客，和其他几根间隔开来。这种内趾

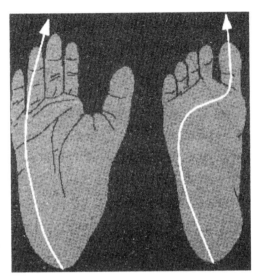

黑猩猩脚部（左）和人类脚部（右）的对比。猿类的脚和人类的手看来非常相似。人类双脚支撑的重量沿着外侧转移，接着再跨越到大脚趾的趾根部位

在结构上通常都在根部向外弯转，接着到顶端才回转，这样才适于抓物、握持。[①]

传统观点认为，我们的祖先猿类，约在 500 万年前才开始从大脚趾的演化中得到了好处。当时，它们新月状的类拇指脚趾开始内弯偏移，接着逐渐长成圆瘤状，并愈来愈不像手指。到最后，这种特征还让它有能力支撑主人 40% 的体重。

达尔文曾依循这个方向来设想。对他来讲，所有演化改变都是逐渐形成的。然而，化石记录不见得全都支持达尔文的观点。斯蒂芬·杰伊·古尔德便提出了一项著名的学说，引来全球瞩目，根据他的这项"间断平衡论"，大幅遗传改变有可能在较短时期形成。

---

① 你如果怀疑大脚趾的重要性，就把它抬离地面试走一下。若是其他脚趾受伤，我们还勉强可行，然而一旦失去大脚趾，我们就会面临严重的问题，没办法好好走路。不过还不只如此，若去问美式橄榄球联盟的跑锋，他们全都能告诉你，当脚上感染了"人工草皮趾"，就完全不能奔跑、跳跃，也做不出优雅的左右快速切入动作。

古尔德指出，有时物种的外观或解剖学构造，似乎会突然出现表面上所无法解释的跃进现象，仿佛某种演化开关被人开启。① 而大脚趾的演化，在当时或许正是出现了这种情况。

整个演化历程最具戏剧性的间断平衡事件见于伯吉斯页岩（Burgess Shale）。这是加拿大的一处古老山脊，相当于大约一条街的长度，在 1909 年的某一天，由一位年轻古生物学家发现。他叫作查尔斯·杜利特尔·沃尔科特（Charles Doolittle Walcott），当时他正在哥伦比亚省骑马。沃尔科特知道自己发现了奇妙的事物，接着在 1910—1912 年，他从这处山脊中发掘出八万件标本。他在岩层间发现的古生物新物种不下 140 种。最重要的是，他的发现显示，约五亿年前，寒武纪刚开始之时，生命突然百花齐放，生成为数惊人的不同形态——三叶虫、腕足动物、古老海星、海胆以及各种怪异的生物，比如长了五只眼睛和一根管鼻的欧巴宾海蝎（Opabinia）。不论呈何种造型，这群生物似乎都是凭空出现的。它们在一个化石记录层杳无踪迹，在接下来的另一层却满满皆是。

古尔德这样解释："伯吉斯页岩涵括了种种形态各异的解剖构造，后来这种盛况始终没有重现，而且当今全世界海洋的所有生物，同样也无法相提并论。"古尔德总结说，自此以后，古往今来（再加上往后）一切动物和所有种类的形态基础，都与这段演化息息相关。证据就保存在伯吉斯页岩的古老淤泥当中。

如今科学家都知道，尽管所有生物并不是变魔术般瞬间出现的，它们确实出现得相当突然。想想看，先前 30 亿年的大部分时间，有

---

① 这点从化石记录中能找出许多实例，不论生物大小，包括从细小的有孔虫（一种带壳的单细胞原生生物）等微生物到多种三叶虫，以及雷克斯暴龙身后迅速崛起的一群后裔，号称"恐怖蜥蝎"的惧龙类群（Daspletosaurus）。该群恐龙在距今约 7500 万年前的白垩纪期间，就在蒙大拿州和加拿大西部四处游荡。

办法在地球上活下来的生物，全都是单细胞的细菌、浮游生物和少数几种多细胞藻类。古尔德和做过这方面研究的其他人士，都只知道这类突发演化跃进是明显的事实，却说不出这是如何发生的。接着在1984年，两位美国科学家麦克·莱维（Mike Levine）和比尔·麦金尼斯（Bill McGinnis）在研究果蝇胚胎的时候，发现了如今称之为同源异型（HOX）的基因群，于是一项可能的解释也开始浮现出来了。

同源异型基因群是一种"总开关组"，能启动和关闭其他基因串。自麦金尼斯和莱维的这项发现公布以后，其他科学家在现存所有动物（包括人类）身上都发现了这群基因。果蝇胚胎的HOX基因群掌管着体节的数量和长度，包括最后长出翅、腿和触角等特征的精确部位。就人类和马而言，这个基因群负责确保头和脚等部位都能在正确位置上成形。不过更重要的是，不论哪种生物的HOX基因群，都负责控制其他功能比较明确的基因群是否真的启动，从而形成臂肢、触角、翅膀等多种附肢。

既然HOX基因群控制着其他基因队伍，当它出现突变时，就会产生非常戏剧性的结果。近来科学界发现，人类几种畸形症候群都可能是由于某个HOX基因出现了变化所致。举例来说，若胚胎发育时其Hoxd 13依循某方式突变，这种病症就会导致婴儿具有先天反常的较多趾（指）。医学上称这种症候群为多指（趾）症。

尽管医学界把多指（趾）症看成"畸形"或"病症"，但进化生物学家却可能多半把这类情况称为基因突变。不过重点是，这种事例都不是渐进发展，而是瞬间出现的。①

————————————

① 不论是昆虫或人类，同源异型基因群都紧凑地排列在染色体内，就像串珠一样。科学家推想，这种群集和排序方式都是必要的，因为这样基因群才能协同运作。举例来说，染色体中排在序列首位的同源异型基因主要控制脑子后背部位的发育，第二个基因则负责上颈部位，并依此沿着身体主干循序类推。若是基因乱了顺序，它们掌管的身体部位也会出现失序的乱象。

有些科学家认为，HOX 基因群能帮助解释古尔德的间断平衡事例。特别是有些人还认为，这类基因群或许更能解释，我们怎么有办法在几十万年之间，甚至更短期间，从靠指节行走的丛林猿类摇身一变成为直立行走的莽原猿类。①

科学家大都同意，演化适应多半是种渐进历程，和达尔文的理论推断相符。不过仍有人认为，适应改变有可能在单一世代展现。若是能提高生存机会，那么这种适应改变往往就会向外扩散普及至整个基因库。这种扩散现象在环境剧烈变动时期更可能发生，因为动荡的处境让戏剧性突变更有机会实现其某种目的。

就我们的祖先而言，或许它们的 DNA 曾经转移并突变出类似 Hoxd 13 的基因，从而在四百多万年前，改造了某个莽原猿科类群的脚部形态，也让它们更容易改用直立方式行走。换成另一个时空，或许就会有某个南方古猿医生，在著作当中把这种变动当成一种不幸的症候群，然而，既然我们的祖先在开放的草原中挣扎求生，又和它们所处茂密丛林的演化环境完全不同，因此说不定这不同形态的脚趾，也正是那位医生针对这一问题开出的处方。同时，或许这还能够说明，为什么我们孤身陷入东非的扩张莽原之后，这么快就能起身奔跑了。②

☬☬☬

一旦我们的祖先以呈圆瘤状的大脚趾现身，自然条件就明显有利于能带来行走、奔跑能力的其他突变了。举例来说，其余八根脚

---

① Jeffrey H. Schwartz, *Sudden Origins: Fossils, Genes, and the Emergence of Species* (New York: John Wiley & Sons, 1999).

② 有关更多早期森林栖息环境的内容参见 http://www.sciencedaily.com/releases/2001/07/010712080455.htm 以及 Kate Wong, "An Ancestor to Call Our Own", *Scientific American* 13 (2)(2003): 4-13。

趾缩短，脚后跟拉长变细，同时发展出含小块骨头并具肌肉的足弓，这套精致的结构能应付不断反复左右转移的体重，缓冲撞击的力量。

过了一段时间，人体有整整四分之一数量的骨骼都位于我们的脚部，我们的大脚趾则愈趋强健，能够撑起 40% 的体重（若把大脚趾基部的籽骨计算在内，那么我们每只脚都有 28 根骨头）。当我们奔跑或跳跃时，这套由 141 条肌腱、肌肉和韧带绵密交织而成的系统，能承受 6000 磅压力而不致扭伤，这一切能说明，为什么运动员和舞蹈家能凌空仿若飞翔，落地轻如羽毛，还能在我们眼前做出扭、转、跳、跃等令人惊奇的动作。其他灵长类动物或许能够毫不费力地在林间摆荡，却不能像我们这般优雅地奔跑、迈步或跳跃。

尽管如此，我们平稳的步伐却不完全得力于我们结构细密的双脚。其他解剖构造也有重新配置的现象，接着引出一群更亮丽的形态变化。这类变态作用不像是一个个依序出现的，或许是间歇发生的，然而适应性状还会彼此影响。或许早期莽原猿类有部分物种站得比其他种类更挺直，或许有些演变出较为圆瘤状的脚趾，但在向东或往西两列山脉之外的地区演化的亲属种类则没有。这些细节我们并不完全清楚。当时有进化、共同进化和重新进化，还有扑朔迷离的交流现象发生在各部族接连出现的偶发 DNA 转换链和环境变动之间。

这样的环境对话让人科先祖产生了其他四大变化，最后莽原猿类才终于发展出和我们当今大同小异的走路、奔跑能力。首先，我们的弓形腿拉直了。从露西保存较好的骨骼上，我们可以看出这点。尽管长度比不上我们，它的双腿从股骨部位已经开始向内弯曲，于是它也成为当时世界上首次见到的膝内翻型灵长类动物。它还发展出更强健的臀外展肌，当它迈开步伐，全身体重从一脚向另一脚转移之时，臀部两侧的臀外展肌就会收缩，以免身体向左右摔倒。

其次，骨盆和臀部关节结构改变了。黑猩猩的骨盆鞍（也就是连接双腿和躯干的那圈骨头）比我们的更长、更直，双腿则略呈90度角和骨盆鞍侧边咬接。倘若你大半时间都前倾弯腰，以四肢伏地移行，那么这也还好，然而当你用直立站姿，这时就有问题了。猿猴类群的髋骨形状就像鞋拔子，而且角度完全垂直。然而为了平衡双腿支撑的上半身并纾缓晃动，露西等人科先祖势必得让骨盆缩得较短并向外摊开，这样臀关节的接合角度才会变得比较接近45度。奇怪的是，露西的骨盆竟然比我们的更向外摊开。它的臀部比较短，也比较开阔。这或许是由于它体重较轻，骨头不必那么厚重，就能撑住它的上半身。不论原因为何，露西和现代黑猩猩的骨盆带一点都不相像，虽和人类的样式也不完全相同，不过已经很接近人了。

第三，体重压到骨盆顶部之后，我们祖先的脊柱也进行了重新的调整。黑猩猩和大猩猩的脊柱都是挺直的，它们承担得起，因为它们大半时间都向前弯身，背脊和地面平行。这就表示它们的体重有一半落在脚上，另一半则由它们的指节撑住。话说回来，我们的脊柱（还有南方古猿阿法种和南方古猿非洲种的脊柱）弯成了S形，底部先朝内弯，接着向颈部分布的脊椎骨则逐渐外突，这项进化工程的成果让我们的脊柱较能承担昔日由双臂和手部支撑的重量。

经过这些重建，我们的头部不免也要转移位置，到最后还产生了非常深远的影响。当你前往动物园，看到大猩猩迈开四肢朝你走来，这时它的头部必须朝后仰，才能看到前方。倘若你有X光视力，能看到大猩猩的颈椎骨，那么你就会注意到，它的颈椎骨是从颅骨基部后端伸入颅腔的。倘若你平常都用四肢行走，这种解剖构造就很合理，然而倘若你挺直站立，这就非常不灵便，因为这时你会发现自己朝天仰望。这种结构对直立行走的猿类并不适用，必须改变。

头、颈相连的部位称为枕骨大孔，倘若你让一只大猩猩和一个人比肩而坐，从头顶向下垂直观察，那么你就会看出，大猩猩的脊柱从颅腔背侧进入，而我们人类则从中央伸入。所以我们的头部前倾，端正地顶在身体上方，这就算完成了骨骼塑像的最后组件，所以我们从脚趾到颈部顶端也都是层层堆叠，笔直贯穿。

对重新适应的大脚趾来讲，这实在是个艰难的使命。不过做到这一点对我们而言确属侥幸，因为非洲新出现的开放林地危机四伏，挺直站立有很大的好处。①当太阳西沉之后，每逢没有月光的夜晚，那种漫无止境的黑暗，绝非如今身处人工照明的光亮世界的我们所能想象。我们的祖先随时都可能被夜行掠食动物逮走，可能它们当时也的确经常遭此下场。难怪我们在夜间依然要担心会遇上什么东西。

大白天的日子也不见得好过。在干旱的季节，赤道地区艳阳高照、荼毒大地，温度往往可达华氏上百度。想来那一群群猿类每时每刻都得忙着采集食物、找水和照料幼儿。它们在莽原上必须不断应付新出现的掠食动物，敌人和它们同样都持续进化，比如早期的胡狼（jackals）和鬣狗（hyenas），还有体型大如狮子、长了匕首般牙齿的巨剑齿虎（megantereon）。尽管南方古猿跑得比它以指节行

---

① 缺少了林木，也代表着草地没有了荫蔽，这也是促成挺直站立的强大因素。森林中有很多荫蔽处所，人科先祖体表又有暗色体毛，几乎不需要减少阳光的暴晒。然而在酷热莽原的艳阳下，挺直站立之后，身体就有更多遮蔽，而且身体接触空气的部位也更多了。这两项都能降温，提高冷却效果。详情参见第五章"凭空酝酿思想"。

走的表亲更快，然而和这类掠食动物的速度相比，却是永远无法相提并论的。

推测当时沿着河岸和低地山岭零星散布的残存树林，想必是种令人欣喜的景象，这就像人科先祖的一种安全毯，让它们回想起身为猿猴时代的屏障。显然它们确曾熟练地运用树林。化石记录显示，即便露西和它的表亲都采取直立行走的移动方式，却依然拥有一流的攀爬功夫。它们的双臂很长，和猿类相同，腕部白窝也妥善固定，必要时仍能抓握枝干在林间摆荡穿行。

不过，用两脚站立是最有利的适应成果，这能大幅提高任何莽原猿类的存活机会。若是在茂密树林之间做短距离的移动，用指节行走或许是理想的做法；然而在东非逐渐扩张的草原上，这种行动速度就会很慢，且损耗体力，而且最糟糕的是还很危险。①研究显示，黑猩猩用指节行走消耗的能量，超过我们用直立行走所需能量，相差可达53%。这种体能的消耗在上新世晚期和中新世早期的开放林地中存活是绝对行不通的。

现今依然存在的狩猎采集部落，如卡拉哈里沙漠的布须曼人就是活生生的证据。研究显示，他们每天为了觅食移动的距离，通常必须达到10—13千米才足以维持生计。倘若莽原猿类被迫用指节行走这段距离，那么它们不只是必须多消耗三分之一的能量（而且花的时间也更长）来寻找所需食物，还必须多摄取三分之一的卡路里，来补足这样行走必须额外消耗的卡路里数。挺直站立是求生存的最佳方式。或许最令人信服的证据是，没有任何一种用指节行走

---

① 黑猩猩以时速3千米行走时所消耗的能量，约比人类多出三分之一，从长久来看这完全不可行。（参见罗德曼和麦克亨利的论文：Rodman and McHenry, "Bioenergetics and Origins of Hominid Bipedalism", *American Journal of Physical Anthropology* 52 (1980)：103-106。）后续研究支持了罗德曼和麦克亨利的论点，并确认了人类双足步行和黑猩猩四肢移行的能源效率比较结果。

的猿类，至今还在非洲草原漫游。

尽管在莽原中觅食肯定要比在丛林中更为艰难，但想来还是有一些食物来源的。新式的猎物连同讨厌的掠食动物都在草原上演化出现：比如高 4 米，模样像大象，长了一对下弯长牙的恐象（deinotherium）；还有头角很长（从根部到前端总长达 180 厘米），叫作佩罗牛（pelorovis）的巨型水牛类群；以及现今长颈鹿的祖先，不过脖子较短，身高只有 2 米多。这些想必都曾经为我们直立行走的祖先提供了重要的蛋白质补给，不过是在草原大型猫科动物吃剩下以后。①

早期人科先祖甚至还可能亲自动手捕猎。毕竟，挺直站立不只代表移行速度的加快，也能产生出一种相对高大的动物，以较大力量更精准地抛掷物件。黑猩猩确实表现出猎捕小型动物的行为，或许南方古猿阿法种和南方古猿非洲种也曾经这样做过。

我们无法断言这些演化的情节有多少是事实真相，不过古人类学家一直借助这些事情，来解释为什么最早的莽原猿类会做出这些离奇的怪事，发展出脚趾从而得以靠它们的后腿挺身站起。说不定这些情节或多或少都是事实，而最后一项潜在价值最令人信服，因为这就表示，我们的祖先不只不再被当成食物，而且还能提高自己找到食物的机会。无论如何，唯有挺直站立才能解决所有生物都必须解决的第一项挑战，这样才有希望活下去，成功把自己的基因传

---

① 科学家从动物的解剖构造推断的结论必须谨慎对待，不过化石证据暗示，体格壮硕、牙齿粗大的南方古猿，更需依赖植物根部和坚果来取得养分，其程度高于瘦长型猿类。比如南方古猿非洲种，它们似乎更适合偶尔吃点腐肉和骨髓。从当今大猩猩和黑猩猩的进食习性，我们也可以见到这类情况。大猩猩几乎完全吃素，它们的牙齿和颌部就能证明。至于黑猩猩，依珍尼·古道尔的研究得知，它们有肉就会吃，甚至还会合作猎捕薮猪和小猴子。粗壮种之所以灭绝，或许是肇因于它们的素食习性，其品系似乎约在 150 万年前就完全消失了，迄今为止，全无其他化石出现。演化优势显然落在杂食型的猿类身上，它们能兼吃动物脂肪和蛋白质，来补充虫子、根部和浆果膳食的不足才能存活。

递下去：填饱肚子多活一天。对我们的祖先而言，双足步行就相当于它们的锐利指爪或夺命毒牙，这种彻头彻尾的适应改变，让它们有办法在刚出现的新环境里面生存下去。

不过，直立行走的影响还不止于此。它改变了我们的外观，同时也改变了我们对世界的看法和我们的行为，而且在人际交流方面从根源上产生了深远的影响。换句话说，这不只是塑造了一具新的身体，还塑造出一种全新的心智。

第二章

昂首挺立:性和单一人科先祖

性的演化是最艰难的演化生物学问题。

——约翰·史密斯(John M. Smith)

动物用两种做法来避免灭绝的下场。首先,它们适应所处的环境。其次,它们和同性竞争来博取异性的青睐。达尔文以"性选择"一词来概括这种物种内的竞争现象,他还曾在《人类的由来》(The Descent of Man)一书中畅谈这点。他的观点基本上是这样的:为了在环境中求生存,所有动物首先都必须战胜捕食者、疾病、危险的气候,以及大自然施加在它们身上的其他一切因素。只要能发展出适当的身体配备,多活一天的个体,就能把它们成功适应的基因传递给下一代。

不过,为了传递基因,它们还必须顺利地生育。为了做到这一点,它们势必首先要吸引异性的注意。就雄性而言,它们有可能演化出鲜明的外观,就狮子而言是鬃毛,而麋鹿则是十四叉尖尖的鹿角。这些表现都在讲:"看过来! 我的基因很棒。"达尔文指出,这些生物"长成现有构造并不是源于高适应能力从而更有挣扎求生存的本领，而是归因于获得一种能胜过其他雄性的优势"①。

为了赢得心仪交配对象的青睐，物种身处永无止境的奋斗过程，因而发展出一些有趣的行为和身体特征。我们的早期先祖也不例外。

举例来说，我们的性器官并不平凡。毋庸讳言，和灵长动物界的其他同类相比，人类的阴茎算是非常庞大的。大猩猩、红毛猩猩、黑猩猩和巴诺布猿的情况和人类并不相同，除非在性兴奋的情况下，否则它们的阳具都相当细小，并隐匿不见，你完全没办法知道它们到底有没有生殖器。

相同情况也适用于女人的乳房。和其他灵长类相比，女人的乳房尺寸很大而且轮廓分明，这点并没有明显的实际原因。或许你会认为，乳房是为了符合泌乳、喂哺的需求才增大尺寸，事实并非如此。其他所有灵长类的雌性全都以母乳喂哺子嗣，却从未发展出圆润丰满的乳房。

我们的臀部是人类第三种古怪的适应结果。我们是灵长类当中唯一屁股造型浑圆，还带有发达肌肉的动物。当然我们可以说，这是在人类起身站立之时发展出来的，因为我们需要这群肌肉来帮助支撑、平衡我们压在骨盆上的全部重量。不过，演化出的这群肌肉，说不定也作为一种健康的象征，好让我们更能吸引异性。就男性而言，结实浑圆的臀部可能会暗指自己具备奔跑、狩猎所需的力量，而这种特征就代表了他的养家能力。不过就雌性而言，这其中的动力学或许并不相同。科学家发现，所有文化的男性对于女性的腰围与臀围的比例，评价非常一致，他们都认为 7∶10 是最有吸引力的比例。根据一项理论，沙漏状形体会在无意识间发出一种原始信

---

① Charles Darwin, *The Descent of Man* (Norwalk, Conn. : Heritage Press, 1972) , p. 187.

息，暗示这样的身体代表健康和生育能力，因此是值得追求的。①或许这就能说明，为什么截然不同的女性如玛丽莲·梦露、索菲亚·罗兰和英国名模徐姿、凯特·摩丝，以及米洛的维纳斯，竟然都会显得如此妩媚动人。她们的腰臀比都约略等于0.7。就算大小没有必然的要求，但比例有时是很关键的。

不论我们如何计算人类性征的数学问题，重点都在于人类之所以演化出这些独有的特征，并不只是为了帮助生存，而是由于这能帮助我们繁殖。这些特征之所以出现，是为了让我们的祖先更能相互竞争，找到合适的配偶，于是这些特征也才能跟着特有的基因组一起传递下去。换句话说，这些特征让我们变得性感、动人。

蒂莫西·泰勒（Timothy Taylor）在《史前性文化》（*The Prehis-*

---

① 有关这方面的研究可参见以下文章：

Berscheid, Ellen, and Harry T. Reis, "Attraction and Close Relationships", in Daniel T. Gilbert, Susan T. Fiske, and Gardner Lindzey, eds., *Handbook of Social Psychology* (New York: McGraw-Hill, 1998), pp. 193-281.

Harper, B., "Beauty, Statute and the Labour Market: A British Cohort Study", *Oxford Bulletin of Economics and Statistics* 62 (December 2000): 773-802.

Fisher, Helen. *Why We Love: The Nature and Chemistry of Romantic Love* (New York: Henry Holt, 2004).

Cash, T. F., B. Gillen, and D. S. Burns, "Sexism and 'Beautyism' in Personnel Consultant Decision Making", *Journal of Applied Psychology* 62 (1997): 301-310.

Clark, M. S. and J. Mills. "Interpersonal Attraction in Exchange and Communal Relationships", *Journal of Personality and Social Psychology* 37 (1979): 12-24.

Cunningham, M. R., "What Do Women Want?" *Journal of Personality and Social Psychology* 59 (1990): 61-72.

Singh, D., "Adaptive Significance of Female Physical Attractiveness: Role of Waist-to-Hip Ratio", *Journal of Personality and Social Psychology* 65 (1993): 293-307.

Cunningham, M. R., A. R. Roberts, A. P. Barbee, P. B. Duren, and C. H. Wu, "Their Ideas of Beauty Are, on the Whole, the Same as Ours: Consistency and Variability in the Cross-Cultural Perception of Female Physical Attractiveness", *Journal of Personality and Social Psychology* 68 (1995): 261-279.

De Santis, A., and W. A. Kayson. " 'Defendants' Characteristics of Attractiveness, Race, and Sex and Sentencing Decisions", *Psychological Reports* 81 (1999): 679-683.

tory of Sex）一书中提出一套理论，认为男子演化出大型阴茎是为了向雄性竞争对手展示，也可能是要向雌性彰显自己的本领。于是这也成为男性气概和生育能力的象征。问题的重点并不在于阴茎能做什么——勃起和授精，所有阴茎都能做这件事——而是在于它的象征。彰显阴茎是要对它的作用进行提示，一种性的暗示。不过，倘若这是演化出大型阴茎的唯一理由，为什么我们的祖先开始增大其尺寸，而猿类却没有这样做？

泰勒坚称，直立行走让阴茎更醒目，这样一来，它的象征意义也就变得更明显。它就摆在那里供人检视，就算它"稍息"时也看得见。不只是这样，倘若他们在更衣室坦诚相见，那么这也成为促使男子建立哥们儿情谊的一项原因，因为这是全体男性都具备的特有、明显的性别特征。尽管有句老话说"大小没关系"，泰勒则论称，世世代代女子当中，肯定有部分是偏爱大的，不爱小的；否则"较大"的基因就完全不可能被传递下来，甚至还促使大型尺寸成为人类的共通特征。[1]

女性的乳房或许也是如此。乳房可能也被冠上了一种象征意义，发挥和阴茎相仿的功能。不过要想了解来龙去脉，势必得追溯一条相当迂回曲折的演化之路才行。

许多灵长类的雌性（人类除外）两腿间都有一种生理构造，称为"发情皮肤"。进入生育周期之时，这里就会充血变得格外醒目。根据演化上的说法，这就是简单明确地表示："我准备好了，等你一起来延续物种生命。"在那个时代，好比芝加哥选举投票，性行为也可能很早就开始了，而且很频繁。

不过，一旦莽原猿类挺立身形，发情皮肤就不再那么显眼了，

---

[1] Timothy Taylor, *The Prehistory of Sex*（New York：Bantam Books，1996）.

因为身体挺立之后，这处皮肤就会藏进双腿之间。倘若我们的祖先还同时发展出了具有较多肌肉的较大臀部，那么发情皮肤就会更不显眼。从此开启了通往其他适应改变的大门。

举例来说，有个理论认为，过去的一段时间，当我们还在逐渐挺立的阶段，人类的毛发开始慢慢变少。达尔文认为这发生在人类演化的早期阶段，不过对这一点我们并没有绝对的把握。不过，为方便讨论起见，就让我们假定真有其事（稍后我们就会明白，有理由认为这至少发生在200万年前）。科学家推测，若是发情皮肤隐匿不显，臀部也才开始进化，那么当时有可能出现了两种改变。首先，人科先祖的臀部有可能长出更多肌肉，来为我们的新型运动方式提供动力；接着还变得更丰满，来贮藏体脂，当你置身于永远不清楚下一餐从哪里来的环境时，这点就成为决定能否存活的要素。就雌性而言，这种丰满的特性还可能取代了已经没那么明显的充血发情皮肤。

动物学家德斯蒙德·莫里斯（Desmond Morris）在《裸猿》（*The Naked Ape*）一书中提出一项推测，他认为我们祖先的臀部之所以裸露出来，目的是让这种新式的性皮肤有别于身体其他毛发较多的部位，也显得更醒目。后臀浑圆又不长毛发，显示这是雌性的屁股，臀内还囤有一定量的脂肪，而这些脂肪具有吸引力，因为这正是健康和生育能力的指标。如今我们知道，女性系统所含脂肪量有个最低限，再低就不能排卵。研究显示，有些女性长跑选手的脂肪含量非常低，她们有时会停经，中止排卵。另有些研究则证实，饮食摄入极低脂肪的女性，有时也会出现这种情况。[①]所以，浑圆的后臀，通常是一种可靠的指标，表明这名女子不只基因组令人刮

---

① S. R. Richards, F. E. Chang, B. Bossetti, W. B. Malarkey, and M. H. Kim, "Serum Carotene Levels in Female Long-Distance Runners", *Fertil Steril* 43, no. 1 (1985) : 79-81 ; C. H. Wu and G. Mikhail, "Plasma Hormone Profile in an Ovulation", *Fertil Steril* 31, no. 3 (1979) : 258-266.

目相看，而且她的生育能力也足以把基因传递下去。

这些事项都回头指向女性乳房的进化，也再次显示这是一条迂回的路。物种有时会复制身体某处的性皮肤，在另一部位再发展出性皮肤。例如，雌性狮尾狒有时会展示自己乳头周围的亮丽色斑，这种斑块的模样和它们屁股上闪现的发情皮肤非常相像。狮尾狒经常坐在地上，这时炫耀胸前的色斑就成为它们吸引异性注意力的第二种方式。山魈也在口鼻部位长有夹杂亮蓝色、白色和猩红色的棱纹色斑，令人联想起它们生殖器部位的色彩，这是用来炫耀性能力的天然霓虹灯广告招牌。①

雌性的浑圆乳房，也许就是为了替代新发展的屁股才演化出现的。当我们挺立身形时，胸膛位于前方中央，而所有四肢行走动物的这个部位大多都隐匿不显。由于我们的祖先已经能用后腿站起来，它们就比较能以直立的姿势面对面接触。就雌性而言，它们的胸部理应成为理想的广告牌，来提醒众人它们最新的演化成果，象征着女性的健康和生育能力，而且也不会影响乳房的原始用途（我们人类发展出丰润的红唇，背后可能也有这相同的作用力量，或许这能令人联想起女性的性器阴唇。有些科学家推论，男子的胡须同样是他们生殖器部位的重演标志）。

我们不能肯定这几个特征就是这样演化出现的。化石遗骨对这一点并不是非常有帮助，而且演化混杂的进程肯定还有其他因素介入。莽原的高温环境对我们的裸身特性无疑是扮演了一个角色，然而为了达成性目的，我们必须嗅闻、分享某些气味，这或许也能帮助解释，为什么我们的毛发还没有完全脱尽。最后在距今 300 万—

---

① Nikolas, Lloyd, "Why Women Have Breasts"（详请参见网页 http://www.staff.ncl.ac.uk/nikolas.lloyd/evolve/breasts.html）.

200 万年之前,部分人科先祖发展出种种性讯号和性特征,写进它们的遗传密码里面,还辟出蹊径进入了如今塑造出我们相貌的 DNA 长链。我们有屁股、乳房和阴茎,这些器官对我们的心理、文化和行为的影响依旧深远。这些器官发出强大的性讯号,就连现代社会也不例外;它们还是极其重要的性感地带和快乐中枢,也继续塑造我们的行动方式,左右我们的价值观。

演化到这个阶段,我们的人科先祖,肯定已经出现了类似青春期的感觉,被狂飙的激素、性欲和社会骚动牢牢掌控。这时它们还天天在非洲草原上挣扎求生,一方面对抗掠食动物、疾病和自然力量,另一方面则是彼此对垒。尽管挺直站立无疑拯救了这个物种,却也引进了影响身体、社会和性的新生力量,让生活变得更加复杂。不过情况还不止于此。我们的大脚趾推动的解剖构造重新组合,也在此时产生出另一个演化瓶颈,为物种存续带来了致命的威胁。

❧❧❧

1924 年,在南非的一处石灰采石场,几名工人挖到一件很稀奇的颅骨,并把它交给雷蒙德·达特(Raymond Dart)。达特当时还很年轻,在约翰内斯堡威特沃特斯兰德大学担任解剖学教授。这座石灰矿床位于卡拉哈里沙漠偏远边陲一处名叫陶恩的村庄,是那些劳工的家乡。当时他们已经把这件颅骨从爆破的残砾中筛拣出来。南非那里的石灰矿床早就以出产化石著称,不过出土的多半是狒狒的颅骨和远古动物的肢骨,然而当达特见到这件 250 万年前的颅骨时,他就知道,眼前的事物是前所未有的,而且这并不是狒狒。

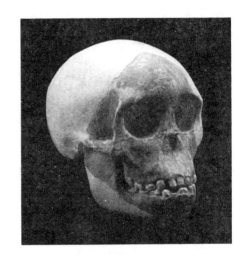

陶恩孩童颅骨*。由于年纪很小,因此模样比它的爸妈更像人类,这是一种号称"幼态延续"的古怪现象所产生的结果。我们也许就是这种幼态延续型的黑猩猩

最让达特着迷的是,这件颅骨和人骨的模样竟然那么相似。颅骨很小,不过头盖骨呈圆形,和脸部其他部位相比显得很大。它并没有厚实的眉脊,前额部位从鼻子以上呈垂直样式,古老的灵长类,想必就应该如此。他还注意到,和之前他见过的所有灵长类动物相比,这件颅骨的枕骨大孔更贴近中央。它的站姿,比起黑猩猩和大猩猩,显然直得多。

达特将他的发现命名为 *Australopithecus africanus*,意思是"南方古猿非洲种",并认为它是"一种已经灭绝的猿类,介于现生类人猿和人类之间的物种"。不过这依然不能解释,它怎么会长着一副人模人样的费解相貌。当时还没有找到人类先祖的其他化石,于是科学家只能认为,这完全就是原型人类该有的样子。然而就这点而论,他们都错了。

达特不知不觉地做了一件事,他回溯时光 250 万年,接着却瞥

---

* 译注:陶恩 (Taung) 位于南非西北省,常讹译为"汤恩"。"陶"(Tau) 是一位部族酋长的名字,作"狮"解,"陶恩"的意思是"狮子之地"。

见了未来。他的发现不只提供了崭新的见解，让我们深入了解自己的祖先，而且还提供了重要的线索，让我们循线探究，为什么我们的内在、外貌都和其他猿类不同。

达特拿到的灵长类颅骨之所以包含这么多完全貌似人类的特征，原因是它还处于婴、幼童年纪，或许只有两三岁。达特称这件化石为陶恩孩童。它的颅骨上有两个穿孔，显示陶恩曾经历了遭遇，它或许被一只豹叼走，或许被鹰抓走吃掉。不过倘若它活了下来，长大之后的模样几乎就不再具有人类的相貌了。因为当它成年后，它的额部就会长得更大，吻部也会更突出，它的双眼会升到脸部较高的位置，上面覆盖着眉脊，而且前额也会像猿类那样从鼻子开始向后倾斜。

不过，为什么生存在二百多万年之前的人科先祖幼童，比当时成年的个体更像人类呢？这是由于人类成年之后，模样就像猿类的婴儿，甚至胎儿。为什么我们有这种表现，从某些方面来看，这正是我们的真面目。陶恩孩童和现代人类的相同特性是一种被称为"幼态延续"的奇特演化现象产生的结果。受了幼态延续的长期刺激影响，因此我们和其他灵长类相比，都在发展较早期就出生了。结果就是，我们在成年之后许久，往往还保留着我们这个物种的（和我们的祖先的）许多幼年体态和幼龄行为特征。总之，我们在很年幼时出世，而且也保持幼态较长时间。我们之所以在较年幼时就出世了，是因为演化优势，同时也归因于我们的大脚趾。

一个人来到这个世界本身就是最危险、最困难的事情。因为身体直立让我们祖先的骨盆重新构建，也由于我们的头部较大，因此当婴儿开始诞生的时候，必须在产道中转身，从面朝前方转为面朝侧边。接着在诞生的时候，还必须再转 90 度，直到面朝母亲为止。倘若婴儿朝相反方向转身，那么产道的锐角弯转有可能把婴儿的脊柱向后折，带来严重的损伤。

就大猩猩和黑猩猩来讲，这个过程就完全不那么困难了。猴子蹲着或者四肢伏地生产，它的产道宽阔得多。由于黑猩猩、大猩猩和红毛猩猩的婴儿头部都比较小，因此它们可以面朝母亲的腹部出生，甚至还能帮自己拉出产道。当这类猩猩的婴儿坠地诞生之时，母亲也常可以伸手引导婴儿出世。

我们人类经历的变化过程已经很久了，可以远溯至 400 万年之前。露西的古老化石告诉我们，当时挺直站立已经让产道大幅缩窄，就连脑子相当小的南方古猿的婴儿都必须向前或向后转身，好让肩膀就位，通过缩窄的产道。特拉华大学的卡伦·罗森贝格（Karen Rosenberg）和新墨西哥州立大学的文达·崔瓦森（Wenda R. Trevathan）都是诞生演化学科专家。他们两人猜想，这种生育方式使得整群族人联系得更为紧密，因为这样一来，怀孕的南方古猿才能得到必要的援手，帮它们把幼儿带进这个世界。[①]

若说对露西和它那个物种而言，生产已经愈来愈困难，那么对于莽原灵长类即将出现的下一个主要物种——能人来讲，肯定还会更艰难得多。能人是人属最早出现的种类，也是我们已知人类的第

---

① 除了罗森贝格和崔瓦森的成果，肯特州立大学的欧文·洛夫乔伊（C. Owen Lovejoy）和路易斯安那州立大学的罗伯特·塔格（Robert G. Tague）也研究了一些耻骨和骨盆骨化石。他们归结认为，尽管南方古猿的产道比人类的大，婴猿仍须转朝前、后方，双肩才能通过收窄的产道。这表示，婴猿出生的时候，偶尔仍须面对母亲的后背或者面朝前方。不管朝哪个方向，都比一般黑猩猩的诞生过程更为艰难，也必须靠外力帮助。引自罗森贝格和崔瓦森的论文《论人类生产演化》：Karen Rosenberg and Wenda R. Trevathan, "The Evolution of Human Birth", *Scientific American* 13 (2) (2003)。亦见洛夫乔伊的论文：C. Owen Lovejoy, "The Evolution of Human Walking", *Scientific American* (November 1988)。

一种直系祖先。能人约在 200 万年前走出光阴的迷雾，那时他的脑子已经几近倍增，平均大小可达 750 毫升。①因此原本就很紧迫、危险的诞生旅程，要变得更为艰巨。想来能人并不可能让产道增长扩大，来容纳儿女较大的头部。果真如此，那么大脚趾促成的直立行走方式，就会变得完全不可实行。这样一来，髋部就会变得太宽，双足步行也会变得无法实现。话说回来，长出较小的脑袋也不在考虑之列。所以我们的祖先面临两难。让它们更聪明、活动更灵便的演化力量，也让生产变得更难。这个问题不解决，那么愈来愈聪明的直立行走猿类就会趋于灭绝。看来必须放弃某些东西才行，所幸这也确实成真了。

灵长类的颅骨在子宫中并不是整块成形的，而是由不同骨板在脑子顶上分别发育组成的。人类有八块骨板，出生后才慢慢地愈合在一起，形成保护我们脑子的头盖骨。这些骨板在出生之前并不相连，因此颅骨相当柔软，能够在拥挤的产道内滑移穿行。

黑猩猩和大猩猩也有未愈合的颅骨板块，所以我们的祖先可能也有这种构造。分离板块是解决这个讨厌的演化问题的优雅做法，也是显现幼态延续作用的理想方案。这就表示，能人不必发育出较大的骨盆或较小的脑袋，也不会逐一死去。事实上，它们只不过是让幼子提早出世而已。而且脑子愈大，势必得愈早出生。

就这方面而言，我们人类是灵长界最极端的例子。倘若我们在发育完备、身体成熟之后才诞生，就像当今巨猿类群的宝宝一样，那么人类的怀孕期就不是 9 个月，而是 21 个月！这就表示实际上我们都早产了整整一年。即便我们定义"足月"就是在子宫内待满9 个月的话，然而依照猿类的标准，我们是原本应该多待 12 个月，

---

① 目前出土的众多能人化石，其中仍有许多争议。有些测年结果可以追溯到230 万年前。

结果却提早出世的胎儿。

幼龄黑猩猩（左）和成年黑猩猩（右）。人类保留了幼龄黑猩猩的若干身体特征

　　由于我们都是早产儿，因此出世时几乎全然无助。我们的脑子还很小，发育不全；我们的四肢、手指和脚趾都只有软骨，而非成熟的骨头。我们生下时几乎全盲，而且神经系统都称不上接近成形，同时我们还会继续生长，这个过程将持续到这辈子将近三分之一的阶段，和其他灵长类的成年阶段相比落后了许多年。另外，尽管我们颅骨的骨板多数都在出生之后几年间愈合，却仍有几块要等到 30 岁时才会合拢，甚至还有些个例，直到超过 90 岁时依然是分离的。①

　　这些证据都隐约指出，我们和其他物种存有一个差别，那就是

① Stephen Jay Gould, *Ontogeny and Phylogeny* (Cambridge, Mass.: Harvard University Press, Belknap Press,1997) , pp. 372-373.

人脑从未停止自我调整来适应周围的世界。最近的研究证实，人脑拥有罕见的可塑性，此外与大家信念相左的证据显示，其实人脑真的能够重新补足本身的某几类细胞。另一项研究则显示，我们最新才演化出现的前额叶皮质，能根据新的经验，不断地进行自我调整，直到我们死去的那天为止。

在古尔德眼中，这种终生处于年轻的状态，代表了一种威力强大的演化选择，于是人类才得以在出生之后很长一段时间里，依然享有适应性高强的脑部。雅各布·布罗诺夫斯基（Jacob Bronowski）将这类幼态延续特质称为"漫长的童年"。我们的行为并没有因为和基因束缚在一起而变得全无转圜余地，我们的基因让我们能适应新环境，也带来了敏捷的心智。基因让我们能够根据个人的经验，调整我们自己的行为，而且就我们这个物种来看，基因也让我们经常保持着好奇、爱玩和创新的特性，而且静不下来；总而言之就是年轻。而且在相当大的程度上，这种朝气蓬勃的青春气息，就是人类文化以及代表其创造能力特性的础石。

阿姆斯特丹的解剖学教授路易斯·博尔克（Louis Bolk）率先发现，这种改变或许采取了一些方式作用在人类身上（至少在肉体上）。博尔克笃信幼态延续理论，他在 1926 年列了一张清单，把他从胎儿、婴儿期猿类身上观察到的同时似乎也展现在人类解剖构造上的特征全都纳入：比如我们的吻部较不突出，有较高耸的额头，还有数值较高的脑量对体重比。他指出，我们大体上都不长毛发，和婴儿期的猿类雷同；猿类胎儿的外耳和我们的比较相似，颜面骨的构造较薄、枕骨大孔的位置较偏中央，另外，奇怪的是它们的大脚趾也都很直。[1]（比如黑猩猩在子宫形成之时，它们的大脚趾原本是直的，和人类的并无二致。随后它却变弯了，这样才更能应付爬树。不过，当我们的祖先开始迁进莽原，凡是意外带着笔直大脚趾缺陷来到这个世间的新生儿，实际上却享有了一项演化优势，或许这项优势因此传递了下来。）博尔克表示："人类是达到性成熟的灵长类胎儿。"

博尔克的观念在当时并没有被普遍采信，不过后来古尔德便指出，他显然是看出了某种现象。由于我们出生时颅顶骨都很柔软，而且彼此分离，因此我们不只能够带着较大的脑子来到世间，而且出世之后脑子还能长得更大。黑猩猩诞生时，它的脑量已经达到长成阶段的40%。尽管生下之后还能继续发育，却很快就达到完整尺寸了。不同的是，我们出生时，脑子还不到完整尺寸的四分之一（精确数字为23%）。脑子在生命头三年能增长三倍。不过，我们眼前依然留有将近三分之一的脑部成长空间，这会一直延续到成年早期阶段。

幼态延续有个很有趣的方面，那就是它并不改变现有的基因，它只会延缓表现。就我们的例子来说，则是延迟或摒弃某些基因的表现，它从子宫引出一种新式的生物进入真实世界。一旦达成这点，它也彻头彻尾地改变了人类的后续演化走向。

我们是不是婴儿态的猿类？

20世纪前叶，很多科学家找到了更多的人类幼态延续特

---

[1] Gould, *Ontogeny and Phylogeny*, pp. 352-356, 详情参见网页 http://www.serpentfd.org/a/gouldstephenj 1977. html。

征，为博尔克的原始列表增添了项目。演化生物学家古尔德编纂扩充了列表，并纳入他1977年出版的专著《个体发生和种系发生》（*Ontogeny and Phylogeny*）中。如今科学界普遍达成共识，认为博尔克的幼态延续观察论述是正确的，不过他针对发生的原因和方法所作的解释却不正确（他认为那是归因于一种由内分泌引致的延迟发育）。显然我们把许多见于猿类婴幼儿的特征都保留到了人类成年阶段，同时根据化石记录，南方古猿非洲种、直立人、能人和智人逐步显现出愈来愈多的幼年型特征。举例来说：

● 平脸型直角颌。人类额头不像成年猿类那么倾斜，下颌也不那么突出，于是我们和婴儿猿类的面貌非常相像。

● 体毛较少。新生和幼龄猿类的体毛较少。

● 耳朵形态。猿类婴儿的耳朵看来比较像人耳。

● 枕骨大孔位于中央。猿类随着年龄增长，枕骨大孔也向后移动。

● 脑部重量比很高。和成年猿类相比，幼龄猿类的脑部与身体重量比更接近人类的比值。

● 颅缝闭合时间较长。其他灵长类生下时也有颅缝，不过愈合时间比我们的提早许多。

● 手脚构造。猿类胎儿其实也有大脚趾，脚部形态也和人脚相像得多，猿类的蜷曲大脚趾是在长大成熟期间发育成形的。

● 不具骨质眉脊。大猩猩和黑猩猩在幼龄时并没有骨质眉脊。这是在生命后续阶段才发育生成的。

● 没有颅顶冠脊。

- 颅骨很薄。我们的颅骨很坚硬，但却比不上其他灵长类的脑壳。

- 头部较宽。

- 牙齿较小。

- 牙齿较迟萌发。这其实也表示，我们没有牙齿的时期延续较久，这点和猿类相同，初生猿类也没有牙齿。

- 婴儿依赖期延长。我们的婴儿阶段比其他灵长类的都长。

- 寿命较长。这也就是说我们保持年轻的时期较长。

- 胎儿成长率保持得较久。人类在子宫中待得较久。

俗话说星星之火可以燎原，幼态延续就相当于演化版的燎原星火。一旦我们的祖先有办法直立行走，也变得愈来愈聪明，虽然仍需设法熬过出生的难关，但这时眼前就开启了一个全新的世界，崭新的演化力量也水到渠成地发挥效用。我们四处移动，能够跨越莽原，徒步狩猎采集，速度远远超过我们以指节行走的表亲。我们得以运用日渐增长的智慧，来解决眼前的问题，不至于陷入困境，起码就眼前而言是如此，其功臣就是受产道尺寸局限的脑子。还有，最重要的是，由于我们离开子宫之后还必须花那么多时间成长发育，因此周围的世界和经验也增长了我们的见闻，这样一来，我们也变得更聪明、适应力更强，也更能独立自主。我们从眼前的景象、气味、声音和早年生活关系中得到好处，但我们（还在胎儿阶段）的脑子依然相当能够变通，可以做出反应并从中学习经验。人类出生后的很多行为并不完全受大脑硬件的直接原始反射和DNA直接控制的影响，我们比地球上其他的生物更具有可塑性。

人类学家克罗格曼（W. M. Krogman）曾这样写道："这种延伸拉长的生长期是人类的独有特色；意思就是，人类是擅长学习的动物，并不完全依靠本能。人类的设计规划是要学习行为举止，而非铭记本能密码来做出反应。"[1]换句话说，这让我们不只具备了学习能力（狗和老鼠也都能学习），还可以为了适应改变来学习、应付变化，并适应变化做更进一步的改变。这时我们的祖先已经更能动脑筋来适应周围的世界，据以塑造自我，而不必受制于体内基因的严苛行军指令。这些作用驱使我们的祖先迈进，变得愈来愈像人类。不过，我们的幼龄特性，还有随之而来的无助处境，依然还有更深远的社会含义。

～～～～～～

多数哺乳动物在诞生时就已经具备了生存能力，远比我们更能应付生命的挑战。牛羚生下来没过几分钟就能起身跟随群体奔跑。而我们祖先的新生儿则需要照顾，即使在 200 万年之前，所需要的照料也依然相当繁复。

我们知道，当妈妈的人科先祖在分娩时本身就需要帮助，一旦婴儿出世，母子都需要更多的援手大力辅助，才能跟上队伍的日常迁徙步调。对任何南方古猿母亲来讲，照顾自己的需求，保护婴儿不受掠食动物侵害，甚至仅仅是单纯地设法保住性命，恐怕都是相当艰巨的任务。而且还不止于此，若是出生率逐渐提高，她就必须同时照料不止一个子女。这绝对可以让所有族群的社会动态和性动力都产生极大幅度的变动。因此，寻找真正可靠、有帮助的配偶很快就成为攸关生死的大事。新手母亲有可能会依靠群体内其他女性

---

[1] Gould, *Ontogeny and Phylogeny*, p. 401.

的援助，不过也是有限的。因为生命何其短暂，也没几年可以生儿育女；能帮得上手而且本身并不忙于照顾自己子女的女性其实并不多见。

接生婆和亲戚都没办法帮忙到底，迟早都得靠爸爸来协助。这表示女性要找的配偶不只必须拥有宽阔的肩膀、发达的大脑、充沛的精力和强劲的力量，其他条件更不可偏废，包括原始的耐性、忠实、关注，还要老老实实地奋力以赴。

我们不能低估这些变化的力量，即便对这些改变如何发挥的作用，我们的认识还是相当模糊。就像莽原日渐增高的风险，把部族社会联系得更为紧密一样，相同的道理，既然幼子愈来愈无力自保，必须靠他人出力照顾，因此就促使孩子和双亲建立起更亲密的情感关系。

在这方面，从我们现今的交往方式可以看出部分证据。我们是猿类当中的异数，因为我们是采取单一配偶方式的少数猿类之一。举例来说，雄性大猩猩采取多配偶的做法。它们的"后宫"有许多雌性和它们交配，还会大发醋意地防堵竞争对象。由于优势雄性显然拥有强健的基因组，因此这套体系运作得相当顺畅。不过这完全是由于雄性大猩猩不必大力帮忙，雌性大猩猩也能抚育幼子的原因。

黑猩猩是采取双重多配偶的做法。每当有雌猩猩进入生育周期之后，雌雄两性都和多重伴侣交配。最近科学家发现，黑猩猩精子所含的线粒体数超过了人类精子所含的数量。实际上，这能够提升黑猩猩精虫的力量。因此当不同雄性和雌性交配时，进入子宫的精子就更能相互竞争，竞相争取让卵子受精的权力。这就是最基本的适者获选现象。人类精液并不具备这个能力，而且基本不可能出现，因为迄今还从来没有任何迫切的演化需求足以促成这种发展。

我们这个物种大半都坚守单配偶做法（不过显然也有许多例外）。至于我们为什么这样做，有个理论解释得最好，那就是演化偏爱交配后就合作抚育护子的莽原猿类，这样一来，由它们带进这个危险世界、无力自保的子女才最能存活。

这就表示，在我们人科先祖的某个过往时期，类似家庭单元的组织开始演化出现了，同时也创造出愈来愈复杂的社会关系。于是当时需要繁复的策略，来找出谁是拥有最好的照顾能力，而且是最可靠、忠实的配偶。复杂的社会棋局游戏也必须演化出现，这样才能让双方建立深厚的情感并赢得忠贞信赖。强健基因组的吸引力量，也继续在择偶历程中扮演着核心要角；这就是为什么当我们见到旁人开怀微笑露出一口洁白的牙齿，展现出强健的身体和运动家般的超凡体态时，都会觉得他很有吸引力。不过，如今个别特征和个人行为，对于确保物种和部族存续也显得愈来愈重要了。

这些变化出现的时间地点很难讲精准，不过我们可以推想，在那个时候，我们的祖先和黑猩猩从共同始祖分道扬镳，也已经过了三百万年左右。在此之前，已经有多种南方古猿演化出现而又消失。那时莽原上的灵长类核心要角是能人，也就是我们最先出现的第一种直系祖先。能人在当时正逐步朝着人类的模样发展，在智力、行为和族群关系各方面都有进步，从而养成更细致的沟通能力，也让这些能力愈益不可或缺。最早的人类文化火苗就要开始引燃。新的生物逐渐成形，非洲莽原的生活，就要变得比以往都更引人入胜了。这是由于当时我们的祖先已经直立身形，能以两足自行站立，而另一种全新事物也即将演化出现，这种特征不仅会改变它们，可能还会比其他已经实现的特征产生出更为深远的影响。

Thumbs

拇　　指

人类的手就相当于一种万用工具，能够握、扭、转、推、拉，还能自行创造出数不胜数的动作和姿势。有了拇指，我们就得以依循意愿，以大自然前所未见的方式来抓取、操作物件。因此人类演化史上两起撼天震地的事件就此串联在一起——制造工具和使用语言。

第三章

发明之母

那么，倘若一个部落有某一个人比其他人更聪慧，发明了一种新的陷网或武器……彻头彻尾就是为了私利，完全没有靠多少推理能力来帮忙，这会趋使其他成员向他模仿；于是大家都能获益。……倘若这是件重大发明，这个部落的人数就会增加、扩张，并取代其他部落。

——查尔斯·达尔文《人类的由来》(*The Descent of Man*)

看看你的手。举起来，屈伸，弯折，做出木偶的动作。你的手是件出色的作品。有史以来从来不曾有 5 根手指、14 个关节和 27 块骨头，以这种有趣而实用的方式组合在一起。转动你的手，那里有 8 件方块状骨头在手腕和前臂部位以肌腱基质相连，因此你才能180 度转动手部。这样一来，我们的手也才能做出自然界动物就算想做，却永远做不来的事情，好比挥棒打棒球、倒一杯牛奶、演奏一曲埃林顿公爵写的钢琴独奏，或者画一幅肖像。

我们的指头上实际并没有肌肉。手指就像牵线木偶，也是靠遥控来操作的。绵密的肌腱固着在手掌、前臂中段，更远至肩膀，构成使唤你手指舞动的丝线网络。这整个配置可以让我们的手做出一套出奇繁多的动作。不过，让你的手超凡脱群的解剖特性是你的第一指，也就是相当于脚上大脚趾的构造：你的大拇指。

我们拇指的最大妙处之一是它们的位置。我们的脚让第一趾背离拇指型位置，接着演化把它拉直，构成我们的大脚趾，我们的手就没有这样做。事实上，手部是采取相反的走向，以先前经特化专事攀爬、抓握的脚为基础，再从这个向上发展。

这就是为什么我们的手看起来和大猩猩的脚依然非常相像，我们拇指的位置比其他四指低且分离，仿佛不愿和这个群体的其他分子混在一起。然而，这并不代表拇指屈居于其他手指之下。

和其他灵长类动物相比，我们的拇指能做出种种特技等级的动作。比如黑猩猩的拇指并不像人类拇指那样能转动并绕出个大弧。因此这也局限了它们达成抱负的能力，所有拇指私底下都渴望能对屈。我说的"局限"是由于，事实和流行观点相左，黑猩猩和猴子的拇指其实都是可对屈的，只不过和我们的拇指相比，并不是对屈得那么怪异罢了。二者的差别在于，我们很轻松地就能横摆拇指跨越手掌并碰触到无名指和小指，也就是手上的第四和第五指。大自然中没有其他任何东西拥有这种构造。这种构造称为拇指对掌，而且这种看似单纯的能力，却让我们的双手有办法抓、握、扭、转，还能以其他生物不能的做法来操作碰触。因为具备了这项能力，我们才能使用锤子或斧头，或者用手掌环握棍子，来延伸手臂的力量，更连同棍子施出的敲击力量一起发挥，把它转变成一根夺命棒。挥棍横扫做戏是一回事，就算是黑猩猩也办得到；握棍沿前臂轴心前伸并由上向下施出碎骨般的力道，那又是另一回事了。

拇指对掌还造就了另一项截然不同的差异。手从黑猩猩在林间摆荡时单纯抓握树枝，演变成轻柔地施加准确的力量，巧妙地捏持微小物件。当黑猩猩捡拾像米粒般细小的东西时，必须用拇指和食指平坦的部位才捏得起来，就像我们捏着钥匙或信用卡。对黑猩猩来讲，这样精确地运用手指和拇指是一个难题，因为它们并没有我们这样的肌肉组织和神经构造。同样的米粒，我们捡拾时就可以用拇指最尖端和其他手指环成一圈轻轻捏起，这仿佛是做出代表"OK、太好了"的手势，就某方面来讲也确实"太好了"。

我们之所以拥有这些能力，原因是我们进化出和拇指相连的特化肌腱。其中一条称为拇长屈肌，这条屈肌从拇指指节一直连到肩膀。拇长屈肌和其他三条肌肉协作，让我们能捏揉挤压物件，还让我们能张开手掌，并让拇指和手掌分开。运用这些动作可以方便操作手摇杆、在键盘上打字，以及用拇指在手机上输入数字。不过，这在握持使用棍棒、石块等天然工具的时候，也非常好用，二百多万年前，我们的祖先就是运用这些器物，来打制斧、矛和小型刀具。

我们的拇指、手指和手，不单因速度和灵活的特性才显得特别，超高的敏感度也是一项特征。我们的手指每平方英寸皮肤都塞满了 9000 个蛋形超敏感芽体，称为迈斯纳小体，这些触觉小体紧贴在我们的皮肤最外层（表皮）下。每个小体里面都包含许多螺旋状神经，能感觉、获取我们碰触的一切物件所发射的信号，并发送给脑部处理。①我们身体其他特别敏感的部位也都有这类神经散布，包括舌头、脚底、乳头、阴茎、阴蒂，也就是我们所有的性感带。这些部位的机能都提升到了最高状态，擅长收集最细微、最细粒的感官信息，因此我们的手才会像查尔斯·贝尔（Charles Bell）爵士

---

① 关于此类小体的短片参见网址 http://www.microscopyu.com/galleries/confocal/meissner-scorpusclesprimate.html。

所说的"那么有力、那么得心应手，却又那么细致"。

若非这样的灵巧度和敏感度结合在一起，米开朗基罗就永远刻不出"摩西"雕像的脸部，达·芬奇也无法画出《最后的晚餐》。钢琴大师霍洛维茨连最阳春版的《皇帝协奏曲》都弹不出来。莎士比亚也永远没办法提起鹅毛笔写字，至于他为英文发明的几千个单词，则一个都创造不出来。①

这里要讲的是一个很微妙的观点。这种力度和灵巧度，让我们的拇指和手成为人类本性的核心。它们的生物演化名副其实地改变了我们的心性。它们让我们更有办法操控周围的世界，这种操纵万物的能力也随之塑造了我们的心智。小说家罗伯逊·戴维斯（Robertson Davies）正是受了这一点的驱使，才在他的《看进骨子里》（*What's Bred in the Bone*）一书中评论道："手向脑讲话和脑向手讲话是同样确实的。"有关创造力、记忆和情绪，还有最重要的是（稍后就会见到）语言之所以存在，大半是由于我们先出现了拇指，接着在调和我们和世界的物理对话同时，连带着也奠定了神经基础，从而孕育出人类独特的心智。我们的拇指发挥了这种决定性作用。没有拇指，我们就不能成为人类，而会变成另一种生物。

---

① 莎士比亚对英语的语汇和措辞有很深远的影响。他发明的单字超过1700个（还不包括我们日常使用的无数通俗用语）。他的做法大体上就是把名词转成动词或把动词转成形容词，或者用前所未见的手法，把两个单字合并在一起。有时他会增添前缀或后缀，还经常重新创造单词。以下简短列出这位伟大的吟游诗人发明的单词，包括：advertising, amazement, arouse, assassination, backing, bandit, bloodstained, bump, buzzer, circumstantial, cold-blooded, compromise, dauntless, dawn, dishearten, drugged, dwindle, frugal, generous, gloomy, gossip, gust, hobnob, impartial, invulnerable, lackluster, laughable, lonely, luggage, lustrous, madcap, majestic, mimic, monumental, moonbeam, obscene, olympian, outbreak, radiance, rant, remorseless, savagery, scuffle, submerge, summit, swagger, torture, tranqwl, undress, unreal, worthless, zany。其他内容可参见网页 http://shakespeare. about. com/hbrary/weekly/aao42400a. htm, 或请参阅 Jeffrey McQuain and Stanley Malless, *Coined by Shakespeare* (Springfield, Mass.：Merriarn-Webster, 1998)。

就我们所出身的猿类先祖品系而言，发展出拇指势必会带来相当程度的演化优势。当它们放弃了指节行走方式，改花较多时间挺身直立，它们就能腾出双手，也更有余力来握持、携带、抛掷，最后还操作制造出更多东西。倘若早期的莽原猿类没有开始直立行走，拇指就永远不会演化出现。倘若它们没有成就这项演化，我们也就不能拥有拇指。

　　手和拇指的演化可以追溯至 4000 万年前的原猴类群，也就是后来演化成我们的哺乳类分支。不过，就我们已经很熟悉的手部而言，却是到相当晚才成形的。根据现有的化石记录所提供的混杂信息，科学界最妥当的推测是，在二百多万年之前，手部已经发展出和现状雷同的拇指对掌状态。那个时候，能人已经是非洲平原的新兴类群，和当时比肩共存的其他灵长类相比，它们的脑子更大，动作更快，也更富有创意。

　　究竟是哪支南方古猿品系演变出了能人，至今依然不清楚。不过，当这个人属类群带着特化的拇指现身之时，新的有趣事件也开始显现了。 最早出现的最明显的改变是工具制造能力。露西和陶恩孩童等南方古猿已经能使用工具，却依然不懂得制造工具。它们和黑猩猩一样，极有可能把树枝、骨头、禾草和岩石当成武器，或者当成其他各式各样的原始器具来使用，作为采集食物的帮手。[1]不过，科学家一般都同意，它们不曾重新打造、制作出任何更尖锐或更复杂、功能凌驾于自然原始用意之上的器物，部分原因是它们

---

[1]　参考珍尼·古道尔的《在人类的阴影下》（*In the Shadow of Man*）一书中关于黑猩猩使用工具的记载（以及他们在非洲荒野上的其他生活方式）。

还没有那么灵巧，也因为它们没有那种脑力来考量这种可能的构造。它们和现今一般的黑猩猩或许并无特别的不同之处。

缺少能打制工具的人类祖先这件事，让全世界对 1964 年的一项发现大感震撼。灵长类动物学家约翰·纳皮尔（John Napier）、古人类学家菲利普·托比亚斯（Philip Tobias）和人类演化理论创始人路易斯·利基在坦噶尼喀（今坦桑尼亚）奥杜威峡谷的岩块当中发现了证据，确认那里有地球史上第一种会制造工具的生物，这一成果发表在当年的《自然》（Nature）杂志上。利基、纳皮尔和托比亚斯告诉全世界，这种原型人类并不隶属于南方古猿。就脑量而言，它也比同时期化石记录当中的一切祖先要大。而且它的手和人类的也非常相似。"手骨群和智慧智人（现代人）的雷同，"他们写道，"这点只要看拇指和其他手指宽阔、粗短的末梢指骨就知道了……"

整个科学界都惊讶得合不上下巴。距今 200 万年前的手和现代人的手一样，这可是一条大新闻。不过，另有一项发现有可能掀起更大的波澜，那就是在出土化石的相同地区、同一岩层中发现了简单工具——可做切、刮用途的一批锐利石片。

坦白地讲，这让利基和他的同事都非常惊讶，因为从他们发现的颅骨和下颌骨可以看出，能人的脑子并没有他们先前料想的那么大。真正能制作工具的物种，脑子应该更大才对，实际上能人的脑子却只有 680 毫升左右（约为人类脑子平均体积的一半）。尽管如此，科学界觉得它还是应该归入人属类群，于是它毋庸置疑就是我们的直系祖先。因为倘若这群动物能制作工具，不论拥有哪种脑子，它们肯定都有充分的资格加入我们这个类群。

在利基这项发现公布之后的四十多年间，人类学家不断争辩，能人究竟应该摆在人类家谱的哪个位置。如今发现的能人化石只有四件，因此它们的谱系出身一直很难确认。不过有一个发现似乎无须争辩，那就是能人的拇指相当细长，而且完全能够对屈，和我们的拇指基本上毫无二致，这是在它之前的露西和其他南方古猿全都没有的特性。正如纳皮尔所述："手上没有拇指，说得难听点儿，完全不比有生命的煎鱼锅铲好到哪里去，充其量也只能说那是一把前端不能妥当夹合的镊子。没有拇指，从演化观点看来，手就相当于倒退了六千万年，回到拇指不能独立运动、只算一根普通指头的阶段。拇指能够对屈，人类才能从相当平庸的灵长类崛起成材，这点再怎么强调都嫌不足。"[1]

当时能人的拇指已经演化到有可能制造工具的阶段。由于手部具有现代人独特的模样和力学机能，因此能人能做出自然界前所未见的动作：用强壮的手掌和手指环握造型奇特的不规则燧石块，接着抓住另一块较小的石块，就像你手握棒球的姿势（两指在上、拇指在下紧紧握住，称为"三爪握法"），然后就不断地准确猛击较大的那块石头。

这看起来容易，其他灵长类却办不到。玛丽·马尔兹克（Mary Marzke）把事业生涯投注在人类手部的演化和运作研究中，并指出这一切能够成真，都得归功于"手部比例的独特形态和关节与肌肉的结构，才让手能够环握并做出形形色色的紧握动作"。[2]

从解剖学角度来看，演化为能人打造的手，就像一种万用工具，能够握、扭、转、推、拉，作用和演化展现的一切事项完全不同。接着这又让手部有办法自行创造出数不胜数的动作和姿势。

这对能人而言是件好事，这样讲一点都不夸张，因为它需要所

---

[1]　John Napier, *Hands*, rev. ed. (Princeton, N. J.：Princeton University Press, 1993), p. 55.

[2]　Mary Marzke, "Evolution", in K. M. B. Bennett and U. Catilello, eds, *Insights into the Reach to Grasp Movement* (Amsterdam：ElsevierScience B. V., 1994), chapter.

有用得上的帮手。当它的同类崛起之时，非洲莽原的森林也愈加稀少，甚至比先前的处境更糟，罪魁祸首是新一波的气候热浪。残存的丛生林木和树丛提供的坚果和果实都进一步减少了。不过较大型哺乳类（所谓的巨型动物群）则继续在不断扩展的草地上演化出现，这类动物经常沦为莽原大型猫科动物的猎物，吃剩的尸骸就留给本身无力捕杀大型猎物、却不介意分享残羹剩菜的动物来取食。若是能人够聪明，有办法营腐食生活，说不定就能过上好日子。

强健灵活的拇指也能帮它取食腐尸。有了拇指以及倚赖它们才得以成形的双手，它就能够把一块块石头变成带有利刃的刀，接着就运用这种石刀来屠宰像河马、大象这般大小的动物。这种石刀并不是狩猎武器，更像是胡狼的双颌或秃鹫的嘴喙，是切割尸体的工具，也代表了极其重要的进展。至少这就是在奥杜威峡谷发现的化石所显示的现象。

为测试这种刀具可能具有哪些实际用途，尼古拉斯·图斯（Nicholas Toth）和任职于印第安纳大学的考古学家同事们，一起前往能人在 200 万年前的几处居住地点探勘。他们一到那里，马上就找到了能人曾经用来打造工具的燧石岩块，拿一块小石头小心地

"三爪握法"是人手特有的抓握方式。这让我们能使用拇指、食指和中指来握持形状不规则的物件（比如石头），并拿它来当作工具，或者环握一根棍子来延伸手臂的力量，连同棍子施出的敲击力量一起发挥，把它转变成一支夺命棒

敲打一块较大的"石核"来自行制造石刀。每用"石锤"敲击一次，都能从石核上打下一片锋利的石片。

他们发现，东非四处遍布可以用来打造出第一种人造工具的原料。石刀不难制造，只要你有拇指来施工就没问题，于是他们努力地打制出一件又一件远古工具的复制品。但接着就遇上了难题。

他们拿着带利刃的石块来到莽原，两度在这里找到了最近自然死亡的大象尸骸。然后，就像能人的一支小部族的成员那样，他们动手剥皮把尸体切割开来。图斯和凯茜·希克（Kathy D. Schick）在《让沉静的石头发言：人类的演化和技术的曙光》（*Making Silent Stones Speak：Human Evolution and the Dawn of Technology*）一书中描述了这次经历：

> 带着一些迟疑，我们靠近我们的工作，身上配备了简单的火山岩、燧石石片和石核。当我们越接近那具可观的身躯，这批装备也越来越显得毫不足取。刚开始，眼见重5500千克、大小像温尼贝格房车的动物尸骸，心中涌现惧意，你该从哪里开始？我们从来没见过哪本田野手册谈到厚皮类动物屠宰法，而且它们和较小型动物不同：除非借助重型动力机器，你没办法移动躯体（比如翻转躯体好方便下手）。你必须将就尸骸的摆放方式来对付它……
>
> 尽管我们也有十几次可以使用这些工具顺利宰杀，但我们也不十分肯定它们真能用来做这种事。结果却让我们惊讶，拿一小块火山岩就能切进厚约二三厘米的铁灰色皮肤，露出里面大量红色的象肉。突破这道关键的门槛之后，要取出象肉就相当简单了，不过这类动物庞大的骨头

和肌肉，都带有非常坚韧粗大的肌腱和韧带，而这另一道
难题，用我们的石器工具也顺利解决了。①

⊙◯◇◈◇◯⊙

这类工具和能力，为能人带来了其他动物从未享有的演化优
势。就在能人切割尸骸的时候，其他双足式灵长类，比如南方古猿
鲍氏种，则栖居于邻近地区并采取另一条生存途径。它们吃植物的
块茎、昆虫幼虫、浆果和坚果，但不吃肉。不过，当时已经拥有较
大脑部的能人，则有办法使用他的石刀，宰割恐象或河马尸骸来当
做食物，这又能增进健康，并提供生鲜蛋白质来供给更大型脑部的
发育需求。

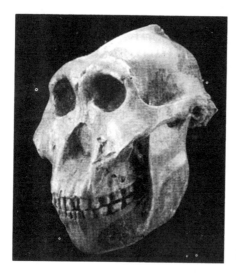

成年南方古猿鲍氏种

① Kathy D. Schick and Nicholas Toth, *Making Silent Stones Speak : Human Evolution and the Dawn of
Technology* (New York : Touchstone Books ,1993).

不过这并不能说明能人很擅长狩猎。身高 120 厘米，体重不到 50 千克的他们一点都不可怕。不过幸亏有这些工具，他才得以借助其他动物的速度和凶猛力量来取得粮食补给，而他的灵长类表亲都是吃不到的。过了一段时间，能人的手制工具还把他和在莽原游荡的南方古猿的差距拉得更大。他是一种有技术的动物，拥有技术带来的所有优势。即便化石记录指出，鲍氏种及亲属种类实际上比能人要更晚才面临灭绝，然而它们那个世系终究还是踏入了一条死胡同。至于能人则演化出种种愈来愈聪明的、会制造工具的物种，比如直立人和匠人世系，到最后还直接发展成我们。

◦◦◦◦◦◦◦◦◦

能人的工具提高了它的存活几率，并加速了脑部的发展，不过这些工具促成的进展所造成的影响还更为深远。拇指让他们有办法打制工具，也打造出崭新的心智。利基和纳皮尔后来进一步论证，能人得以和灵长类一伙的其他成员分隔开来，不单靠他打制的工具，还凭借他的心智。更明确地讲，一个能够构思、制造工具的脑子，才真正地让他不同凡响。

能人的学名 *Homo habilis* 是达特的构思，当时他向利基和他的同仁提议，为他们新发现的会打造工具的物种起这个名字。这个学名多半翻译成"手巧之人"，然而正如这支团队在论文中指出的那样，habilis 还代表"高明的心智技能"。事实证明，这项观察或许更为精准，连利基和他的同仁恐怕都不能揣摩得这么贴切，因为正如科学界后来的发现，确认心智技能和手工灵巧度确实是共同发展的。[①]换个说法，我们祖先的身体演化世界，打造出如今我们栖居的心理世界。这两者密不可分。

⚬⚬⚬⚬⚬⚬⚬⚬

两千三百多年前，古希腊（和后来罗马）的大演说家采用一种极具创意的技巧来记诵冗长的演讲和诗歌。他们称这种技巧为 lopoi，这是个希腊单词，意思是"位置"（拉丁文有个同义单词 loci，西方语言中依然沿用至今）。记忆辅助手法在那个时代不可或缺。当时纸笔依然很少见，像我们这样随手记下想法和语句，在当年可不是件小事。狄摩西尼和西塞罗等演说家有时要作好几个小时的发言，他们就必须吸引听众注意，还要能震慑辩论对手，而当时却只能使用区区的位置记忆法，来贯穿他们的逻辑思维。

他们的做法是想象一个自己很熟悉的物理空间。设想你走路回家，你眼前有门廊、房门、走道和客厅。假设你要记住杂货采买清单，你只需想象自己走向自己的房子，把你想买的东西和各处位置联想在一起：门廊上有牛奶、门口有苹果、入口地板上有面包。一旦你把每个品项都和某个特定位置联想起来记在心中，接着你只要在心中走一趟你想象中的房子，一条条提示单就会依正确的次序等在那里。但演讲会比较复杂一点（因为"品项"都比较抽象），不

---

① 自从 1986 年 7 月 21 日奥杜威峡谷发掘开展以来，能人身体的各个重要部位已经纷纷出土并重建完成（其中一项关键化石组装成品代号为 OH 62）。在 1986 年之前，能人向来都被视为现代人的祖先，也列为直立人的一种直系祖先，因此早先认为他们的肢体比例应该和现代人的相仿。然而 OH 62 的骨骼却显示，能人的肢体比例竟然和猿类的雷同。现代人的肱骨长度和股骨相比明显较短。现代猿类的肱骨和股骨则几乎等长。这就表示，能人的身体构造不像现代人，却比较像猿类或南方古猿阿法种。OH 62 还很矮小（约 90 厘米），可能属于雌性个体。这显示出很明显的两性异形现象，而这同样比较像猿类或南方古猿阿法种，不像人类，人类男女没有这么大的差异。两项发现都出人意料。

过概念是相同的：把你想记住的东西和移动穿过的熟悉的物理空间联想在一起。

没有明确的理由能够解释，为什么这套形象化技巧能优于直接记诵连串的概念（或杂货），不过以这个方式来记诵你想记住的事项，效果确实比较好。这种记忆优势的起因是，大脑标绘物理世界图像的能力演化在先，而且远比抽象思维处理能力演化得早。我们住在三维物理空间里面，能前后左右上下移动。就最基本的层级而言，我们的脑灰质正是依这三个物理项次和世界取得联系。就连最单纯的细菌和最小的鱼类，都能够采取这种方式来"理解"这个世界，不然它们就要瘫痪，动弹不得，没办法逃脱敌害捕食，察觉到食物时也无力追捕。要活着就一定要了解空间，而且必须能够在里面移动。

以高等心智为本的复杂能力，比如语言、哲学、策略、深思熟虑、发明创造等，都得依靠思考才行，不过我们往往假定思考活动和物理世界并没有实际关联。然而，根据日益确凿（有些人则说是不可否认）的证据，由于大脑历经演化，我们得以在物理空间里面移动，这种演化历程深刻塑造了我们对万物的思考方式。语言学家乔治·雷科夫（George Lakoff）和哲学家马克·约翰逊（Mark Johnson）就曾指出，充实如我们的心智生活，里面满满地装了无形的概念，比如重要性、相似性、困难度、欲望、亲昵和抱负，其实我们却是从非常具体的层次来思考这些理念的。我们"看得出"旁人的意思，我们能"掌握"动向。若有某项概念非我们所能理解，那么它的层次就"太高"了。我们"镇压"对手、"坠入"爱河、"推敲"概念、承受压力时觉得自己被"压垮"了，我们还把旁人"捧上"高位。我们甚至用含有距离、高度的措辞来表达种种情绪。例如，我们和朋友"走得很近"，生气时就"远离"他们，我们的心情有

"高"有"低"。若是事情很重要，那就是件"大"事。若有人举止恶劣，我们就说他"臭"名远扬。就连抽象如时间的观点都能以物理名词来设想、表达，过往抛在脑"后"，未来现于眼"前"。

这类隐喻遍布所有语言，普遍见于人类思维中，不论你是来自蒙古还是火地岛都不例外。[①] 同时，这些隐喻早在人类婴幼儿阶段，就已经牢牢深植脑中了。约翰逊称之为"并合"（conflation）。他表示，若生活中有某件事情经常和其他事项联结，那么婴儿的心智就没办法把这项经验明确区分开来。举例来说，婴儿体验的情感通常都和实际被人抱起来所带来的温暖感受以及安全感联结，因此他把两种经验"并合"在一起——和旁人的身体接近，以及亲近所带来的安全感是相等的。当然，到了生命后续阶段，我们便学到情感上的和肉体上的温暖并不是同一回事，不过，由于两种经验在我们的婴儿阶段是同一回事，因此我们在概念上依旧把二者连在一起。

另外有些实验则显示，当我们想到"坠落"一词，我们或许会体验到害怕和失败，都是和下坠产生同样联想的感觉，这是由于我们脑中的神经联结，在突触层级把两者连贯在一起。[②] 类似地，我们谈到的"温暖的笑容"和"亲近的朋友"，有可能在神经上，连同概念上，都是绑缚在一起的。

如此一来，就可以清楚地解释，为什么当我们把要记诵的概念

---

① "我们在无意识间获得一套很大的原始隐喻系统，而且完全是在我们的最早期时代，在日常世界当中，以最寻常的运作方式自动取得的。我们对此并没有选择余地。这是由于神经的连接方式是在'并合'阶段形成的，我们所有人，生来都会使用几百种原始隐喻来思考。"引自雷科夫和约翰逊合著著作《体验哲学》[*Philosophy in the Flesh* by George Lakoff and Mark Johnson(New York：Perseus，1998)，p. 47]。

② 参见雷科夫的学生斯里尼·纳拉亚南（Srini Narayanan）的研究，详见网页 http：//www. google. com/search？ q = Narayanan + neural + theory＆ie = UTF-8＆oe = UTF-8.

和身体活动（比如在我们屋子里四处走动）联系在一起时，会觉得比较容易记住。不过，当我们有了双手，特别是拥有拇指对掌的双手之后，我们的脑子还进一步发展出对世界更准确的实体感觉，因为这时我们不再对环境只能被动反应了。有了拇指，我们就得以依循意愿，以大自然前所未有的方式，来抓取、操作物件。因此人类演化史上两起撼天震地的事件就此串联在一起，我们多数人或许都没有想到，原来这是有关联的事件：制造工具和使用语言。

❧ ❧ ❧

加利福尼亚大学洛杉矶分校的发展心理学家帕特里夏·格林菲尔德（Patricia Greenfield）发现，两种现象之间存在一种非比寻常的关联：一种是孩童如何以双手来控制物品；另一种则是我们所有人如何在心中组织符号，随后再以语言表达出来。

在一项测试当中，格林菲尔德让一群孩子（年龄分别为六岁、七岁和十一岁）解一道谜题。[①]桌上摆了 20 根棍子，排成好几个相连的方盒。接着拿相同款式的一套棍子分给孩子，每人一套，要他们重新排出相同样式的方盒。从各组解题采用的做法，得出好多令人惊讶的线索，让我们得以依循深究人脑是如何组织思想的。

六岁组所有孩童都采取一种特有的方式来动手解决谜题。他们先摆一根棍子，接着再摆一根来和上一根相连。他们从不单独摆出一个新的方盒，没有一根不和先前已经摆放的棍子相连。事实上，他们手中那根棍子的摆放位置，永远和前一次摆到桌面上的棍子相连。基本上，他们是边做边摸索解题，辛苦调整重排他们的棍子，

① P. M. Greenfield, "Language, Tools, and Brain: The Ontogeny and Phylogeny of Hierarchically Organized Sequential Behavior", *Behavioral and Brain Sciences* 14 (1991): 531-551.

直到模样和事先摆在他们眼前的样式相同时才停手。实际上，他们也没有能力采取其他任何做法来解题。

七岁组处理难题的做法略有不同。他们并不总是把后一根棍子和前一根相连。有时他们会在同一个位置，单独摆出不相连的方盒，接着在另一处又摆一个。然后他们再用其他的棍子，把分离的方盒相连起来，直到问题解决为止。这些孩子并不是从头到尾都靠摸索来解题，按格林菲尔德的说法，他们的创造力和自信程度，都远远超过比他们只小一岁的孩子。他们并非毫无主见地只能一根根模仿样式摆出方盒，其实他们所采用的做法是概括理解整体组型，接着就着手摆出一个个单独的区域，最后再把这些区域连在一起。

十一岁组完成了一次重大突破。事实上，当他们拿到这道谜题之后，所采用的解题做法和钢琴大师弹奏"一闪一闪亮晶晶"的处理方式有点相像。他们似乎一眼就看出整个组型并了然于心，接着把它摆在心中，同时思索这道问题的其他方面。（这是人类一种特有的能力，称为"工作记忆"，这让我们有办法把心理建构摆在一旁，应付处理其他事项，也不至于记不起原先推敲的概念）。不论如何，十一岁儿童并不认为这道谜题是一根根棍子的问题，甚至也不是一个个方盒的问题。他们摆弄整个组型，采用种种做法来重新排列，边玩边做；这里摆一根，那里摆一根，把各个方盒连贯起来，他们能怎么设想就怎么做。这对他们来说太简单了。

格林菲尔德认为，这些不同年龄层的儿童，处理问题的手法非常不同，因为脑部涉及组织物品的特定部位，必须先有实体相连，之后他们才能逐步以愈见精妙的手法来解决问题。她还认为，孩子们实际上用来重组解题的手法——也就是他们选择来连接棍子的手法——可以和他们组织思想、语言的方式相提并论。

试以我们在幼龄阶段串联字词所采用的思路为例。我们在很早期就已经相当有办法处理"我要瓶子"这一类的基本信息了。然而，往后当理念变得愈来愈复杂，字词排列的方式也随之变得更为繁复，这样才能沟通比较难解的概念。例如"那瓶能不能给我"或者"厨房料理台上那瓶牛奶能不能给我"。更重要的是，我们能依照句型和思维模式来设想字词和理念的摆放位置，而且做法和我们如何设想谜题物件的摆放方式不无相仿。字词在语言中发挥的作用，和物件在格林菲尔德的棍子——方盒试验中扮演的角色是相同的。倘若你能把棍子（字词）摆成适当的布置组合（语法）的样式，那么问题就解决了，同时也连带建构出某种有意义的事物。就语言方面，这就相当于先酝酿出或习得某种构想，然后再拟出表达这个构想的句子。这样一来，字词和概念就像虚拟的想象物件，在我们心中四处移动，而且和我们在实体世界移动的物件并无不同。

格林菲尔德的研究促使她拟出一套理论，认为孩子的实验进步表现和我们祖先的心理演化可以相提并论。不过，我们的祖先在200万年前有哪些难题要设法解决，它们后来又是怎样塑造出我们今天所拥有的脑子的呢？

由于我们只有两只手，并不像章鱼拥有八条触手，因此，我们都得依条理顺序来处理问题，而不是全部一起处理。这就表示，我们必须专心，才能依照意愿先做 A 再做 B，做完 B 之后再来做 C。你不会漫不经心地制作一把弓，或打造一支箭，或设计出一台蒸汽机。这必须要有目的，还必须专心。凡是曾经在家费劲组装过家具的人都知道，倘若 B 不是在 A 之后，C 不是在 B 之后才做，那么成品总归要分崩离析。

若是雷科夫、约翰逊和格林菲尔德等科学家的说法没错，那么我们之所以这样运用思维，起因就是从前我们的双手学会如何把棍子、石块和动物皮革制成工具所致。于是名词就相当于物体，动词就代表动作，而我们（或我们的双手）则扮演句子的主语角色。

对能人等祖先而言，当时"敲开股骨吃骨髓"的具体语法，或许就像是"（拿）石头打骨头"一样。或许它并没有任何字词（任何心理符号）可以表示这类物体或动作，不过使用某物来影响另一件事物的模式，可能就是它物理经验的一部分，当时并没有捷径。一旦你拾起一块石头来敲打一根骨头时，必须依循某种顺序来做出特定的动作，你才能完成整件事情。大脑必须蓄意构思并按照这个顺序行事，否则骨头和石头就会永远摆在原处，而且双方也永远不会相碰。于是整天只凝望着石头、骨头，却什么都不做的所有猿类，永远都吃不到半两骨髓，自然也没办法活到能够把基因传递下去。所以科学家总爱说，像这种动物都给"天择汰除"了。

这里不免得出一项结论，那就是制造工具不只是造出工具，还让我们的大脑重新组构，所以大脑才能仿效我们制造工具的双手，依循双手和世界互动的方式来理解这个世界。我们牵线木偶式的手指和我们周围物体的实体对话，逐步酝酿出我们的大脑用来组织、构思万象的方式。手向脑讲话和脑向手讲话是同样确实的。①艺术

---

① 就这方面而言，我们是独一无二的物种，部分由于所有动物的心理生活都受它们的生活经验影响。海豚和鲸鱼以精巧的声呐回声定位技术来感测周遭环境，同时拥有丰富的咔嗒声沟通音组。卡尔·萨根（Carl Sagan）曾在《伊甸园的龙》（*The Dragons of Eden*, New York：Ballantine Books, 1977）一书中指出，"最近有一项非常聪明的构想，这个还在探讨中的观点指出，海豚与海豚沟通时，会把声呐反射描绘的物体特征表现出来。如此看来，海豚完全不'讲出'任何字词来代表鲨鱼，而是传送出一组咔嗒声，来对应展现它向鲨鱼发射声波时收到的反射声谱。……依此见解，海豚与海豚的基本沟通形式，是种声音的拟声学，是描绘声频图像的画作——就本例而言则是描绘鲨鱼的漫画。我们可以好好想象一下，这种语言如何能从具体扩充到抽象的观点……于是海豚就有可能不靠亲身经验，只凭想象来产生离奇的声音影像"。就此观之，回声定位（相当于海豚的双手和双眼）能塑造出咔嗒声（海豚版的语言）。至于它们是否完成了这项跃进则仍不得而知。

是模仿生命的开端（最起码工艺是如此），而语言和人类复杂的思想，则是萌发自生命的种种可察觉的具体结果。

1996 年，维托里奥·加莱塞（Vittorio Gallese）、贾科莫·里佐拉蒂（Giacomo Rizzolatti）和任职于意大利帕尔马大学的几位同仁，意外发现了一种奇特又神秘的演化方式。那时他们正在记录猕猴脑中某区（称为 F5 区）神经元传出的信号。这个分区位于额叶，周边是掌管产生运动和预期运动的较大脑区，名副其实地称为"前运动皮质"区。①

这支科学团队当时已经知道，当猴子用手或用嘴执行特定目标导向的动作，比如捡起一颗花生并握着或含着时，F5 神经元就会放电。不过他们却希望通过几个实验来了解对于不同的物体，F5 神经元是否会做出不同的举动。他们好奇的是，猴子捡起花生和捡起一片苹果时，会不会有任何差别？

就在进行这项常规实验的时候，他们注意到一种怪现象。当一只猕猴看到一位研究人员伸手捡起一件物品并拿到嘴边时，连接猴子脑部的感测器显示，脑中 F5 区神经元也同时放电。若是猴子光看着物体静静摆在那里，这时神经元并不会活化；唯有当（这里就是十分反常之处）猴子看到研究人员拾起物件，或者当猴子自己捡拾的时候才会。

这里面有着非常深远的含义。当猴子观看动作的时候，脑中同一群神经元也会放电，这表示猴子是在自己脑中（借"心中之眼"）放映出它们眼前所见，仿佛是它们自己做出这些动作。它们在心中"镜像映现"身体的动作。你也可以说，它们是采用一种粗

---

① Sherman Wilcox, "The Invention and Ritualization of Language", in Barbara J. King, ed., *The Origins of Language* (Santa Fe, N. Mex.: School of American Research Press, 1999).

浅的做法，想象自己"做出"这些动作；也就是借神经元逐一放电作用，来重温旁人的经验——实际上等于它们让自己身处眼前研究人员的情况。它们体验到一种同理心态，而这本身势必得有某种想象力才办得到。

F5 神经元触发现象，把这种看似单纯的姿势和动作，转变成一种沟通方式，威力远比任何鸣啼、咕哝或嚎叫都要来得强大。毕竟，若是猴子在心中浮现出研究人员的动作影像，那么它也很可能记住、学会这个动作。猴子看了，就等于做了。

只要用心观察，你就可以从这种现象的各个方面，看出早期意识沟通的吉光片羽。想象 200 万年之前，父女两个能人坐在湖边小营地上，他们后方庞大的火山群冒出滚滚浓烟。他们的神经元湿体大约两倍于现今一般黑猩猩的容量（肯定比猕猴的更多），所以他们的智力绝对不容小觑。另一方面，他们依然不能讲话，所以他们分享心中思想的能力还很有限，不过他们的沟通能力，无疑已经远远凌驾于周围其他的一切动物之上了。

现在，设想这个爸爸正在打制一件简单的工具，就像图斯和他的同事们用来做实验的那个款式。孩子在旁边专注地观看。父亲的神经元开始放电，女儿在观察的同时，她头脑里面的同组神经元（镜像神经元）也跟着放电。于是当女儿尝试重做眼中看到的动作之时，就可以调出先前放电的神经元，来引导双手做出她先前从来没有实际动手，却曾经在想象中经历过的事情。

对爸爸而言，当他拿燧石敲打岩块，就等于是以静默的方式和旁观的孩子讲话。他用自己的双手表示："你就照这样制作这个东西。你握住这种大石块，然后用这块小石头这样敲打。"你可以看到他把敲出的尖锐燧石裂片举高。"瞧，现在你就有一把刀了。"接下来，或许他就会把一具动物尸骸的皮肤切下来，继续朝另一个层面进行这次"对话"。①

　　孩子从头到尾都在"聆听"。父女完全没有语言对话能力，连一个字眼都没办法交流，完全无法以言语来表达概念，只有他们脸上的表情，他们传达的眼神，还有他们用手操作、交换岩块和燧石的时候做出的姿势。然而，却有许多信息在二人心灵之间往返传递。从非常实际的观点来看，他们确实是在交谈。

　　这种在对话和操作之间的明显关联不只是种隐喻。近期有一项以加莱塞和里佐拉蒂的原始发现为本的继续深入研究，其结果显示，猕猴的 F5 区和我们脑中掌管人类产生语言和说话能力（这不必然是同一回事，稍后我们就会知道）的关键脑区可以相提并论。我们之所以知道这点，部分是由于在发现镜像神经元之后几年，里佐拉蒂和另一位研究员斯科特·格拉夫顿（Scott Grafton）就已察觉，当人类观看别人处理事情时，脑部左太阳穴正后方一处称为"颞上沟"的区域就会活动，进而映现出所见的事项。这让科学家大吃一惊，因为长久以来，他们总是认为，脑中这个部位的主要作用是向掌管说话的布罗卡氏区传递信号。这么一来，布罗卡氏区不只负责产生说话能力，连带也处理其他工作，也就是还有更深奥的职能。布罗卡氏区不只发送信号给产生说话动作的肌肉，还向为我们带来能精确操作物件能力的双手、双臂发送信号。②

---

① M. A. Arbib, "From Monkey-like Action Recognition to Human Language: An Evolutionary Framework for Neurolinguistics", *Behavioral and Brain Sciences* (revision completed February 1, 2004)，以及作者对审稿人意见的回应 (completed August 22, 2004)。

② 在日本，还有另一项研究，研究人员完成 47 次功能性核磁共振成像，显示当受试者佩戴特制眼镜，左右手影像反转时，他们如何适应。当他们用右手拿起一个球，眼镜便反转影像，看到的结果就仿佛他们实际上是伸出左手来抓握。参加研究的人花了将近一个月，才终于厘清他们脑子所接收到的混乱信号，结果又一次发现，布罗卡氏区正是厘清眼、手所发出信号，并回复同步的最大功臣。这更确认了布罗卡氏区不只是讲话的中枢，也是协调我们从事处理、操作物体的要角。还有一项较新近的研究，洛杉矶医学院（Los Angeles School of Medicine）马可·亚科博尼（Marco Iacoboni）发现，当受试者旁观他人在努力完成一件事情时，其布罗卡氏区就会"亮起来"。参见 "Cortical Mechanisms of Human Imitation", *Science* 286 (1999)：25-26。

里佐拉蒂认为，这种事物和想象、动作以及字词的融合现象，让我们得以窥见语言的起源。镜像神经元有可能就是最初始的湿件，这让我们的祖先有办法把动作和制作的共同基础，转换成最早期形式的意识沟通。F5 或其他相似部位，极有可能就是滋长出布罗卡氏区的萌芽，于是人类语言也就此奠定了根基。

布罗卡医师的洞见

我们究竟如何产生的语言是个不解之谜，不过我们知道只要脑中有一处部位没有好好运转，我们就没办法讲话。这处脑区称为布罗卡氏区，这个名称得自其发现人——才华横溢的法国医师及解剖学家皮埃尔·保罗·布罗卡（Pierre Paul Broca）。布罗卡在 1861 年为一位因坏疽病而死的、叫作"唐"（Tan）的人士进行尸体解剖的时候，率先找到了这处脑区。这位病人之所以叫作"唐"，原因是每当他讲话时，只能频繁地讲出"唐"这个字，后来这种病症就被称为布罗卡氏失语症，而那次尸体解剖的结果也显示，死者脑部左额叶的下额叶脑回（大约位于左太阳穴附近）有几处部位曾受到损伤。后来布罗卡和其他人士又完成几项研究，证实多数人（左撇子通常例外）的这处脑区能以某种方式将我们的心智转化成沟通的符号，并把声音附加上去，还能协调向发声肌群传递信号，从而靠这一整群必要的肌肉，精准地发出我们称为说话的声音（就不能讲话的人而言，做出必要的手势信号来沟通）。

脑部扫描技术已经确认了布罗卡的发现。这些脑区在我们发言讲话时会"亮起来"。布罗卡氏区和韦尼克氏区

（Wernicke's area）之间连有一条神经通路，称为弓状束，而我们就是运用这两处脑区来生成、理解大多数的言语（或手语）。由于布罗卡氏区和脑中几处镜像神经元关联部位都相当接近，和控制颜面肌肉与手部协调的部位也都相距不远，从这里或许能进一步解释，为什么制造工具、动作和说话之间有连带关系。

镜像神经元出现之后，一种崭新的事物也连带着进入这个世界：那是用来汇总知识并向外传播的能力，而且效果和速度都很出色，远胜过遗传赋予的旧有方式。现在人们就可以分享心中的理念了！这种知识汇总方式，正如达尔文所见，也早已大幅提高一个部族、家庭或个体的存活几率。正如他所述："彻头彻尾就是为了私利，完全没有靠什么推理能力来帮忙，这会促使（部落）其他成员向他模仿；于是大家都能获益。……倘若这是件重大发明，部落人数就会增加、扩张并取代其他部落。"[1]

这表示，能人在地球上短暂的存活期间展现出两项惊人的进步。首先，他们依照意愿从脑中产生出崭新的知识，工具制作标示了发明的诞生。第二，知识能复制并转移到别人心中，不再随着构思出知识的大脑一道死亡。就像DNA演化让基因得以复制并代代相传一样，有了镜像神经元，加上由此生成的新颖行为，观念也才得以复制并在心智之间传承，后来理查德·道金斯还创出"米姆"

---

[1] Charles Darwin, *The Descent of Man, and Selection in Relation to Sex* (Norwalk, Conn.: Heritage Press, 1972).

（meme）一词，来指称这种复制传承单位。[①]意识沟通出现了，即便它只是雏形，还会接着产生种种成果，包括从闲聊到演讲、从数学到《汉谟拉比法典》，乃至于从脱口秀到把探测器送往土星的电码。当时我们还在搭建鹰架，好用来发展出正宗的人类行为和社会关系，最后则出现最显赫的人类发明：文化。

不过，我们的祖先到底要如何从最早的燧石刀具起步跨越鸿沟，成就人类有史以来最伟大的壮举？

---

① "米姆"（meme）这个单词是牛津动物学家理查德·道金斯创造的。他称米姆就像基因能促成利于存活的特征，从而得以在物种中保存下来，而米姆则指称具有效能、得以存续、广泛散播，并由文化采纳的观念或概念。骑马是昔日广受世界诸文化采纳的米姆，因为这是种效率极高的运动方式。农耕是举世采行的米姆，唯一例外的是在世界各偏远地带延续至今的少数狩猎—采集部落。放DVD看电影还有用电邮通讯，也都是繁盛壮大的米姆，而且就如促成直立行走、讲话和音乐的基因，同样不时回归基因库，接着又由库中抽出采行。

第四章

幻人——梦幻动物

人类是种自成一格的生物。他拥有一组天赋，让他在动物群中特立独行：于是他和动物才有不同，他不是地貌中的一个身影，而是塑造地貌的力量。

——雅各布·布罗诺夫斯基（Jacob Bronowski）

我们栖身语言当中，不是住在国家里面。

——埃米尔·M. 乔兰（Emile M. Cioran）

无色的青绿观点愤怒地睡去。[①]

——诺姆·乔姆斯基（Noam Chomsky）

人类文化需要大量的心智分享活动。钱币、贸易、政府、宗教、文学和农耕等种种发明都是合作冒险活动，必须依靠繁杂细致的桥梁、栈道和渠道等沟通形式，因此我们需要语言的帮助。语言

---

① 原文为 "Colorless green ideas sleep furiously"，由诺姆·乔姆斯基在 1957 年发表。他借此例句说明，有些句子虽然在文法（逻辑）上正确，但在语意上却是荒谬的。

塑造我们的形象，我们也塑造语言的形象，双方影响同等深远。

　　哲学界、语言学界和人类学界针对语言起源课题已经争辩了好几百年，至今观点依旧存在分歧，争议依然延续。有些理论最早可以追溯至 19 世纪，但如今有许多已经不像昔日那么深得人心。目前有个"汪汪说"（或称为"拟声说"）坚称说话能力产生自我们的祖先模仿环境的声音，比如野猪的呼噜声或风声。有些字词的发音，和词义形容的动作带出的声音很像，比如"哗啦"、"咚"、"嘭"等都是很好的例子。

　　还有"呸呸说"，这个想法是，语言起源自本能呼叫，比如"啊"、"哦"或"哎呀"。"叮咚"说则主张，我们的祖先对周遭世界做出反应，自然而然地发出和某人或某事物有联系的声音。比如，"妈妈"一词有可能是演变自照护时发出的"姆姆"声。

　　此外还有其他理论。动物行为学家、语言学家 E. H. 斯特蒂文特（E. H. Sturtevant）设想，人类是不是发现了自己若有办法欺骗旁人，就能拥有天择优势，于是才发展出语言。哎呀惊叫或呜咽哀叹会不经意地泄露你的真正心态，所以，根据斯特蒂文特所见，人们会伪装心思来欺骗旁人以谋私利。这或许有些道理，但却不能真正解决为什么我们有说话技巧，以及为什么大脑拥有必要线路的问题。①

　　得州大学奥斯汀分校的心理学家彼得·麦克尼利奇（Peter MacNeilage）认为，人类的布罗卡氏区之所以演化成为说话发声的脑中枢，理由是这个脑区也掌管吸吮、咬噬和吞咽。他论称，或许我们是靠了这些功能的帮忙，才设想、区分出种种不同的声音，最后更由此演变出字词。

---

① 有关语言起源的各种说法详见 Eric P. Hamp and E. H. Sturtevant, *Linguistic Change*：*An Introduction to the Historical Study of Language*（Chicago：University of Chicago Press, 1961）。

达尔文至少部分认同一项学说，认为语言演化自我们祖先无意之间突然发出的声音（"呕呕说"）。"（凡有人）完全信服，就像我这样，认为人类起源自某种低等动物的，"他写道，"都几乎不得不先相信，明晰的语言是从不明晰的呼喊发展而来。"

这些学说基本上都坚称，我们把某些声音和周遭世界的若干动作、事物相连在一起，并因此开始发出这些声音，随后把声音串联起来，构成简单的洋泾浜混杂语，或原始母语。拥护此说的人士有个共识，认为这些声串或许并不太好用，但却已经比肢体语言和有限的面部表情更有实效。不论如何，这类理论认为，现代语言就是从这类原始祖语发展而成的。

不过，这些理论却没有解释，我们的祖先是怎样开始把字词顺序排列而不再完全随机组合使用的。例如，洋泾浜语言只把字词堆叠在一起，并不太考量文句次序，严重减损其效能。试以语言学家德里克·比克顿（Derek Bickerton）所提夏威夷—日语—洋泾浜英语的句法结构为例。"aena tu macha churen, samawl churen, haus mani pei（翻译：还有太多小孩，小小孩，房子钱支付）"[1]这个句子你从里面的字词大概能理解它的意思，总比什么都没有来得好。不过和含义深远的文句比起来可差得远了，比如莎士比亚的"明日，明日，复明日，日复一日，缓步潜行，爬向人世时光的最后音节。我们一切的昨日，照着愚昧众生的路途，踏向死亡尘土"——充满了隐喻、情绪、洞察力和条理。

语言的文字顺序是语法的核心，而语法则是文法的础石，这就是界定、分辨一切语言根本构造的组织法则。语汇也许能提供砖块灰

---

[1] 引自夏威夷大学德里克·比克顿著《语言的根源》（*Roots of Language*, Ann Arbor, Mich.: Karoma Publishers, 1981）。

泥，然而没有语法和文法，我们心目中的语言大厦就无从出现，这些法则为语言提供样式和规划，带来装饰、支柱、地基和辅助。 这一切是如何结合在一起的，还有创造、理解语言的大脑是怎样出现的？

当语言学家和人类学家着手破解这类谜团时，他们就会遇上一个问题，那就是手头资料不多。没有早期语言的确凿事例，没有钙化保存的文法或字词，虽说我们有祖先颅骨可供研究，却也瞧不出多少线索可供探究颅骨里一度活生生的大脑的旋绕构造。从零星的线索中看不出什么真相，充其量只像是仍在冒烟的凶枪，有时候只剩下烟雾。 不过，仍有其他地方能够提供信息，而且科学家也想努力一探究竟，其中有很多是我们在真正的语言出现之前采用的非口语沟通方式。这些方式的起源源远流长，可以追溯自最基本的动物沟通形式。

有些哺乳动物在受到威胁或打斗之时，都会竖起体毛，好让自己显得更高大、骇人。当你颈背的毛发耸立，或者当你路经坟场，前臂起了鸡皮疙瘩，这时你表现的就是某种原始行为的遗风。你感到害怕，于是你不假思索地表现的第一种反应，就是竖起你的体表被毛，好让自己显得更凶恶，尽管你身上并没有残留被毛好让你竖立。鸟类会扇张羽毛、膨松体羽，或突然跳起怪异舞步，鸣唱灿烂抒情的啼声，好引来异性的注意。当野狼露出牙齿咆哮，讯息就很明白：滚开，不然就准备面对最凄惨的下场吧。最常见的是，还有什么能比狗儿摇尾巴的意思更明白呢？

非口语沟通还有其他形式。当狮子或大猩猩想要表达自己在群体中的支配地位，它们就会向挑战者冲过去；多数情况下挑战者都会翻身仰躺，露出腹部来表示屈服。马有种咬踢强弱次序，和鸡群的啄序相仿。不幸发现自己身处图腾柱底端的马或鸡只能接受凌虐。这是一种沟通形式，让动物群内的所有分子都知道自己的地位。

这种无意识的肢体语言也牢牢地深植在人类群体中，和其他物种并无二致。当身体遭受攻击时，我们第一个本能就是以双手、双臂抱头，俯首蹲伏躲避，尽可能地缩起身体来避开攻击，科学家有时将这种做法称为"战术撤退"。这是种逃避方式，实在没办法逃走时就可以派上用场。我们还针对语言攻击和口角，发展出其他微妙的战术撤退类型。比如我们会低垂脑袋，五官皱缩或耸肩，这些动作都会传达出下意识的信号，表示很想离开这里。①

演化心理学家推论，肢体语言已经演化成一种发于内而形于外的沟通方式，生物会做出肢体动作来表达内在思想。通常这都是运用四肢和肌肉的无意识语汇，来表现出我们的观点或心意。这还能用来解释，为什么当我们和旁人面对面交谈时，我们的身体往往也和对方同步对话，而且内容很可能和我们交换的字词信息大相径庭。我们都有这种经历，在对话或会议结束之后，心里感到沮丧或非常高兴，却完全不是由于实际言谈的内容，而是由于我们下意识接收的某些信息所致，因为里面含有和我们刚会晤过的人的肢体、表情传达出来的悲伤、欺瞒或喜悦。

达尔文在他 1872 年的著述《人类与动物的感情表达》（*The Expression of the Emotions in Man and Animals*）中写到动物和人类的非口语沟通。他推测各种行为的含意，比如当猫的耳朵后贴时要表达什么，为什么我们悲伤时嘴角会向下撇。在达尔文探索这类观点的 75 年之后，人类学家爱德华·T.霍尔（Edward T. Hall）和心理学家保罗·埃克曼（Paul Ekman）等人为世界引进了研究肢体语言的学

---

① 有一个网站广泛搜罗非口语沟通形式的研究和背后的科学基础，内容相当精彩（却显得零散），具体请登录非口语沟通中心（Center for Nonverbal Communication）的网址 http：//members. aol. com/nonverbal2。

科，称作"身势学"，并开始更严谨地探索双腿交叉、舔舐嘴唇，还有扬起双眉背后的意义。有一项研究甚至表明，当我们见到喜欢的事物，我们不只会睁大双眼（想必是要看得更仔细一点），连我们的瞳孔也会扩大，关于这点，扑克牌高手都谨记在心。

我们的身体从原始层级传达意思，这是由于肢体语言年代遥远。它的信息沿着远古电路运行，这条神经通路在许久之前已然装配妥当，比脑子组装来讲话和执行意识思维的硬件还早了数百万年。有些肢体语言，比如耸肩，追本溯源可以上推至有颔下门鱼类脊髓的运动神经通路，而这种鱼类最早是在 4.2 亿年前的志留纪期间，就开始在地球海洋里游动。当我们双掌下撑或者在交谈时背脊挺直、头部抬高，我们就是在重演远溯自爬行类的行为，它们发展出一种遗传倾向，能暂时以后肢挺立站起，好让自己看起来更大、更凶恶。

此外，还有一些研究显示，交谈时较缓慢地点头和虚假沟通或有关联。事实上，好几百种非口语暗示都有可能和欺瞒有关，例如讲话时加速眨眼、揉鼻子、搓脖子或揉眼睛等。我们在交谈中一时失神，或者觉得当下的处境让自己很不自在的时候，我们就可能猛力吞咽，于是我们的喉结也像溜溜球一般上下转动。

就连我们和身边的人相对站立的位置，也能透露出许多信息，包括我们是否觉得自在，受了威胁时能不能挣开，是否毕恭毕敬。面对景仰的人，我们的身体通常都表现得庄重规矩。①

---

① 有些科学家认为，口头语言或许只能上溯约 20 万年。即便身为人类的灵长目动物，我们仍未能完全掌握说话时不可缺少的长时间亲密的面对面接触。举例来说，和陌生人说话会给我们自主神经系统（负责战斗或逃逸）的交感神经系统带来压力，且会加速我们的心跳，扩张我们的瞳孔，并冷却、湿润我们的双手。边缘脑区的下丘脑也指示脑下垂体分泌出激素，释入循环系统，提高我们的血液、汗水流量，并出现害怕。当我们情绪低落、恐慌或彷徨困惑时，就可能很难用眼神接触。我们会深情地抚弄孩子的头发，拍拍他的脸蛋，并牵着他的手来保护他，或者心意相通地静静陪伴恋人。

科学家认为，多数肢体语言都根植于维系物种生存不可或缺的基本能力——战斗、逃遁、屈从、求偶，甚至对腐烂的或有毒的食物的憎恶。到最后，这些古老的反射行为就演化成各种反应作用，展现出愈来愈复杂的内在状态，比如害怕、愤怒或嫌恶反感。这些接着又转变成重要的沟通形式，表示"我屈服。我怕了。我很高兴。我想交配！"的方式，这为沟通奠定了最早的基础，而且随着生物愈来愈聪明，沟通也变得愈来愈高明（例如，狗的肢体语言就比壁虎的肢体语言更复杂，含意也更丰富）。之后，尤其是灵长类动物，肢体语言便采用了新的解剖部位（比如脸部）来传递信息，表达情感。

⌒⌒⌒∽∽∽⌒⌒⌒

多数四足动物的脸部都不用作沟通，而是当成武器。脸部是突出部位的前端，还配备了用来嗅闻的鼻口、追踪危险的双眼，以及用来攻击、防卫的牙齿。然而，当我们的祖先挺直站起，我们的脸部就不再位于身体的前端，这也改变了脸部的形状和功能。[1] 迄今为止，科学家研究过的直立型新品种莽原猿类化石全都显示，随着时间流逝，前额抬高好腾出空间来容纳迅速增长的脑部，平坦的肉鼻愈加凸显，动物鼻口状双颔终于变形构成了比较方整的下巴，双颊也变得平坦，最后组成了我们人类特有的相貌。

我们已经知道，我们的祖先逐渐在身体发展更早期阶段就诞生下来，而且这种高额头的幼龄相貌，也逐步维持到成年更后期阶段。他们从前额到下巴的那条连线不断愈拉愈直。他们愈来愈频繁地使用工具、武器来狩猎、吃肉和打斗，因此不再那么需要用上

---

[1] Daniel McNeill, *The Face* (Boston：Little，Brown，1998)．

第四章　幻人——梦幻动物

圆石状臼齿来研磨叶片和坚果，或使用犬齿状门牙来咬噬同部族竞争对手以及部族外的掠食敌人。他们的双颌尺寸缩小了，前额也经过改动，使得他们的双眼逐渐移向脸庞中央，长在变宽的双颊平面上方。经过这整套重新布局，他们的表情转换成更好的"海报"，更能传达他们的思想和情绪。

经过一段时期，莽原猿类发展出了这种"海报"的新颖运用方式。在地球上的几千种哺乳动物当中，人类拥有最生动的面目表情。脸部拥有44条肌肉，每侧各22条，约两倍于黑猩猩的颜面肌数量。这些肌肉不只附着在骨头上，还彼此附着并附着于上层的皮肤，因此我们才能做出双眉高耸的生动表情，或露出灿烂的微笑。我们的脸部表情变化多端，眉头微蹙、瞬霎眨眼、一个撇嘴、一道尖利的怀疑目光，微妙的情绪尽在不言中。①

面 对 面

心理学家一致认为，我们常使用脸部来沟通六种主要情绪：快乐、悲伤、害怕、愤怒、憎恶以及诧异。还有另外三类则略有分歧，包括：鄙视、羞愧和惊吓。你想必会认为，惊吓和诧异有密切关联，然而有些研究人员却认为惊吓是很独特的，比较像是一种内在反应，而非情绪反应。鄙视可能和憎恶有关，不过也有心理学家辩称，引发鄙视的行为有一些不同，而且表达鄙视的颜面动作，和憎恶相比也显得较不对称，但憎恶却是渊源自避开危险的食物。或许其中一种演化自另一种，这点完全没办法知道。羞愧也有相同情况，而

---

① 颜面肌群的相关资料详见网页 http：//www. bbc. co. uk/science/humanbody/body/factfiles/facial/frontalis. shtml。

且或许也和憎恶有关，就这方面来看就是憎恶自己。至于我们的直接祖先，比如直立人，是否也使用这类脸部表情，恐怕我们是永远不会知道的。

不论如何，这类反应都根深蒂固，相当原始，非常不容易隐瞒，也极难伪装。由于我们的颜面表情是那么集中——因为表情就展现在这么细小区域的正前端，就像霓虹灯信号那样引人注目——所以才能产生强大的冲击力。交谈时，脸部表情似乎比低头垂肩、揉搓脖子和转肩回眸等肢体语言更能佐证我们所讲的内容。当某人对你所说的感到诧异，你马上就能从他脸上看出那股诧异的神情，那种意思不可能看错。微笑或皱眉的情况也与此相同。

脸部表情很有意思，一方面，似乎不必先有许多深远的意识思维，就可以做出这些表情，而这些表情却又比肢体语言存有更深邃的意图。通常我们并不会设想："我想我要对这点皱个眉头。"我们还来不及想就这样做了。另一方面，有时我们也能刻意为好多理由露出微笑——由于我们快乐，由于我们不舒服，由于我们想隐瞒另一种感受。而对于说话方面，我们几乎总是事先思考自己想讲什么，随后才会开口道出。

除了经演化来代表心理明晰状态的特定表情之外，我们还使用一些次要的表情，我们称之为"象征表情"，借此来展现文化特有的符号沟通做法，比如眨眼示意。眨眼在美国有其含意，在复活节岛却毫无意义。我们还使用咬唇等"操作表情"、扬眉等"解说表情"、引领指导对话的"调节表情"，以及点头、转头、微笑或皱起眉头等动作。①

　　表达快乐和悲伤等基本情绪的脸部表情，有可能横跨潜在意识和存心预谋这两个世界。这类表情置身于两个极端之间，一端是完全发自于内的身体反应，比如尖叫；另一端则是井然有序的意识沟通，比如律师在陪审团面前发表的言辞。

　　神经学专家已经发现，龇牙咧嘴或紧咬牙根等脸部表情，都可以追溯自露出利牙的动作。至于担惊受怕的翻白眼珠，还有顽固、愤怒的撅嘴动作，则演化自哺乳类动物的扣带回面部回路之中的脑神经束，这条神经路径从称为"前扣带皮层"的脑区向外蜿蜒伸展，接着直接穿过海马体、杏仁核和下丘脑（脑中三处关键情绪中枢），并通往粗大的颅部、颜面神经，再循此控制喉头和负责发声、控制双唇的肌肉。

　　可以说，演化发现了一种做法，让我们当时尚未能说话的祖先，进一步超越了比较模糊的肢体语言，提供给他们一套愈益精准的动作语汇，并集中在一个部位展现，而且既然我们已经挺直站立，这里也正是人际交往时永远不会漏看的地方。我们的脸庞变成一面情绪告示牌，成为一种更微妙、也更集中的袖珍式肢体说话方式。

　　尽管我们从能人的颅骨碎片看得出他的长相比较像猿猴，和人类反倒不很相像，然而他的额头确实比较高耸，和先前的南方古猿

---

①　P. Ekman and W. V. Friesen, "The Repetoire of Non-verbal Behavior: Categories, Origins, Usage, and Coding", *Semiotica* 1(1969): 49-98. http://face-and-emotion.com/dataface/nsfrept/psychology.html. 关于表达基本情感的面目表情可参考网页 http://face-and-emotion.com/dataface/emotion/expression.jsp。

相比，下颌也显得较小。他的脸庞或许没有长毛，就像他当时的黑猩猩表亲那样（尽管并非清楚分明，不过，黑猩猩的脸庞确实是光裸的。只因它们的额头和鼻口部都很低矮，加上脸颊窄小，才让无毛区域显得较小）。同时，当能人跨越非洲平原，一边打制他的简单、锐利的工具，一边觅食腐肉、采集维生，还相互竞争、合作的时候，有了这副新式脸庞，想来也更容易表达出愈来愈复杂的情绪。

然而，直到演化较后阶段，我们才首次在能人的后代身上见到一种比较像我们，而不那么像猿类的灵长类动物。从不止一个层面看，这都是个重要的转捩点。

大约150万年前，在现今非洲肯尼亚境内，一个青春期男孩在沿着图尔卡纳湖畔行走时死亡。我们不知道死亡原因、过程，也许是热病，也许是遭掠食动物追捕，也许他因故和部族分开，找不到路回去。不过，当艾伦·沃尔克（Alan Walker）和理查德·利基（Richard Leakey）在1984年发现他的遗骸的时候，他们就知道发现的是一种新的生物。他们称他为图尔卡纳男孩，并把他所代表的物种命名为 *Homo erectus*（直立人）。

自图尔卡纳男孩发现以来，其他化石也纷纷出土，在在显示直立人是顶级的莽原灵长类。他的体型比能人更高大、健壮，动作更敏捷，活动性也更强，这种体型不是为了食腐肉，而是能够长距离快速行走、后来更能够迁徙远离非洲的猎人体格。[1]

直立人从脖子以下看起来和现代人惊人地相似，然而他遗传到

---

① 详见 *National Geographic*，May 1997，p. 89。

的高度奔跑能力甚至超过我们。他的胸廓实际上和我们的完全相同。他的髋部更窄，股骨和胫骨的比例则与先前的莽原猿类不同，和我们的则完全相同。[①]而且他很高大。利基和沃尔克发现的这具骨骼几乎完整无缺，尽管图尔卡纳男孩身高约 158 厘米，由他的骨头构造和尺寸可以看出，他还在青少年阶段。沃尔克和利基估计，倘若他活了下来，成人时应该可以长到 180 厘米。当他步行或奔跑，迈出的步伐想必是极其优雅又很有效率的，这项本领对他应该大有助益，因为他和能人不同，猎捕的是大型猎物，这是根据连同其他直立人残骸一起发现的化石工具所推出的结论。其中最重要的是手斧，这种工具约在 140 万年前开始出现了。

手斧是石器时代版的瑞士军刀，远比能人使用的小型切割工具更为坚固、精巧。它的外表看起来有点像一支大型箭头，前端尖细、边缘锋利，顶部适于手握，可用来切割、挖掘、敲击或捶打。这种手斧需要技巧和力量才能打制，原料大多选用石英岩、黑曜石、浅色或深色燧石，制作时必须先从较大石块敲下，再磨出锋刃，有可能使用小岩块、动物骨头或鹿角来研磨。由于手斧大小和手相当，应该可以随身携带，同时化石证据也显示，直立人到哪里都随身携带着手斧。

所有的发现全都显示，直立人比先前一切灵长类都走得更远、速度更快，或许是由于他偏爱吃肉。最合理的推测是，他尾随植食性兽群移动，从猎物中取得食物、衣服和工具。尽管最近的化石发现指出，能人曾几次进入中东和俄罗斯南部地区，而直立人则是几

---

① 倘若达·芬奇在佛罗伦萨山丘游荡时发现了直立人骨骼（他在 15 世纪就经常到山区散步），即便如他这般高明的观察大师，也很难瞧出他所研究的骨头并不属于当代人所有。达·芬奇对人类解剖学相当感兴趣，甚至说他沉迷于此也不为过。他留下来的传奇笔记本里面，就画满了身体各部位图像，包括手、脚和前臂，头、鼻和眼，每幅图像都参照其他几幅的比例，用来测定并展现人类身体的出色对称比例。

乎一现身就立刻迁出非洲，接着立刻踏上迢迢长路，远离非洲家园数千英里。① 罗格斯大学地质年代学家卡尔·斯威舍三世（Carl Swisher Ⅲ）和他的同事们在印尼和格鲁吉亚都发现了直立人遗址，测年结果为距今 180 万—170 万年前。随后他又朝中国远去，最后还越过东南亚陆桥进入澳洲。②

　　不过，除了拥有工具，演化出高大的身材和迁徙的习性之外，直立人还另有特色。从大脑和身体的比例看来，他是脑子最大的物种，超过其他灵长类甚至当时一切动物。其脑量高达现今人类脑部的三分之二，和能人相比则大了 50%，随着前额向前推挤，猿类旧有的倾斜相貌也几乎完全消失。他的头、脸和我们的模样不完全相同，不过相信仍能由此看出我们现有特征的蛛丝马迹。眉脊较厚，嘴巴仍然有点像是动物的鼻口部，不过他的脸庞应该已经能够表达情绪。考虑到他生存的环境，大自然必然是偏袒这样的适应性状，因为这让他更能彼此沟通。毕竟，这种生物不只比能人更为聪明，

① 尽管最新证据显示，能人曾经几度从非洲短暂地向外扩展，进入中东和俄罗斯南部地区，不过直立人的活动范围甚至更偏北。他的骨骼化石在印尼和澳洲都有发掘出土。较早期研究成果暗示，约 140 万年前，工具技术曾有几度改良（也就是带来阿舍利手斧的进展），这才让人科先祖得以离开非洲。然而，新近发现却指出，直立人可以说是一出生下地就马上开跑。罗格斯大学地质年代学家卡尔·斯威舍三世及其同事们已经证明，非洲境外的直立人最早遗址，测年结果为距今 180 万—170 万年，地点分别位于印尼和格鲁亚。看来，直立人初现身形和他们从非洲初步对外扩散，几乎是同时发生的。为什么？食物。动物的食性往往能左右它需要多大的领域才能生存，且与食植动物相比，体型相当的肉食型动物必须占有较大的活动范围，因为它们必须游荡较远才能得到所需热量（它们的食物比植物更难取得）。
　　直到最近，科学家都认为直立人是最早踏出非洲的人类祖先，然而从 1999—2001 年，古地理学者达维特·洛基帕尼泽（Davit Lortkipanidze）的团队在格鲁吉亚德马尼斯（先前隶属于苏联）发现了一种动物的颅骨碎片，其脑量和能人约略相当。尽管模样很像能人，从感觉上，这种动物却是介于能人和直立人之间，于是另起了个学名：格鲁吉亚人（*Homo georgicus*）。
② 尽管最新证据显示，能人曾经几度从非洲短暂地向外扩展，进入中东和俄罗斯南部地区，不过直立人的活动范围甚至更偏北。他的骨骼化石，后来在印尼和澳洲都有发掘出土。

从理论上讲，社会性和相互依赖性也都会更高。这样一来，沟通的重要性就并非昔日所能比拟，于是他才能传达欢欣和悲伤、侵犯和愤怒、乐趣和满足、痛悔和性感魅力。随着内在世界变得愈来愈复杂，更好的社交工具也成为必要条件。

直立人必须能够吸引配偶、在狩猎时沟通，或者瞪视吓退竞争对手，这些能力弥足珍贵，因为即便拥有高度智慧，但他几乎不具备我们认识中的讲话能力。挺直站立能帮他重整喉咙造型，不过科学家大都认为，由于舌头、肺、喉咙和鼻子的关系，仍然必须先做细部调整，才有可能开口说话。教导黑猩猩或其他灵长类动物讲话的努力，最后全都落得惨败收场。这并不是因为他们不够聪明，而是由于他们根本不具备讲话所需要的喉咙、肌肉控制和神经（口头语言和单纯讲出字词也有差别。鹦鹉能讲出字词，却不了解自己是在讲什么，也不遵照任何语法规则）。

另外，直立人的布罗卡氏区也不大可能达到我们的水平。我们的脑子比他们的大 30% 左右，这多出来的部分，大半是出现在脑皮质和前额叶皮质部位，也就是掌管诸如说话能力等高等认知功能的关键脑区。就算他们拥有功能强大的脑皮层，所思所想远比任何大猩猩或黑猩猩的心思都更高明，还有即便掌管说话的肌肉都已经落实成形，然而另一项讲话的要件，控制繁复肌肉系统所需的神经元群，也许根本还没有演化出现。沃尔克就曾指出，直立人脊椎骨内柱大概还太小，应付不了发音吐字不可或缺的高速、密集的神经指令。

沃尔克以图尔卡纳男孩脊柱的一小块骨头来印证这一点。那块骨头位于胸廓底缘的脊椎骨，代号 T7。所有脊椎骨都在中央穿孔以供脊髓穿行。我们靠胸廓和肺部的肌肉来呼气（这是讲话的必要动作），而这群肌肉则必须由神经纤维来细密掌控。现代人的 T7

穿孔够大，容得下这所有的神经纤维。然而图尔卡纳男孩的脊柱穿孔却比较小，即便与现代人类少年相比也不例外。沃尔克认为，要想精密地控制说话，以他的构造看来，信号传输能量完全不敷所需，连最粗浅的话语都讲不出口。

不论如何，按沃尔克的说法，直立人"在那个时代算是极端聪明的"，再从他相对高明的工具制造方法看来，他确实拥有一双灵活的巧手。也许他拥有其他无须字词的沟通方法。倘若他的 F5 脑区旺盛发展成原始版本的布罗卡氏区，而且他的镜像神经元机能也和更精良的运用物体的本领两相结合，即使发不出有意义的声音，他可能仍有办法创造出有意义的姿势。

这应该是个重大突破。考虑到他的环境、情绪、心理和社会等生活层面全都变得愈趋复杂，天择作用理当偏爱更精良的脸部表情，凡有改进都更有利于借此来交流正向的和反面的观点和感受。①

◎◎◎∂◎◎◎

加拿大心理学家默林·唐纳德（Merlin Donald）推测，直立人最好的沟通方式，应该就是用动作来模拟、演示自己的想法。利用

---

① 灵长类的新皮质部演化出皮质脊髓路径，因此后顶叶皮质才得以与运动辅助区和前运动区相连，且主要运动皮质则连接颈椎和胸椎部位的脊髓前角中间神经元，并与控制手臂、手部和手指肌肉的运动神经元相连，从而表现出精准抓握等高超的动作。颞下新皮质也有同等重要的演化成果，这里几个部位能提供视觉输入，让我们得以辨识复杂的形状，而颞叶皮质则使手部得以做出更丰富的反应动作，并强化了脸部辨识能力。后续还演化出通往颜面神经的皮质延髓路径，因此我们才能刻意做出种种脸部表情（比如微笑）。科学家认为，布罗卡氏颅神经路径让布罗卡氏区发展出新回路，顺着皮质延髓路径连接多条颅神经，从而促成如今让我们得以开口讲话的肌肉控制系统。另一种可能性是，布罗卡氏区的新回路沿着皮质脊髓路径，找到通往颈椎和胸椎神经的路径，从而促成手势语言能力和类似语言式的模拟演示信号。
更多关于直立人的资料参见网页 http://www.wsu.edu:8001/vwsu/gened/learn-modules/top_longfor/timeline/*Homo erectus*/*Homo erectus*-a.html。

手指做扑打动作或许能表达鸟类或飞行的概念；打制、使用某件工具的动作，有可能就成为完全自然的沟通做法，用来表达这种动作（比如挖掘或切割）本身的概念。

有些科学家揣测，最早的原型字词/动作有可能是伸出食指并简单表示"那里"。人类幼童约在开始牙牙学语期间就自发地养成了这种能力，其年龄大概是 14 个月，奇怪的是，这也正好是孩童脑子长到像直立人脑子一般大小的年纪。神经学专家弗朗克·威尔逊（Frank Wilson）在他写的书《手》（*The Hand*）中指出，认知和发展心理学家一致同意，孩童伸手指物是种"具有意向的姿势"，这把我们和黑猩猩区分开来，也是人类独特认知的里程碑。黑猩猩不会自发地伸出食指指物，而且也没办法训练它们这样做（起码不能同时体察认识其中含意）。[1]

直立人的姿势模拟手法，和前述能人父亲的情况并没有特别的不同，那位能人完全以实际操作来示范，教导女儿燧石刀的打制步骤。 倘若对此黑猩猩行为的认知正确，那么就在能人发展出我们镜像神经元的那个时期，它们的配备就已经相当充分了，能够把姿势模拟动作和真实事物的概念联想在一起。当"极端聪明的"直立人踏上世界舞台，想必这点就更能成立了。

过了一段时期，要分享这么多想法，表现这么多威胁，传达这么多信息，肢体语言和脸部表情大概就不够用了，直立人脑中滋生的种种信息愈来愈复杂，再也无法仅靠这些来沟通。有些动作可以代表至关紧要、倒也很容易传达的信息，这类动作或许比较适合用来代表大型掠食动物、食物或饮水。这些动作迟早都可能被整个部

---

[1] D. McNeill, "So You Think Gestures Are Nonverbal?" *Psychological Review* 92 , no. 3（1985）：350-371. Iverson, J. M. , O. Capirici, and M. C. Caselli, "From Communication to Language in Two Modalities", *Cognitive Development* 9（1994）：23-43.

92重返人类演化现场

族采用，对所有人都代表相同的意义。[①]最后，随机模拟的动作也许开始演变，形成更复杂的沟通形式——第一次尝试用口语表达，连带出现一套最原始的语法。

这类理论的问题在于难以验证。没有一种变成化石保存下来的人工制品能阐明直立人如何学会的分享想法和感受。不过，幸好现在已经从儿童行为衍生出若干有趣的理论可用来参考。

⚛⚛⚛

儿童心理学家（还有多数父母亲）都知道，就算只有八个月大，小婴儿的思维历程已经是极端复杂了。他们明显有些事情想说出口，有些需求想要表达，然而由于喉咙形态、脑部构造和神经系统都还不成熟，因此没办法在真正意义上使用字词（婴儿约九个月大时，喉咙已经生长到足够长，喉头也充分下移，能开始进行说话。几个月之后，负责传输必要信号来发音吐字的线路也成形了）。[②]

至于学步幼童，他们就完全能以动作来表达想法。挥手拜拜是最常见的实例。最近几项新的研究发现，只需稍微辅导，这种以姿势沟通的天生能力就能大幅发展，达到远远出乎意料的复杂程度。[③]

20 世纪 90 年代，一位名叫约瑟夫·加西亚（Joseph Garcia）的研究人员观察了失聪父母生下的健听宝宝。他注意到，这群使用美国手语的婴儿，比健听双亲生下的孩子更早开始讲话。有趣的是，他们并不是出声讲话，而是像他们的父母那样用手势来讲话！

在后续研究中，加西亚还发现，这些婴儿能自发做出手势来表

---

① Michael C. Corballis, *From Hand to Mouth: The Origins of Language* (Princeton, N. J.: Princeton University Press, 2003).

② Takeshi Nishimura, Akichika Mikami, Juri Suzuki, and Tetsuro Matsuzawa, "Descent of the Larynx in Chimpanzee Infants", *PNAS* 100 (2003): 6930-6933.

③ http://www.abc.net.au/science/news/stories/s862604.htm.

示饿了、渴了或尿布湿了,这个时间比他们真正开口讲出第一个字眼还提前了多达八个月。这表示孩子的脑部发育已经足以讲话,却只能用手来表示,因为他们没办法用喉咙来表达。

大约在加西亚注意到这一点的同时,加州大学戴维斯分校的琳达·亚奎多洛(Linda Acredolo)和加州州立大学斯坦尼斯洛斯分校的苏珊·W.古德温(Susan W. Goodwyn)也发现婴儿八个月大时就能靠手势沟通。[①]亚奎多洛归结认为,有些动作类型是多数儿童的第二天性。"只不过大家并没有注意到这点,而且父母又这么专注在字词上面,结果他们都没看出这是应该鼓励的事情。"

学步幼童能模仿动作,摆出"小小蜘蛛"的姿势,或者在闻一朵花之后,用一种嗅闻的动作来代表嗅闻所有花朵的经历。同样,他们也能学会把动作和一个需求、事物或概念联想在一起。在一项研究当中,一个小女孩起初只使用"牛奶"和"更多"等简单的手语单词,然而过了几个月,她就能表示更为复杂的观念。十个月大时,她去一家水族馆参观,看到企鹅游泳就使用手语向妈妈表示"鱼";她的妈妈纠正她,用手语表示"鸟"。这把这个小女孩搞糊涂了,她又用手语表示"鱼";接着她的妈妈用手语表示"鸟",并加上"会游泳的"手势。这样一来,她的女儿就了解了。短短两个月后,这个女孩从地上捡起一根羽毛,并用手语表示"鸟毛",这显示她这时已经能把先前学会的两个不同概念结合起来,组成一个全新的观念。

加西亚、亚奎多洛和古德温的研究成果都显示,一旦接触到手势动作,孩子自然而然会开始模仿,因为在这个生命阶段,他们的

---

① 加西亚写了一本书,还制作了一个影片,来帮助父母在幼儿开始讲话之前如何教他们使用手语,参见加西亚的著作:Joseph Garcia, *Sign with Your Baby: How to Communicate with Infants Before They Can Speak* (Bellingham, Wash.: Stratton-Kehl Publications, 2001)。

双手远比他们的喉咙和嘴巴更灵巧。该研究领域的先驱人物伊丽莎白·贝茨（Elizabeth Bates）便曾说过，"用一只肥大的手来模仿、重现某件事物（比）用控制舌头的几百条小巧、纤细的肌肉"更容易办到。①换句话说，我们在这么幼龄的时期不开口讲话，并不是因为我们没有脑力来想出希望表达的观点，而是由于我们讲话时不可或缺的神经通路、喉咙、肺部和舌头都还没有适切地发育成形。

亚奎多洛的研究还显示，在学会讲话之前先使用手势来沟通的孩子，在生命后续阶段能发展出较高的智商，和不曾在婴儿期使用手语的孩子相比超出多达 12 分。这就表示，孩子愈早和旁人分享心中所想，日后就愈能掌握比较深奥的智慧概念。②

不论之后的效果怎样，在幼小的年纪学习以手势来沟通有个妙处，那就是双亲和孩子似乎都变得更快乐。一位母亲说道，当她开始和十一个月大的儿子比手语，屋子里的噪音大幅度减小，倒不是因为他们都静静地使用手语，而是由于以往她的儿子即使尖叫、哭喊都没办法清楚表达意思，而现在他一点都不再像那样感到挫败了。

事实上，三位研究人员全都发现，学步幼童常常很快就开始使用手势，因为他们遇到挫折时，没办法告诉负责照顾的人他们想要什么。皱缩脸庞、扭动身体和放声大叫等方法都不够完全明确，十

---

① 引自《纽约时报》（*New York Time*) 2003 年刊载她去世前的话。
② 据说较早期使用手势信号可以提高智商，虽然看来没有直接关联，却也很有道理。口才犀利和高智商具有连带关系。同时控制手部精密动作的几处脑区，和在我们讲话时负责给肺部、喉咙、双唇和嘴巴发送信号的脑区也有重叠现象。从神经学的角度来看，字词和手势确实相互关联。这些研究（亚奎多洛的研究涉及 103 个孩子）还显示，学习、使用手语能帮助幼童依循其他途径开口讲话。举例来说，倘若使用手语的孩子把看书说成"看淑"，或把牙膏说成"牙告"，那么依研究结果，这时他们可以做出手势来强调所说的事情，最后就能掌握字词的正确发音。奇怪的是，这也就表示，若有孩子不曾接受手语教学，却拥有能让他们领先其他多数孩子提早讲话的喉咙、舌头和肺部等肉体天赋，那这群孩子将来就有可能发展出较高的智商。换句话说，他们并不是由于比其他孩子更聪明才会提前讲话，而是由于能够提早讲话而变得比较聪明。

个月大的孩子没办法借此来表示"我饿了。我湿了。这样很痛耶。我要吸奶奶"。至于动作,一旦婴儿学会其基本原理,就能借此漂亮地达成使命。

若是学步幼童能靠象征性的动作分享他们心中所想,那么直立人是不是也能办到这点,尤其是他们还要面对种种生存压力?他有灵巧的手工操作能力、镜像神经元,也有社会的和实际的需求。同时,他的脑子大小也大约和学步幼童相同。但这并不表示,直立人已经发展出现代人学步幼童的智慧(脑部构造肯定在某些方面是不同的),不过双方对世界的整体感知,或许可以相提并论。而且双方都有很强烈的沟通需求,即便没办法使用字词来传达。

关于动作和语言之间意外关联的研究不只这些。好几年前,达特茅斯学院发展心理学家劳拉·安·佩提托(Laura Ann Pettito)及其同仁有一项精彩的发现。当时,他们研究的课题是,所有孩童约从七个月大起,都会开始发出咿呀的声音。

多数科学家早已归结认定,学步幼童在这个年龄发出的"吧"、"布啦"、"嗒"等声音,还有咂舌、吹颤、吸啜等做个不停的动作,全都标志出这是婴儿努力想掌握律动歌曲声音的最早期阶段,随后演变出音标和字词,最后则出现句子——语言的基础建材。

佩提托的实验之所以独树一帜,是因为她(就像加西亚)研究的婴儿双亲并不使用字词,而是以美国手语来沟通的。她的研究集中观察两组婴儿,每组三人。第一组婴儿的父母都能正常听、讲。第二组婴儿则都拥有使用美国手语的失聪双亲。这两组孩子的听力都属正常。

结果不出所料,这两组的每个婴儿都在约七个月大时开始牙牙学语。不过佩提托发现,失聪人士的子女会表现出很特别的行为:

他们除了开口咿呀出声之外，还用双手学语。①佩提托的团队归结认为，这表示大脑在婴儿期锁定的语言组合形态，并不是只和声音有关。大脑还会努力掌握、修订更深奥的节律模式。显然，倘若幼童接触的是口语，那么他就以声音来表达，然而倘若他接触的大半都是手语，那么他就以双手来表达。②

手语的"咿呀声音"并不比多数口语更具意义；不过，佩提托表示，这代表了一种掌握语言潜在节律的特有成就，至于是口语或其他形式并不重要。③

近来，脑部扫描技术也已经显示，人脑最直接涉及产生、理解语言的两处部位，也就是布罗卡氏区和韦尼克氏区，涉入处理动作语言的程度，和口语字词处理方面是同等深刻的。④中风病人常罹患失语症，这会摧毁他们的听说能力。布罗卡氏失语症患者讲话多

① 有几部影片介绍了手部的不同动作，参见网页 http：∥www. dartmouth. edu／~lpetitto／nature. html。

② 当然，所有婴儿都会不时地胡乱舞臂挥手。研究人员该如何区别，这是在乱舞，还是真正在牙牙学手语呢？他们拍摄婴儿录影带，使用光电子追踪系统，录下孩子双手所有动作的三维影像。从这批录影可以看出，所有孩子都会迅速摆出乱七八糟的姿势，不过除此之外，若是孩子的双亲使用手语，那么他们就会以较慢的速度，摆出非常明确的姿势，这时双手只在身体前面一块狭窄的空间活动，也就是所有手语的"发言"区。

③ 以美国手语讲话的孩子，当他们设法掌握所用的复杂动作（相当于复杂的口语语句），依然要不断努力，才能完全娴熟地运用语言，这和其他孩子在同龄阶段努力学习口头语言的道理相同。沙克研究院 (Salk Institute) 的厄休拉·贝卢吉 (Ursula Bellugi) 发现，孩子不论使用口语还是手语，在十岁之前都会犯相同的文法错误；有一项实验则发现，两群孩子在讲述复杂故事的时候，都会努力想把角色描述得前后一致。贝卢吉认为，这是由于不论使用手语还是声音来沟通，孩子同样都利用布罗卡氏区和韦尼克氏区来处理他们想要讲述的内容。

④ 动作和说话是精确同步的 [参见迈可尔·C. 科巴利斯的书：*Hand to Mouth：The Origins of Language* (*Princeton，N. J.：Princeton University Press*，2002)，p. 100]。他表示，说话和动作形成单一综合沟通系统，而这点也指出，两边共用同一套神经控制机制。对此科巴利斯的意思是，说话和动作是一体两面，并不是相互对抗的两种沟通形式。就算因中风或遭遇严重意外，完全丧失了讲话能力，患者往往还是可以采用动作表达，并能非常有效地沟通。然而，心理学家通常一致认为，若是失去模拟演示或做动作的心理能力，患者将会发展出精神病症或罹患严重的痴呆症。

半杂乱无章，尽管他们心中以为自己讲的话都完全顺畅。若是病人患了韦尼克氏失语症，就算旁人对他说的话都合情合理，但在他听起来却完全没有意义。就这两种情况而言，负责处理言语输入和输出的线路都紊乱纠结着，影响了大脑依循语法解析语言的能力。

使用美国手语的人一旦中风，言语中枢受损，同样也会遇上完全相同的命运，他们的情况，损失的是手语表达或手语理解的能力。[1]罹患布罗卡氏失语症的美国手语使用人能做出手语动作，就如口语失语症患者也能讲出字词声音一样，然而尽管打出的手语和美国手语很像，却完全没有意义。[2]显然这几处脑区不只是把语言看成声音形式，它们还把语言当成动作来处理。为什么？这是因为这几处脑区先演化出了理解动作的能力，随后才加入口语字词功能。

❧☙

昔日的手势和模仿学样如何发展成真正的语言，就这方面，聋

---

① 这里有一个奇特事件。罹患失语症后仍能讲话的病人，学会了使用美国手语就可以提高"说话"能力，由此可见，大脑中掌管做手势和讲话的部位，即便是共用了非常雷同的几处脑区，也不一定就是使用同一区域。参见 S. W. Anderson, H. Damasio, A. R. Damasio, et al., "Acquisition of Signs from American Sign Language in Hearing Individuals Following Left Hemisphere Damage and Aphasia", *Neuropsycholgia* 30 (1992) : 329-340。这证明我们大脑的适应能力是多么地高明。这就相当于我们的胃部能学会消化纤维素或锡罐一样。

② 佩提托曾与麦吉尔大学 (McGill University) 的罗伯特·札托尔 (Robert Zatorre) 联手研究正子放射断层造影扫描结果，受试对象是含11位严重失聪人士和10位听觉正常人士的脑部。先前研究已经显示，使用美国手语来沟通的聋人，多半都以左脑来处理手语词句，这和正常听力的人使用口语的语法分析时的情况相同 (韦尼克氏区和布罗卡氏区都几乎完全位于左半球)。正子放射断层造影扫描显示，当使用口语的人绞尽脑汁设想正确的字眼时 (我们所有人都知道这种滋味)，多数人都会使用在下额叶皮层的一处特殊构造，来捕捉及表达思想。饶富兴味的是，把正常听力的人和失聪受试者的脑部扫描图示拿来比较，结果却显示，当失聪受试者努力斟酌正确手势时，脑中活化的区域却与听力正常者的完全一致！更有甚者，当失聪受试者处理不具任何文法意义的手势动作时，他们的"颞平面"就会亮起来，而这也正是当听力正常者听到不具有形象意义的非单字随机音节而努力想理解时，脑中也会出现的情况。

哑学童上演了一出精彩情节，提供了极具戏剧性且无与伦比的实例。故事发生在尼加拉瓜 1979 年桑地诺革命之后，为协助失聪和喑哑孩童而创办的两所学校里。倘若科学家真想有机会鬼使神差地现身，目睹一种全新的语言从无到有演变成形的过程，那么这就是最能让他们美梦成真的事例。

尼加拉瓜政府和桑地诺起义军八年内战期间，一个新政府在 1985 年成立。没过多久，新政府便展开一项计划，来帮助国内不能讲话的失聪儿童。首都马那瓜市开办了两所学校，全国各地的孩子纷纷入学就读。当时全球已经有两百种广受采纳的手语，却由于长期受战事影响，这些孩子连一种都没有学过。他们充其量只懂得最粗浅的哑剧动作，在各自的成长阶段因应需求而与亲友间发展出来，只是代表饮食、睡觉的动作，此外没有太多意涵。

遗憾的是，新学校的老师们对这些聋哑学生起不到什么帮助。苏联顾问敦促他们教学生"指语"，这是以手势和字母一一对应，构成一套代表现有语言整套字母的手势体系。问题是，学生对字母、字词和一切语言都毫无概念。他们没办法用手拼字，这并不比用口拼字的能力更高明。不过，这群孩子确实有股阻挡不住的沟通意愿。所以，他们做出了很奇特的事情：他们开始用自己的双手相互交谈。最初他们使用的是自己以前常用的基本模拟手势。在此基础上在泄气的教师诧异的旁观之下，他们开始创造出一套独一无二的语言。

1986 年 6 月，尼加拉瓜教育部部长请美国手语专家茱迪·凯格（Judy Kegl）到各校视察，帮教师了解这种情况发生的原因。凯格认为自己应该尝试全盘研究学生的沟通做法，或许甚至可以根据学生使用的符号来编纂一部基本字典。首先她去美发班，探访班上年龄较大的青少年学生。尽管凯格能流利地使用美国手语，却帮不上什么忙，因为这群学生只会使用他们自行创造的手语。她很快就了解，尽管他们使用的手势颇富创意，但和美国手语却是完全两样。事实上，这些手势都相当难解，和在真实言语（甚至姿势言语）见到的基本组合形态毫无相似之处。整体看来就是一团混乱。

许多手势完全是以模拟动作来表示，比如"平嘴眉钳"或"筒形发卷"。这大概就是当初直立人使用的做法，他们也许曾经以模拟动作来表示"大掠食兽"或"拍翅的鸟"。有些手势就比较复杂。有个少女向凯格表演一种手势，她平伸左掌，然后用右手画线，从中指弯曲画向掌根。接着她翻转右手，手指腰带下部位。凯格当时并没有看懂，不过最后她终于想到，这个手势是指卫生棉条。①

当年凯格见识的是学生从家里带来的一种混杂手语，或者是一种以手势动作为本的原始语。这就相当于比克顿的夏威夷—日语—洋泾浜英语"还有太多小孩，小小孩，房子钱支付"的非口语版本，据此就能解释，为什么这类手语并没有真正的语法或规则，至少目前还没有。

不过，当初比克顿还曾发现，洋泾浜混杂语能自行转化成熟，有时在单一世代就会大幅变动，成为非常成熟的克里奥尔式混合语，连同细腻的语法、文法都一应俱全，这点凯格也见到了。只是这次使她找到出路的地方，让她大吃一惊。

探访过中学之后，凯格起程前往圣犹大（San Judas），这是一所专收年纪较小的失聪学生的小学。在此逗留期间，她注意到学校里有个名叫玛耶拉·里瓦斯（Mayela Rivas）的女孩，她以一种不曾在年纪较大孩子身上见过的节律模式高速使用手语。凯格当时心中

---

① Lawrence Osborne, *New York Times*, October 24, 1999.

认为，这个女孩是遵循某种内在的规则来打手语。就某方面来看，她也确是如此。

结果发现，这群较小的孩子，正把较大学生发明的旧式洋泾浜推向崭新领域。安·桑格斯（Ann Senghas）在 1986 年还是个研究生，师从凯格，后来她说道："那是语言学家的美梦。就像眼前出现大爆炸一样。"桑格斯写了一篇论文，刊载在《科学》（Science）上，她在文中提到，把概念、事物和动作拿来拆解成个别单元（姿势符号），创造出一套真正语言的，是年纪较小的孩子，而不是年纪较大的。

另一方面，较大的孩子则倾向于使用肢体来描画出一个动作的动态图像。以"滚落山丘"为例，是可以借由伸手摇晃或向下移动描绘出一条抖动线条的样子，同时表现出运动形式、方式（翻滚）以及方向、路径（向下）。这就是你我在交谈时可能用来阐明观点的做法。不过，以复杂的沟通而言，这就太过繁复、困难，而且旁人没办法精确地仿效。这就像是念出佶屈聱牙，词义又非常晦涩的冗长单词。这种字词使用并不十分频繁，因为这种字词代表相当专一的含义，没办法灵活运用。

下一代学生不只在手势动作学习方面超过了年纪较长的学生，他们还改善了动作，把手势拆解成较小的记号，可以轻松地和其他符号组合来传达更多观念。他们并不以同一个冗长手势来表现出"翻滚"和"向下"，而是创造出另一个手势或字词来代表"翻滚"，再以另一个手势来代表"向下"。"翻滚"是以手画画圈来表示，接着很快就是"向下"，做法是伸手摆在胸前，做出一个明确的向下动作，切过半空伸直手臂，几乎就像个敬礼的动作。

这和图像或图画、姿势模拟等非口语沟通的形式并不相同，和真正的手语和口语的运用方式则大同小异。言语所含的信息来自分立的元素，比如字母和字词的发音，然后以此编排出愈来愈大的元素，比如短语和句子，全都依循特定次序来排列。

语言还有一项特有的标志，那就是把物体、动作、地点等拆解成细小的片段，因此沟通就变得更有弹性；每个片段都可以一再使用，在不同上下文中代表不同的事情。这也就是我们变换字词的做法，比如"紧握"一词就是从"紧握锤子"一类的纯粹实体叙述变换成非常抽象的"紧握权杖"的说法。这正是暗喻、明喻和文章脉络的精髓所在，因此语言才会这么优雅、有力。

就尼加拉瓜孩子们的情况，一旦代表"翻滚"的手势重新设定完成，他们就能用它和其他手势随意组合，用来表示"翻卷"或"翻覆"，最后则演变出"我在心中翻来覆去考虑这个观点"。这让手势的符号意味减轻但象征性却提高了，也不太像模拟演示，因为灵活性提高了。这两项革新（拆分部件和重复使用部件）就是语言灵活特性的写照，于是我们才能以有限的字词来传达无穷的观点、描述无穷的景象，或讲述变化无穷的故事情节。就像 DNA 或钢琴琴键，字词也可以一再反复组合，产生出极其优雅又富戏剧性的成果。只需细想创造出几百万个物种和几十亿个独特人的 DNA，或者组成《划船曲》和拉赫玛尼诺夫（Rachmaninoff）《C小调前奏曲》（*Prelude in C Minor*）这等迥异乐曲的音符数量就知道了。

过去二十年间，马那瓜市这几所学校一代接一代的幼龄孩子，不断淬炼这些手势记号，改进他们居家创制的语言，如今这已经不再是简陋的初级手势组合，里面已包含了能够表达一切可能概念的丰富语汇，从时间和情绪到嘲讽和幽默。而真正令人惊讶的是，它由这群孩子自行努力创造而成，并没有中央化计划介入。没有人坐下来撰写文法或编纂字典。没有人开发或讲授课程。这套语言是自然萌发的，出自孩子致力分享彼此心中所思的交往互动。

　　这群人类的孩子，强烈的意念驱使他们相互沟通，因而发明了一种纯正的语言，如今还冠以"尼加拉瓜手语"的正式名称，而且孩子心中连刻意创造的念头都没有，就这样从无到有一点一滴落实了。他们只遵从几项没有明言的简单规则关键要素，依层次条理循序渐进，组合小段信息，终于发明出一种表达能力放诸四海皆可用的沟通形式。①

　　这些孩子的经历，完全就是语言从无到有的演变历程，没有比他们更贴近的例子了。而且这还可以让我们借鉴来窥见过往历史。或许我们的祖先也像这群孩子，感受到汹涌澎湃的沟通需求，却没有语音，也没有语言来满足所需。然而，可能过了一阵子之后，他们就找到了方法。毕竟，这种潜藏节律、语法和用来表达思想和感受的基础建材，似乎都深深地根植于人类脑中，并非仅奠基于负责发音吐字讲述音节的构造当中。心智有分享信息的驱动力，它企求表达，只要能办到，不管哪种方法都好，这点从手语双亲养大的婴儿以手势"牙牙学语"，以及马那瓜市喑哑孩童的精彩故事可见一斑，而双手似乎就是上选的工具。就我们当中因故无法讲话的人士而言，他们很快变成"手语声带人"。② 或许这就表示，我们接好沟通线路的年代，甚至比我们能发出单一字词的时期更早，还有，也许直立人和他的后裔，早在拥有熟练的说话方式之前，就掌握了那种形式，如同他的祖先也学会了操作工具和武器一样。

　　不过，就算肢体语言具有这样的威力，即便我们祖先的心理、情感和社会世界都由此受惠，变得更进步也更丰富，不过动作表达

---

① Ann Senghas, Sotaro Kita, and Ash Ozyurek, "Children Creating Core Properties of Language：Evidence from an Emerging sign Language in Nicaragua", *Science* 305(September 17,2004).

② 参见网页 http：//www. dartmouth. edu/ ~lpetitto/optopic. jpg。

却依然有其缺点。同时，在我们的前辈物种得以跃出最后一步，成为真正的人类之前，还另有其他适应项目等待现身——其中之一，就位于他们的舌尖。

Pharynx

咽

咽，让我们得以从动作表达大步跃向张口讲话，这是否就表示，过了一段时间，我们的祖先不单能够使用手势，还学会以声音示意，懂得运用胸部、喉咙和口部的肌肉来控制空气，发音吐字呢？

第五章

凭空酝酿思想

埃尔默·甘特里……天生是块参议员的料。他说话向来词不达意，总是夸夸其谈。他道"早安"可以说得像康德那般深邃，像鼓乐队迎宾那般欢欣，像大教堂管风琴那般提振性灵。他的声音就如大提琴，流露着迷人的魅力，你从中听不出他的鄙俗、他的大话、他的污言秽语，还有他（在这段期间）用单数词和复数词表现出来的骇人暴力。

——辛克莱·刘易斯（Sinclair Lewis），

《埃尔默·甘特里》（*Elmer Gantry*）

这是十分奇特的事，因为就连疯子在内，没有哪个人蠢笨得不能以一定的手法把字词摆在一起，来传达他们的思想。反过来讲，其他动物不论条件多好又多么幸运，也不能办到这点。

——勒内·笛卡儿（René Descartes）[1]

---

[1] *Discourse on Method and Mediations*, trans. L. Lafleur（1637）（Indianapolis, Ind.: Bobbs-Merrill, 1960）.

我们已经知道，500 万年前，远祖猿类身处非洲日渐扩张的草原并存活下来。我们还知道，这种环境促成了直立行走。不过，我们并不十分清楚，为什么直立人如此乖张，非得在近乎可以完善地奔跑之后才迈步登上历史舞台。奇怪的是，在寻找答案解决这个问题的同时，竟也阐明了我们是如何成为会讲话的动物。

　　几百万年来，莽原猿类历经演化天择，身体愈见挺直，对于这一点，最令人信服的原因或许就是，赤道非洲相当炎热的气候。有个原理称为伯格曼氏法则（Bergmann's rule），指动物在较低温气候下，会倾向于形成矮胖滚圆的体型，因为身体矮胖能减少接触空气的皮肤面积。这项法则指出，身体暴露面积较少，流失的热量也较少，于是动物就能保持温暖。比如西伯利亚居民的四肢和手指往往都比较短小，就算把他们比较矮壮的体型考虑在内也相形较短，矮胖身体能减少皮肤和寒冷空气接触的面积。①

　　反之亦然。体型高大，躯体较呈柱形，体表面积较大，于是散热也较快。所有身体拉长之后都会流失较多热量，就是这个道理，不过我们的身体还特别适于散热，因为体表赤裸，还拥有大约 250 万个带细孔的汗腺，具体数量依实际体型而定。幸好我们的体表满布这种细小的腺体，几乎每厘米都有，我们才能有效地发散多达 95％的多余热量。

　　这在动物界是个冷门。哺乳类多半都不太流汗，它们靠喘气来散热（大概是由于它们大半满覆被毛，这会限制排汗效能）。尽管其他灵长类确实拥有汗腺，比如黑猩猩，但数量却只约达人类的一半。

---

① 直立还有一个优点，就是能减少身体被阳光暴晒的面积。人类以双足立起时呈长圆柱形，这种日照标靶在阳光下暴晒会远比大猩猩或狮子更小。或许减少暴晒就是为什么大猩猩住在雨林里，而狮子则比较喜欢在夜间狩猎的原因。

人类学家大体都认为我们流这么多汗，效能这么高，原因是如果不流汗恐怕我们早就灭绝了。灭绝的原因是，我们是从食腐者演化成猎人的。到了直立人出现之时，我们已经大步朝着变成地表最狡诈的掠食动物之路迈进。我们在利爪、尖牙、力气、速度方面并没有太大优势，不过我们拥有自行创造的武器。而且我们能奔跑。

没有其他生物的长跑能力能胜过人类。猎豹能更快加速，鸵鸟和马匹能以高速疾驰更久，却没有动物能持续不间断地比我们跑得更远。长跑、马拉松和超级马拉松跑步都是这项能力的遗风，不过，此外还有繁多奇特的实例可以彰显我们双足特有的本领。墨西哥北部的塔拉乌马拉族印第安人（Tarahumara Indians）就是个例子。他们的族人定期猎鹿，接连追捕好几天，名副其实的就是要让鹿跑死。他们很难贴近观察他们的猎物，只设法追得尽量贴近，不让鹿有机会休息。最后鹿累垮倒地，有时蹄子磨耗到一点不剩。而另一方面，猎人也累了，但却完全累不死。

西伯利亚恩加纳桑人（Nganasan）也采用类似做法来猎捕驯鹿。他们藏身于林木、石堆后面跟踪尾随，有可能达十千米甚至更远，最后才拉近到打击距离。接着他们快速猛冲逼近扑杀鹿。巴拉圭阿切人（Aché）、菲律宾埃格塔人（Agta）和卡拉哈里沙漠孔桑人（Kung San）也用他们的双腿和肺脏来消耗猎物的力气。①

这并不是打败猎物的唯一做法，不过，既然直立人拥有这样完美的跑步技能，他们肯定会把这项技能当成武器，纳入他们的"军火库"。然而，在杂乱的演化"反馈环"世界，这有可能会带来另一个问题。解决这个问题的答案，或许也能有助于解释为什么在距今200万—100万年前这段时间，我们祖先的大脑会突然增长，并

---

① Marvin Harris, *Our Kind*（New York：Harper & Row，1990），pp. 52-53.

由此奠定基础，发展出能言能语的心智。

$$\mathcal{C}\!\mathcal{C}\!\mathcal{D}\!\mathcal{D}\!\mathcal{D}\!\mathcal{D}\!\mathcal{D}$$

大脑是种贪得无厌、耗费庞大的器官。和身体其他部位相比，它的能量消耗惊人而且"烧得火热"。现代人的脑子消耗的能量，就成人而言可达每日能量需求的25%（相当于黑猩猩和大猩猩的两倍有余）。就单位重量计算，它鲸吞的卡路里数是肌肉组织消耗量的16倍。

直立人的大脑不像我们的那么大，不过也很接近了。根据几项估算结果，它燃烧的能量可达全身储备量的17%。[1] 在炎热的莽原上，不管一只动物有多高，拥有多少汗腺，经过长距离奔跑后，它就会变得非常温热，特别是拥有大型脑子的种类。除非能够找到其他方法来保持凉爽，否则肯定要热得中暑倒地。

可能我们的许多祖先正是在非洲烈日下求生不得，终于丧命，不过其中有些，特别是我们的直系祖先，显然并没有热死。为什么？ 根据一项耐人寻味的理论，这是由于他们发展出一种（也可能多种）基因突变，让他们拥有一套巧妙的"空调系统"，时至今日我们依然拥有这种优势。

佛罗里达州立大学人类学家迪安·福尔克（Dean Falk）认为，大约200万年前，我们的前辈物种在刚开始食腐的同时也开始演化

---

[1] 见威廉·伦纳德的论文《思想的食物》[William R. Leonard, "Food for Thought", *Scientific American* 13(2)2002]。罗伯逊（Robertson）和伦纳德采用加州大学戴维斯分校（University of California at Davis）亨利·麦克亨利（Henry M. McHenry）汇编的人科先祖身体尺寸估计值，重建出人类祖先维持脑部所需能量占静止状态能量需求之比例。根据他们计算所得结果，体重80—85磅且脑容积为450毫升的典型南方古猿，在静止状态下投入维系脑部运作所需能量约占11%。直立人体重为125—130磅，脑部尺寸约900毫升，静止状态所需能量比例则为17%，或是占每日1500大卡中的260大卡。

出一套脑静脉网络，用来冷却流经他们脑部、面部和颅骨的血液。她称这种观点为"散热器假设"，因为这套网络的作用有点像是汽车散热器。

当我们的体温开始过热时，心脏就把身体和脸部的较低温血液，泵进一套绵密的"导血静脉管"网络，这些静脉有纤细的支脉，零星散布于头皮附近的颅骨各处。血液流到那里经空气冷却，使更多热量散发，随后静脉再把清凉的血液导回脑部，也把那里比较温暖的血液抽换掉。①②③换句话说，这是一组完善的天然散热器。

福尔克发展出这套理论之前，曾仔细比较了现代猿类、人类和我们祖先的颅骨。尽管昔日曾经属于颅骨一部分的静脉和动脉都早已不见了，但从这些颅骨依然看得出这些动物使用的部分血管通道。她发现，我们和猿类用来向大脑泵送血液的做法非常不同，特别是当脑子开始过热的时候。猿类不具备我们这么复杂的散热导血静脉管系统，而且它们向脑子泵送较低温血液的做法，效果通常并不太好。

早期南方古猿类群，比如露西，以及演化进入死胡同的几个种类，比如南方古猿粗壮种，情况似乎也都相同，它们比较像是丛林猿类，和我们就不同了。至于比较晚近的种类，比如能人、直立人、尼安德特人和早期的智人，从颅骨看来，随着脑部愈长愈大，

---

① 引自网页 http：//www. anthro. fsu. edu/people/faculty/falk/radpapweb. htm，随后被收入《哺乳动物神经系统演化》汇编第五册［*The Evolution in Mammals of Nervous Systems*, vol. 5, ed. by Todd M. Preuss and Jon H. Kaas （New York：Elsevier-Academic Press, 2004）］。

② 这个问题经米歇尔·卡巴纳克（Michel Cabanac）和海纳尔·布林奈尔（Heiner Brinnel）两位医师按压一具尸体的头盖骨才得以解答。血液经由颅外静脉网络流进颅骨内部的"板障静脉"，随后再流向颅骨内侧。

③ 参见网页 http：// www. show. scot. nhs. uk /wghcriticalcare /rational% 20for% 20human% 20selective% 20brain% 20cooling. htm for an online version of Cabanac and Brinnel's paper。

对冷却要件愈加苛求，他们的导血静脉管系统似乎也逐步增大，而且变得愈趋复杂。

福尔克发现，我们这个物种的这套系统非常充裕也很有效，能在我们操劳流汗时散发大半的体热（当你在周日一个严寒的下午，看到美式橄榄球员脱下头盔，头上的热气冉冉升腾，这时你就亲眼见识到了这套系统的功能）。

依福尔克的观点，这种颅骨"空调设备"，和我们逐渐发展成形的其他冷却机制是同步演化出现的，包括我们的被毛消失、日渐挺直的身形、激增的汗腺。不过这一项仍是尤其重要的，因为即便没有这种适应作用，我们的大脑尺寸也必须戴上枷锁，无法增长到超过能人脑子的大小，理由很简单，莽原上未能拥有此项优势的人科先祖早已全部中暑丧命，根本没有机会把他的基因传递下来。

或许就是这个因素，某些莽原猿类世系才会完全绝种：它们始终没有发展出真正有效的冷却系统，没办法营腐食维生，最后更无法在莽原烈日酷暑下狩猎。有时体温过高是非常厉害的杀手。人类体温超出常态区区四五摄氏度，就会头昏脑涨，从而引发谵妄、幻觉和痉挛。血管生理学家玛丽·安·贝克（Mary Ann Baker）甚至写道，脑部温度有可能是"让人类和其他动物难以在暑热环境中存活的最重要单一因素"。①

就在这些演化压力的古老花招不断地纠缠我们祖先的同时，也促使他们频繁地使用工具、进行更好的沟通，还有使我们这种动物拥有愈趋复杂的各种特有行为举止。然而若是没有演化出这种脑部冷却系统，这些优势恐怕早就困陷于脑中而无能为力，注定最多也只能让我们的祖先和他们的黑猩猩、大猩猩表亲同样保持不变。

---

① M. A. Baker, "A Brain-Cooling System in Mammals", *Scientific American* 240(1979):130-139.

另一方面，倘若这套系统确实演化出现并发挥功能，就如同目前在我们身上发挥作用一样，那么也就是说，枷锁可能已被打开了。这时，我们祖先的大脑想必又能够继续增长。挟着他们逐步演化的"通风系统"，直立人已经有办法猎捕他们所跟踪的兽群，还能发展出必要智慧来应付眼前愈趋复杂的部族社交活动，到最后，他的人科先祖式脑袋，终于演化出和我们脑袋一样特大的尺寸（按科学家推想，大小如人类体格的非人灵长类动物，脑部尺寸约为人脑的三分之一①）。

　　按照福尔克的描述，我们祖先的血冷式脑子是"一种主要的排热机"，甚至称得上是一种主要的演化动力机。她这样讲的意思是，这种适应成果并没有与拇指对掌和制造工具的能力并列成为人类演化的重大突破，却让我们的祖先有办法使他们一再演变的大脑长得更大。

　　这项新本领究竟该如何运用？ 若说直立人有能力做某种动作沟通，却还不能使用真正的言语，或许这就让脑中若干已经控制手工灵巧度的区域得以增长，并要求原本演化用来呼吸、进食的几百条肌肉和几种器官也能满足眼前迫切的需求，投入从事愈益精巧、细腻的沟通中。说不定这就让大脑得以完整地打造出必要的原始神经元动力，来把我们的祖先从非常聪明却大半沉默的猿类，转变成如今我们这种能言善辩的物种。②

　　不过，就算出现这种情况，当时还在向地球各处迅速扩散的这种高瘦生物，仍有必要针对他日渐延伸拉长的喉咙进行改进。他们

---

① Preuss and Kaas, eds., *The Evolution of Primate Nervous Systems.* 参看网页 http://www. anthro. fsu. edu/people/faculty/falk/radpapweb. htm。

② 换言之，当某一系统的演化目的，主要是为了纾解过热问题，从而排除增长障碍，则该系统是否也能扮演喂哺、增益的角色，促使大脑更迅速地增添神经元呢？

的颈部，还必须发展出一种造型古怪的新式腔室，这种器官称为咽。因为没有咽，就不可能开口讲话。

$$\mathcal{C}\mathcal{Q}\mathcal{S}\mathcal{C}\mathcal{S}\mathcal{Q}\mathcal{O}$$

咽呈圆锥形，长约12厘米，位于舌根正后方，它把我们的口部和食道串联起来。奇怪的是，人类的咽之所以演化出现，至少部分是由直立奔跑所致。当我们的人科先祖以后腿直立起来，它们的颈部就开始慢慢拉直、延长。过了一段时间，它们的头部便位于双肩和躯干中央正上方。同时，额头不再那么倾斜，双颔变得方正，颅骨也相形更圆。这所有变化都促使它们的口腔顶部向上抬升。它们的颈部伸长，最重要的是，舌头和喉头（或就是"发声箱"）也降入喉咙更深的位置。

其他一些动物也有咽，不过人类咽的内部结构及其周边器官是独一无二的；这种特化构造和长颈鹿的脖子或双髻鲨的眼睛同样奇特。尽管对大猩猩可可或巴诺布猿坎兹等进行的研究取得了若干成果（译注：都能以手语沟通），其他灵长类却完全未蒙上天眷顾，没有一种咽拥有我们这样能发出声音的本领。[①]

喉头下降给我们的祖先带来一个棘手的麻烦。按照其他灵长类动物喉咙的配置方式，它们的鼻道都以单一气道直接通往肺脏，同时循另一条管道从口部连往胃部。两条管道就像两条不相交的平行道路，从颅骨沿颈部向下进入躯干，二者完全没有共享的"公有不动产"。

我们的祖先或许原本全都如此，直到直立人出现才为之改观。

---

① 人类大约共讲6800种语言，不论你是生在婆罗洲的森林小屋，还是在纽约布朗克斯区的中北医院，你生来都能学讲其中任何语言，包括讲话不时发出滴答声响的卡拉哈里沙漠孔桑语、说话像唱歌的中国东部方言，或者往往带有浓重喉音的德语冗长单词。

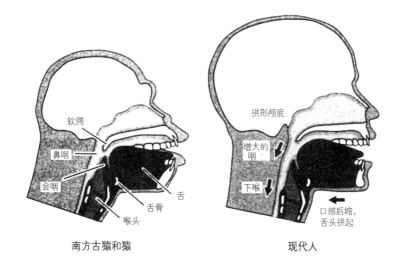

软腭

鼻咽

会咽

舌

舌骨

喉头

南方古猿和猿

拱形颅底

增大的
咽

下喉

口部后缩,
舌头拱起

现代人

两幅图解描绘猿类、南方古猿（左）和现代人（右）的喉头。由于人类气道和食道相交，构造和其他灵长类有别，所以我们才有呛噎问题，不过我们还能说话

当直立人出现时，他们的直立身形基本上和我们毫无二致，颅骨和颈部的形状和长度，很可能迫使鼻道和嘴巴放弃从前的独立管道，把两边并合在一起，也在我们喉咙背侧产生了一个交点。这就潜藏了一个问题，那就是呛噎问题出现了。这是由于这个交点形成之后，从嘴巴进入的食物和水，和我们呼吸的空气，有可能在交叉路口相逢。

看来提高呛噎几率不是最有利的演化事件。这种突变连达尔文都感到诧异。事实上，他在《物种起源》（Orgin of Species）一书中写到这点的时候，简直要火上心头："最确凿的事实是，我们吞下的每粒食物和每滴饮料，都要从气管孔口上方通过，这有很大风险，可能会掉进肺里。"

为了避免这个危害，我们有一小片皮肤和软骨，称为会咽，叠盖在气管顶上，以免吞咽时食物和液体自由下坠，落入我们的肺脏。然而，这个小器官有时却令我们失望。海姆利克氏急救法（Heimlich maneuver）发明之前，美国每年都有六千人死于呛噎，通常是发生在边吃边讲话的时候。呛噎也因此成为第六大意外死亡原因。然而，黑猩猩永远不会因呛噎而死，至少不会由于吃香蕉时食物下错管道而死。

发音吐字

　　每当空气从我们的肺脏向上流出通过喉咙时，就会有许多细节事件连续展现，我们的气息在这里经咬噬、弯转、急旋，疾速吐出从简单如"面包"到绕口如"吃葡萄不吐葡萄皮"的词句。能够掌控这些必要装置，让每个人都能不假思索且轻松、流利地讲出话语，可说是一项了不起的成就。身体和大脑动用了一百多条肌肉才完成了这项工作，其数量超过一切人工机械活动所需的肌肉。我们讲话时每秒发出20—30个语音段落，或者6—9个音节。要做到这点，势必得拥有极其精妙的呼吸控制、能空前高速伸缩的特化肌肉，还必须借助舌内纤维，让我们能以闪电速度来移动、重塑我们呼出的空气。①

　　这并不表示科学界已经完全了解这些尖端程序是如何产生作用的。他们知道，和其他任何哺乳类或灵长类动物相比，人类的大脑皮层（我们脑子的最大部位）更能直接控制

---

① Rachel Smith，"Foundations of Speech Communication"，October 8 2004；kiri. ling. cam. ac. uk／rachel／8octo4. ppt.

面部、舌头、喉头和肺脏，也了解当我们讲话时，要用上更多的神经元。然而他们并不清楚，这整套过程包含哪些细节步骤。

多数哺乳动物的脸部表情、呼吸作用和口部与喉咙的肌肉，都由神经元来控制，这是一处位于脑干，和我们的脊柱直接相连的古老部位，称为"网状前运动区"。所有动物的网状前运动区都负责控制身体众多无意识的内脏活动，比如吞咽、眨眼和呼吸。

不过随着灵长类逐渐演化，愈来愈多被称为"锥体细胞"的神经元（这类神经元呈三角形，故名）从高速演化的大脑皮层伸出长轴，直接通往管控肺脏、喉头、脸部和舌头的神经系统深处。[1]最后就带来我们所需要的更高度的意识控制，借此来拨动开关，操控所有用来发音吐字、传达思想的器官。[2]

当你俯身搬动大箱子，出于本能会把硬挺的躯干当成支架，来和箱子的重量抗衡，这种做法是运用了一种称为声带褶（通常称之为声带）的极具韧性又非常强健的肌肉，把空气憋在肺脏里面。声带褶盖着你的发声箱（或称喉头），也就是你每天照镜子都看得到的喉结前端部位（女性喉结比男性的小）。若是你施力稍嫌过度，你就会出声呻吟，因为这股力量把你肺中的少量空气挤出，通过声带褶而发声。

我们使用这同一套系统来说话，不过做法却微妙得多。开始说话时要先吸气，进气量由我们的大脑根据需要多少空

---

① Terrence W. Deacon, *The Symbolic Species*(New York：W. W. Norton，1998)，pp. 247-250.

② 我们讲话时，多数步骤仍是在无意识间完成的。我们并不斟酌如何发出"了"或"是"等字音。然而我们讲话时，却总有办法压制常态内在呼吸模式，不遵行潜意识动作，而是明确按心意讲出话语。我们之所以能不假思索地轻松交谈，或许是由于我们长到七八岁时，话已经讲得相当纯熟了，这就如同钢琴大师能坐下弹出他练得烂熟的复杂乐曲，并不必深入思量该如何用手指弹下哪个琴键。这是种第二天性。

气才能讲出想讲的话来计算。空气一进入肺脏，接着就被控制着放出进入气管，穿行到喉头顶端，撞上声带褶为止。我们就在该处开始着手塑造空气来发出特定的声音。举例来说，假定我们想发出蜜蜂振翅的声音，若是真的出声，我们就会发出"滋滋"声；否则就会发出类似"嘶嘶"的声音。当你唱歌、哼歌或讲话时，空气就会猛喷颤动吹过这些肌褶，就是这一股股气流构成了人声的基础。你的声音很特别，所有人都能分辨，每个人的声音都独树一帜，没有其他人能够完全模仿得一模一样。

肌褶绷得愈紧，或者变得愈小、愈硬挺，声音的音调就愈高。若是肌褶松弛，或体积较大，声音就会显得深沉。魁梧的男性的声音通常都比小女孩的声音低沉，就是这个原因。不过，我们的喉咙、鼻道和口腔的形状，也都深深地影响音质，能决定我们发出的是圆润的男中音还是飘忽的低语或鼻音。当我们激动起来，缩紧我们的声带，声调就会提高。或许你会注意到，紧张的时候发出的声音会比平时稍高一些。

喉头决定我们的音调和音质，不过我们是在声音通过声带、上行进入喉咙之后，才把声音雕琢成音素的。英语约含40个音素。①音素能以无穷方式相连，构成形成语言的一切字词，还有充裕的组合来形成尚未存在的词汇（请回想莎士

---

① 语言学家就英语（和其他语言）的音素数量很难达成共识，因为不同腔调、方言会含糊音素的界限，很难确认发出的是两个不同语音，还是口音略有不同的同一个语音。语音的关联意义也有重要影响。"就某些语言的情况，p 读成不同转化音时，字义也可能不同，这时它们就分属不同音素类别——比方说，泰语的送气 p 音（发音时伴随吐气）和不送气 p 音是有差别的。"引自《大英百科全书》"音素"词条："phoneme"，*Encyclopadia Britannica*，2004。Encyclopedia Britannica Premium Service，November 24，2004，参见网页 http://www.britannica.com/eb/article? tocId=9059762。

重返人类演化现场

比亚为英语带来多少新词，而且全都是读得出来的）。其他语言也使用固定数量的音素。德语有 37 个，日语 21 个，至于东巴布亚的罗托卡特语族（Rotokas）则只有 11 个。没有使用超过 141 个音素的语言，这个数字是我们能发出声音种类的上限。①

不论讲哪种语言，我们都用舌头、嘴唇和牙齿，来弯折、推挤、切割声波，塑造成字词——产生音素。首先，颤动的空气吹入我们的咽头圆腔。接着我们用舌根、舌弓、舌尖来挤压或放开声音，或予以阻拦不让声音溜出口。我们就是这样发出从"盖"、"凯"乃至于"提"等声音。不论讲出几个字词，还是大声朗诵几句话，你几乎都能察觉到自己的喉咙、舌头和嘴唇的高速运动，所有动作完全同步，一气呵成。

我们最后一处发音吐字的部位是嘴唇。而且我们使用双唇几乎就像使用舌头那般灵便。请发出不同声音，自己感觉一下个中微妙差别，如："ef"和"vee"，还有"pee"和"bee"。我们双唇只稍微移动位置，发出的声音就有所不同。我们之所以拥有这项本领，起因就在于我们的祖先发育出极端肥厚、敏感的双唇，而且经过妥善的适应过程，非常懂得试吃林间果实，品尝个中滋味。结果还发现，嘴唇也非常适合用来发出繁复至极的声音，这纯粹是种演化的意外收获。

---

① 非洲科伊桑人（Khoisan）的语言用了 141 个音素，几乎涵括了我们能发出的所有声音。Barbara F. Grimes, ed., *Ethnologue: Languages of the World*, 13th ed. (Summer Institure of Linguistics, 1996). 参见网页 http://64.233.161.104/search? q = cache：Z6Wp6IGHokYJ：salad. cs. swarthmore. edu/sigphon/papers/deboer97. ps. Z + maximum + number + phonemes + language & hl = en & client = safari。

不过，味道和沟通之间存在的关联，有可能比我们的揣测更加确凿无疑。研究镜像神经元的科学家已经发现，当一只猴子观看另一只进食咂唇时，它也本能地映现出眼中所见，还往往会使唇形摆出咂唇的样子，仿佛它也在进食。我们也有大同小异的表现，看到电影中情侣前倾相吻的时候，我们自己也会噘起双唇。还有一种场合我们也会这样做：当旁人搜肠刮肚斟酌措辞时，我们也会本能地设法帮他完成句子。

当然，这所有的配置运作，都是以演化突变方式偶发完成的。然而，若是我们没有先发展出奇特的咽和交通警察般的会咽，我们也根本不能发出一个字眼。

这表示咽让我们得以从肢体动作大步跃向张口讲话，乍看之下这次跃进似乎是从运用动作开始的，其实起点并没有那么遥远。愈来愈多的科学家都归结断定，一度专事协调我们手势的几处脑区，经增长、演化也开始负责编译思维，化为声音，随后又接掌从事交谈不可或缺的一百多条特化肌肉。换句话说，我们前身物种的大脑懂得触类旁通，把先前发展来操作手部复杂肌肉的细腻控制能力，用来控制喉咙肌群。这是否就表示，过了一段时间，我们的祖先就不单能够使用手势，还学会以声音示意，懂得运用胸部、喉咙和口部的肌肉来控制空气发音吐字呢？

这个问题并没有获得举世共识。尽管我们的脑部造像本领日益高明，不过从这些图像还没办法看清楚语言的运作方式。部分原因是在这么狭小的空间里面挤了太多脑细胞。认知科学家史蒂文·平克（Steven Pinker）便曾指出，这或许就表示脑部有众多区域专事处理特定言语，每处范围都很窄小，零落地散置于脑部各处。"这些脑区也许都呈不规则凌乱状态，就像私相授受的政治分区。在不同人身上，这些区域有可能经伸展拉扯，形成不同的褶皱、隆突脑区。"

正子放射断层造影扫描和功能性核磁共振造影确已发现，当我们处理言语时，脑中各处脑区都会"发光"。当然，究竟是什么原因让脑区发光，目前仍不清楚，部分是因为语言本身繁复多端，联系又是那么广泛，实在很难区分出单一言语层面，部分则是因为脑部结构扭转盘绕，纠结纷杂所致。

说话必须靠脑细胞来调节肺、喉咙、口腔、双唇和面部等处肌肉，相互配合，协同运动才行。说话还必须靠聆听，并把外在世界和我们本身的内在思维转化为符号，然后快速、连续地应用音素，依循正确的顺序来摆放字词，这样才能说出一句话。单是说出"你好吗？"就需要顶尖的技能和脑力。

悠扬的语言声乐

我们的声带褶也控制着声音的语调、抑扬顿挫、强度、表情和音量，从而为声音带来个性，并为我们吐出的字词增添微妙的含义。语言学家称之为声韵学，这是一种用来发音讲话的身体语言。我们包裹字词连带发出的咆哮、嚎吼、鸣唱和嘀咕声，就是这种声韵的表现。我们对话时聆听对方的声音，同时也接收这类声韵，而把它理解为音调、节奏和语音。①

---

① 就像姿势和脸部表情一样，声韵也是源远流长的。事实上，声韵的部分层面可以远溯至四亿年前，源自志留纪期间悠游在海洋中的无颌鱼类的鳃部动作。

雄辩家和沟通大师使用声韵，以最细腻的起伏转折，如秋波般的微转声调，猝发的金玉之言，锤响警钟般振聋发聩的声音，来传达他们心中的精妙旨趣。我们全都拥有这项本领，用它来为我们的言语增添各种威力和语义。这是另一个层次的信息，为我们的字词染上同情、怀疑、信心、气愤和痛惜等色彩。照这样看来，声韵和原始呼喊叫声的关联更为紧密，也为我们的声音注入了一种音乐成分。我们发出的这种音乐，正是我们讲话时吸引旁人注意的关键。事实上，我们赋予口中字词的生命，还有我们为字词附加上去的情绪、色彩、分量和速度，都是我们所谓性格的核心要素，性格是我们留给旁人的累积印象，而我们也因此变得与众不同。这就是我们的核心本色。

　　声韵具有情绪面和音乐面，或许这就是为什么声韵是由右脑处理，却不像语言文字和语法那样，由所谓的语言左脑来掌管。①左脑专事动作序列，右脑则掌管形状和空间。所以就某个层面来看，右脑从外形和距离的角度，来"看"说话的语调：远近、大小、高矮和有无颜色。不过，即便脑中不同分区各自掌管言语的不同层面，文字内容和词语声音却不是真正分离的。双方结合产生意义，并把思想和情绪束缚在一起。

---

① 美国心理学会发行的期刊《神经心理学》（*Neuropsychology*）2003 年 1 月号刊载了一篇很有趣的文章，谈到比利时的一项由几位对人类心智如何处理情绪感兴趣的心理学家完成的研究。根特大学（Ghent University）研究团队的成员包括盖伊·文格霍茨（Guy Vingerhoets）博士、席林·贝克摩斯（Celine Berckmoes）硕士和纳萨利·斯楚班特（Nathalie Stroobant）硕士。当时他们就已经知道，语言主要都由左脑负责，而情绪则主要归右脑管辖。

这项能力明确显现出大脑内部极度绵密相连的本质。随着新皮质演化出现，大脑也势必得伸出愈来愈长的神经元卷须，好让新生分区和较古老脑区保持联系。

　　试以基底核为例，这处神经节包含我们脑中一处古老分区，其他动物的这段分区都专门用来掌管运动。就爬行类、人类和其他哺乳动物而言，这处分区能控制用来表现支配、屈从或吸引异性注意的姿势。就我们而言，它依然掌管相当基本的动作，比如我们走路时双臂的摆动。通常我们的双臂并不会一起前后摆动，因为在我们的基底核中，我们依然是四肢行走的。这是我们祖先的遗风，表现出我们挺身站立之前的行走方式。

　　当一个男子吐出胸中闷气，或某个女子眨动眼睑，或者你开会时听到意见相左的见解时，不自觉地交叉双臂，这就显示你的基底核确能坚守岗位。这些神经纤维也影响着你的脸部表情——诧异、恼怒、困惑、关注。来到单身酒吧，基底核受到影响，恐怕会濒临过热。若是你的基底核里面没有充分的多巴胺来发挥作用，你大概就要举步维艰，也无法晃动双臂，而这就是帕金森氏症等疾病的初期警报。另一方面，当多巴胺过多时，也会出现妥瑞氏症或强迫症的身体抽动。

　　基底核和脑中其他古老的内部，都和布罗卡氏区相连、相通。布罗卡氏区并不像韦尼克氏区那样输入重要的信息。它控制的是我们表达心中思维的方式，即便我们并不总是有意识地察觉自己心中存有哪些事情。布罗卡氏区限制、辅佐、影响几处脑区，这些脑区有的掌管我们讲笑话时附带的肢体语言，有的则掌管我们和重要对象交谈时脸上露出的表情。

　　不过就人类而言，基底核最重要的作用，或许是帮助我们在发声吐字之前，先把思想塑造成字词和声音。布罗卡氏区的作用其实就是在自言自语，它迅速地把语言全部预先处理好，接着再由基底核把信号转达至我们的喉咙、舌头、嘴唇和肺脏，制作出思想之声，好让我们发言，说给旁人听。

若能知道这些能力究竟是何时、怎样融合成形的该有多好，不过可惜我们并不知道。我们没有直立人的大脑可以拿来研究、扫描，没有早期智人可用来做实验，好从中得知他们是否能讲出完整的句子，或者就像 B 级电影设想的那样咕哝出声。不过，根据里佐拉蒂和他的另一位同仁——南加大生物学家及电脑科学家迈克尔·阿尔比布（Michael Arbib）所做的镜像神经元研究，我们可以知道，在其他灵长类脑中，约相当于人类布罗卡氏区的范围内，也存有好几处脑区（比如 F5 区）。我们的这些脑区兼管言语和手工操作，这些举止都是我们存心要做、而且是具有高度意识的事情，完全不同于野生动物不受控制的吼叫。①

从脑皮质来看，人类这两处脑区可说是比邻而居的。事实上，里佐拉蒂和阿尔比布在 1998 年就曾写道："这种（言语）发声的新

---

① 为了补充早期针对猕猴 F5 区的手部神经元所做的研究，费拉里（Ferrari）等人在 2003 年开始着手研究 F5 区的口腔运动神经元，结果显示当猴子观察其他猴子做出口部动作时，约三分之一的神经元也同时放电。这种"口腔镜像神经元"活化的时候，猴子多半都正在执行、观察与摄食机能有关的口腔活动，比如衔取、啜吸或咬碎食物。进行摄食动作时，另有一群口腔镜像神经元也同时放电，不过最有效触发放电的视觉刺激则是具有沟通作用的口腔动作（比如咂唇）——某一项动作和整体表现产生连带关系，而其中某个表现部分，也包含了几项相似的动作。这就和一项假设相符，佐证了神经元能把几种神经触发模式联结起来，而非单纯照本宣科，专事学习特定的资料类别。所以具有镜像潜能的神经元，绝对不会只发展成狭义的镜像神经元，即便这是比其他结果更可能出现的情况。观察到的沟通动作包括（以下括号内文字指不同的"镜像神经元"有效执行的动作）咂唇（啜吸、啜吸及咂唇），噘唇（用双唇衔取、噘唇、咂唇、衔取和咀嚼），吐舌（用舌碰触），牙齿打颤（衔咬）以及噘嘴吐舌（双唇衔取并伸舌碰触，衔取）。所以我们知道，沟通动作（观察到的有效动作）和说话时的发声动作存在相当大的差别。摘自阿尔比布的论文：M. A. Arbib, "From Monkey-like Action Recognition to Human Language: An Evolutionary Framework for Neurolinguistics", *Behavioral and Brain Sciences* 28(2) (2005): 105-124。

用途，势必得有娴熟的控制才行，这项要件单凭古老的情感发声中枢是无法满足的，这种新局面大有可能就是人类布罗卡氏区出现的'缘由'。"

阿尔比布在最近的研究中归结认为，能人曾经受惠于一种"原型布罗卡氏区"，直立人甚至从这种以"类 F5 前身"为基础的脑区得到更多的好处。直立人脑中的这个部位，或许曾执掌一种半手势、半面部及口述型的沟通机能。阿尔比布揣测，过了一段时期，这处早期版本布罗卡氏区就充分发挥出演化成果，取得发声的原始控制机能。它开始扮演木偶操控者的角色，只是它并不是操控双手和指头舞动，而是操作咽。一旦出现这种情况，语言和大脑也开始相互提携，相互砥砺彼此的演化进程。如同我们的祖先放下身体姿势表达，转而从事声音示意表达，创造出愈来愈复杂的社会情境，从而加速提升他们增进沟通能力的需求。

这种进步可能有个关键的要素，那就是我们必须精益求精，提高对日常讲话机能的掌控能力——这可不是普通的成就。[1]大猩猩和黑猩猩都能把若干基本概念化为符号（最近一次统计约超过 100 项），不过这项心智能力无足轻重。问题在于不论如何诱导、训练，它们都没办法用字词来表示概念，理由很简单，它们没有基本的生理结构来实现这点。

倘若我们因故发现莎士比亚长了一副银背大猩猩的模样，在卢旺达云雾缭绕的林间游荡，恐怕他连一行《哈姆雷特》都吟不出来。不过，若是莎士比亚长得一副直立人的模样，那么或许他起码

---

[1] 我们喉咙的形貌演变不绝，因此我们的祖先才有可能凌驾于其他灵长类之上，发出更加花样繁多的声音。事实上，若是没有这种重新改造，我们心目中的语言就不可能出现。这就是为什么教黑猩猩讲话是白费工夫，也因此，大猩猩可可"讲话"时都采用手势和符号，而不使用它的声音。

能顺畅地做出几个动作，来烘托营造出片段词句的含义。

直立人和之后的早期智人，渐进掌控肺和发声器官、嘴唇和舌头，或许还借此逐步改善讲话的能力，这整个过程大概就像是演化形式的牙牙学语。初生婴儿的喉咙，差不多和我们的猿类祖先一样。初生婴儿有一条管道直接通往肺部，还有一条则直接导入胃部，这在出世之后头三个月会保持不变，因此他们能平安地呼吸、吃奶，完全没有呛噎的危险。然而大约在三个月大的时候，婴儿喉咙里面的喉头下降，形成了人类特有的咽。这样一来，舌头才有充裕的前后运动空间，得以形成我们在成年阶段能够发出的所有母音。

往后几个月间，婴儿开始拿他们能发出的声音，和周遭听来的语言相互比较。回馈回圈成形。经过这种取舍互换，语汇也开始出现，并依循一套似乎以硬件接线纳入人脑的文法和语法架构表现出来。[1]

这种转换是自然浮现，无须任何人坐在婴儿身边，抽出一本讲解词意、文法规则的手册，按图索骥对他说明用法。这是种自然历程，举世皆然。

婴儿到了 18 个月大就会发生一件特别重大的事情。言语的所有基础，不知何故似乎在同时奇迹般地全部巩固落实。身体和大脑经过好几个月的发育进程，机械性和神经元引擎都经组装、接线，并准备等着启动运转。接近第一个生日之际，我们就能理解第一组字词；生日过后不久，就开始讲出最早的语汇；不过还须等待六个月，下个阶段进程才会全力推进发展。文法架构顺利地奠定基础。

---

[1] "语言是经演化适应硬件接线纳入脑中"的观点最早在 20 世纪 50 年代由语言学家诺姆·乔姆斯基大张旗鼓地提出。

我们能说出表现简单语法的句子，比如"我要那个"。掌握了这种基础模板，我们就开始建构私有词库，并以惊人的速度积累具有符号意义的声音——我们称为字词的东西。

从18个月大到青春期这十年期间，儿童平均每天学习11个新字词，总计约达四万个。这种现象在自然界可说是绝无仅有的。这个历程的影响十分深远，因此要想制止孩子学习讲话，就像不让孩子学步那般，是完全办不到的。除非你采取极端残酷的手段，否则就别想剥夺任何人的语言天赋。

我们如何从只能发出声音过渡发展并真正创造出语言，这是科学界最大的谜团之一。阿尔比布的观点如下：像人类语言这样复杂的东西，势必得有可供倚仗的前身才行。这引领着我们回头审视用手摆出的姿势。马那瓜市失聪儿童的例子为这项理论提供了若干真实世界的佐证。第一代较年长的学童，把他们在家里辛苦学来的图符姿势带到学校，这种哑剧动作曾帮助他们沟通基本的信息。不过后来却是比较年幼的学童，想出该如何把姿势拆解成方便使用的小段符号。关键就在这里。

阿尔比布认为，直立人一类的远古人科先祖，或许也曾使用相似的哑剧动作，随后这就成为姿势型语汇的核心，即便效率不高，却也足够应用，后来还可以改动、拆解并逐渐积累成一套手语字词。他设想，我们祖先的早期图符姿势，就是这样演变成比较有效、复杂的手势，最后才终于能够为既存的符号手势，冠上一个象征性的声音姿势。或者，根据阿尔比布的见解，实情稍有不同。或许最早的人科先祖曾努力发声，复述出马那瓜市较年长学童做出的姿势内容，这才从姿势语言转换为说话言语：创造出单一字词来代表相当复杂的一连串动作。举几个声音为例，"说不定'咕噜福禄'或'库姆扎克'一度经过编码，曾代表一段复杂的描述，比如'领头男子杀了一只长了长牙的大食肉动物，整个部落才能一起大吃一顿。好吃，好吃！'或者发出私下的做法指令，'拿你的长矛绕到那只动物另一边，这样我们才可以一起把它宰了'"。

倘若我们把阿尔比布的理论和尼加拉瓜那群儿童的经验结合起来，就会浮现出一些有趣的可能性。虽然一个字词可能包含很多意思，但通常却只能在单一情况下使用。字词是没有弹性的。所以，就字词本身而论，它和尼加拉瓜早期代表"滚落山丘"的手势相比，也好不到哪里去。过了一阵子，我们的祖先就发现，自己被用途有限的超长独立字词所淹没。为了挣脱这种局面，他们或许会把超长的字词拆解成概念性模块，如此就能反复使用，并依据词语背景重新组成不同的意义。这正是尼加拉瓜较幼龄儿童处理手势的做法。阿尔比布设想，或许原祖人类某个部落全员同意以一个声音来代表火，随后部落成员还可能议定出更多声音，分别指称"烧"、"煮"和"肉"。不久他们就用简单、有效的句子来沟通，而且句中的词汇有可能依不同的组合方式，得出非常不同的意思："火煮肉"、"火烧了！"或"烧死煮肉的！"

试举另一个例子。有个部族订出几个独立的语汇，分别代表"熟苹果"、"熟李子"和"熟香蕉"，各具独立意义。不过，若是后来还演变出分别代表"熟"和每种果实的单个语汇，那么我们的祖先就会放弃那三个用途有限的果实形容词，改用他们发现的四个词汇来指称相同的事物："熟的"、"香蕉"、"李子"、"苹果"以及其他所有"熟的"东西，包括"成熟的老人"或者"时机成熟"。

纯正的语言是不是在这个基础上发展成形的？ 对此我们只能作合理的猜想。或许在 19.5 万年前，我们这个物种出现之时，就已完成从手势到口语文字的转换，或许连同人类的言语和文化，也都在这个时期开始加速开出繁盛的花朵。①

　　但是，语言的产生还伴随着另一个因素，这个因素也是语言产生的先决条件。那就是自我意识的出现，即对自我存在的认知。

---

① 参见网页 http:∥www. ling. upenn. edu/courses/Spring_2001/ling001/origins. html。参见前文引用阿尔比布的研究成果，也可参考 Robin Dunbar, *Grooming, Gossip, and the Evolution of Language*(Cambridge, Mass.：Harvard University Press,1996）,p. 48。

第六章

我就是我：意识的产生

然而，最早的人类的处境却有点飘摇和险恶，他们甚至受到绝迹的威胁……身体经历了大幅调整，而且还在颅穹底处渐渐发展出一种会梦想、能使用无形符号的动物，这种生物从出现时就岌岌可危，后来更是命悬一线，濒临灭绝边缘。

——劳伦·艾斯利（Loren Eiseley），
《狂暴的冬天》（*The Angry Winter*）

前额叶皮质是我们脑部最新近出现的部位，位于我们的额头正后方。就演化观点视之，这个部位是以惊人的速度发展出现的。30万年前，当最后的直立人即将退出历史舞台时，前额叶皮质基本上还不存在。如今，所有人都拥有这个构造，这就表示，在演化史的刹那之间，我们的大脑就演化出这处最复杂的部位，让我们的脑子总体积增长了25%—30%。

我们的高级思维多数都在前额叶皮质发生。我们就是在这里发愁、使用符号并处理自我感受，也在这里回想复杂的记忆，预测还没有发生的事情。①

认知科学家特伦斯·迪肯（Terrence Deacon）曾指出，许多理由使得前额叶皮质在人类经验当中占据核心地位，其中一个是，它的线路深植于脑中其他所有部位，就连极为古老的脑区都不放过。因而它相当于一种"总承包商"的角色，随时掌握大局，同时也和负责倾听、移动四肢和掌控呼吸的"基层劳工"保持密切接触。脑中其他部位往往只专事一个领域，至于前额叶皮质则是个通才，它扮演的角色牵连广泛，几乎遍及大脑各个角落。

这个脑区还藏有一项本领，而其他哺乳类动物的这项本领发展程度远远落后于人类，科学家称之为"工作记忆"。我们知道，人类能把思想和观念转化为符号，工作记忆则让我们得以把一个想法或一组记忆暂时摆在一旁，把注意力转移到其他事情上，随后还可

① 我们比其他任何物种都更会自寻烦恼。我们会发愁。发愁本身就是很特别的举止。我们会想象还没有发生的事情，我们会详细思考种种可能出错的琐碎事情。我们纳闷、规划，我们设想最糟糕的处境，接着再试想自己该如何应付。当我们发愁时，其实我们是在努力预测未来，甚至设想出多重未来。其他动物并不发愁。它们也许会感到害怕甚至焦虑，却不会发愁，因为它们没有这种脑筋。
发愁的产物就是做计划。做计划是额叶的特殊构造和化学作用所带来的功能。人类的额叶尺寸和接线的复杂程度，远胜于其他物种。这就是让我们能够计划、想象、策划、欺瞒、掩饰和哀痛的同一处脑区。前额叶是人必不可少的构造，我们起床展开一天的活动，或努力经营必须时时关注的众多人脉关系，种种事情都必须依靠它。
我们发愁的能力和一种现象奇异地牵连在一起，心理学家亨利·普洛特金（Henry Plotkin）称这种现象为"不确定未来问题"。普洛特金赞同生物学家 C. H. 沃丁顿（C. H. Waddington）注意到人类的日常生活，就是不确定未来问题的实例。不过普洛特金把它带往一个更有趣的新颖层级。
要寻思你拥有一种不确定的未来之事，首先你必须有能力想象一种未来。你还必须摆脱基因的独门指令。脑子愈先进（即便其本身原本就是你 DNA 的一种产物），就愈能够在你诞生之后表现出适应作用。人类的前额叶皮质带来重大突破，这就是这个脑区拥有极强的适应能力，很能适应改变，远远超过地球上的其他各种脑子，也因此得以让我们从我们的 DNA 解放出来。这就是为什么我们能操作手机，尽管那不是在我们出生之前就发明的，以及为什么我们能学讲英文，即便我们是芬兰人、印尼人或因纽特人。

以重拾先前的思路。写到这里，我心中正在构思几个实例，想拿来说明什么叫作工作记忆，这样我才能把它写在纸上。若是电话铃响，我还可以把这些想法摆在一旁，拿起电话谈事情，讲完之后再把我刚才构思的例子调出记忆，接着发展内容。

这看似简单，我们所有人都会这样做。不过其实却并不单纯。因为我们不只要进行符号处理和编码作业，以及在脑海中包装这些想法和经验，同时还得回忆内容，把它们和先前已有牵连的所有想法重新连贯起来，接着再构思新想法来发展内容。这就好像制作、塑造完成的事物，我们确实能把它摆放一旁，拿起另一件事物来制作，随后再把两件事情连接在一起。

工作记忆表现出许多出色的能力。首先，它帮我们排定先后顺序，让我们更能自如地掌控生活。倘若我们能把知识摆在一旁，随后再回想起来并重复使用，接下来我们也可以决定暂且不投入某件事情，先完成经过长远考量认为更重要的事项。举例来说，在晚餐之后我们也许很想吃第二块馅饼，不过心中也知道，吃了这块馅饼会让腰围增大，提高我们的胆固醇含量。所以为了自己的健康着想，即便就短期而言，吃馅饼是很愉快的，但我们还是会打消这个念头。或者我们有可能举债来取得硕士学位，心中盘算着将来必定能找到薪水更高的工作，能让我们有能力清偿债务，此外，日子也可以过得更加充实。脑部扫描已经证实，当我们决定推迟某件事情，而倾向于搁置行动时（换句话说，当我们的工作记忆裁定种种概念的优先等次时），前额叶皮质几处区域也会同时启动。[①]

前额叶皮质的这种排序、约束功能也构成了一个原因，它能用

---

① K. Fleming, T. E. Goldberg, and J. M. Gold, "Applying Working Memory Constructs to Schizophrenic Cognitive Impairment", in A. S. David and J. C. Cutting, eds., *The Neuropsychology of Schizophrenia* (Hillsdale, N. J.: Erlbaum, 1994).

来解释为什么当我们走进晚宴会场，并不会像公园里的群犬那样，开始在旁人身上嗅来嗅去。前额叶皮质压抑其他脑区，不让我们的举止表现得像一只狗，并引导我们做出比较能被社会接受的事情，比如微笑、握手。

脑部扫描结果让我们知道前脑扮演了这个约束角色，此外，这项结论也得自于科学家针对这处新皮质区受损病患所作的研究。举例来说，神经学家安东尼奥·达马西奥（Antonio Damasio）及其爱荷华大学的同仁就曾提到两起案例，描述两位前脑在襁褓时期受损的人士：一位是在 3 个月大时发现长了肿瘤的男子，还有一位是在 15 个月大时被汽车碾过的女士。两位都伤愈存活下来，并在健全的家庭继续成长，两位的双亲都受过良好的教育，身体也都很健康。然而，两人最终还是开始出现问题。他们在青少年阶段都会偷窃、撒谎，整体看来也似乎都不再信守道德底线。尽管他们通常都很讨人喜欢，却总要做出恶劣的行径并口吐秽言，随后对自己的举止也从不感到自责。[①]他们的前脑似乎没办法约束某些行为。

最著名的前脑损伤案例是菲尼亚斯·盖奇（Phineas Gage）的故事。盖奇是个铁道领班，1848 年 9 月他在佛蒙特州卡文迪什镇（Cavendish）拿铁棍填塞炸药的时候，火药意外引爆，结果那根四厘米粗、六千克重的铁棍射穿他的左颊骨，刺进眼睛，穿透他的颅骨，捣毁他的左侧前脑。结果却令人惊奇，盖奇熬过那次意外，甚至神智依然清醒，知道他的同事扶他起身站好，送他到当地一位叫作约翰·哈洛（John Harlow）的医师那里。哈洛治疗得很好，十周

---

① Steven W. Anderson, Antonio Bechara, Hanna Damasio, Daniel Tranel, and Antonio R. Damasio, "Impairment of Social and Moral Behavior Related to Early Damage in Human Prefrontal Cortex", *Nature Neuroscience* 2, no. 11 (November 1999): 1032-1037.

之后，盖奇就返回新罕布什尔州的家中了。①

盖奇迅速好转，不到一年，居然就觉得可以上工了。不过，他不太可能再回到老东家工作，倒不是身体残障的原因，而是由于他的个性变了。意外之前，盖奇一直是那家铁路公司数一数二的营造领班：能干又擅长解决问题，很受手下工人拥戴，是个受上天眷顾、谨守工作本分的人。现在他却变得性情乖戾，恶毒轻狂，对所有同事全无丝毫尊重。事实上，他的工作伙伴还表示，他"再也不是盖奇了！"他变成一个倔强、喜怒无常又没耐性的人。

前脑叶白质切除术是种脑部手术，包括切断前额和其他脑部的连接组织，术后有时也会产生类似影响。这种手术在 20 世纪 40 年代做了几千起，用来处理精神分裂症、犯罪行为等各种事项。手术能治愈病人的残疾，却往往连带把他们的性格一并改变了，而且许多时候并没有让这些不幸的人沉静下来，反而让他们变得焦躁狂暴。盖奇就是这样。

酗酒是常见的抑制解除剂，能抗衡前脑的优先评价能力。检测显示，酒精能影响前额叶皮质所含多巴胺和伽马氨基丁酸（GABA）这两种神经传导物质的水平值。当头一两杯入喉之后，多巴胺水平就会提高，让人觉得更振奋、更有自信。这能促使沉默的人转变成健谈的人，也能帮助他由害羞转为活泼。伽马氨基丁酸能阻滞神经元，延缓它们转达信号，刺激和抑制其他神经元的作用。这类活动都迟滞下来，也就表示，你的前额叶皮质就较难制止诸如头戴灯罩或跳上吧台跳舞等行为，因此人们有时会做出这种事情；甚至喝了太多之后，觉得旁人看他们不顺眼就动手开打。长期研究已经

---

① 有关盖奇事件的其他情节详见网页 http:∥www. deakin. edu. au∕hbs∕CAGEPAGF∕Pgstory. htm。

发现，慢性酒精中毒会影响前额叶皮质解决问题和优先评价一类的机能。重点在于，没有工作记忆和前额叶皮质的机能，会欠缺延缓、抑制、优先评价能力，还会欠缺在心中给自己提示的基本能力，这样我们所表现的举止就不会符合我们多数人心目中的人性特质。

事实证明，这些机能正是我们运用符号、组织语言能力的核心。迪肯的论点就是这样。我们为想法拟定符号之后，种种想法就能成形，像乐高积木那样可供我们仔细研究并重新组合。不过，心中同时持有多项符号时，理所当然必须进行评比优先等级，原因很简单，各种符号不可能同时成为排在心中第一的念头。有些必须迅速推到一边，排在其他事情之后。

这些事情还会产生另一种结果，这在其他物种中极其罕见，对我们而言却有可能。当视、听、嗅觉信号沿着外披髓鞘的"高速公路"纷至沓来，当前额叶皮质忙着依循它用来探入大脑最深邃、隐蔽部位的这种通路来接受、处理各种感觉之际，它也自行创制出一批"新的"符号，拟出这批符号"之间"新的关系，而且完全不依赖来自我们心智之外的任何刺激。脑子可以自行生成自己的符号。

这些符号构成更多新式组合，供我们在事前"研究"，然后再决定接下来要做什么。这就是我们多数人所说的思考——刻意想起的意识念头。它让我们区别于其他生物，例如我的狗——杰克，不论身边发生什么事情，它全都遵照本能，循序做出反应。杰克前一分钟还在睡觉，一看到我穿上夹克，它马上跑向门口冲出户外，猛嗅风中气息，等着对下一件事情做出反应。杰克并不斟酌多重经验、权衡轻重来决定它是应该去追飞盘、嗅闻左边的榆树，或者到右边的栎树那儿撒尿。杰克的心智没办法刻意评定优先等级，或正如约翰·洛克（John Locke）所说的"畜生不解抽象含意"（beasts abstract not）。它只跟着鼻子走，所有经验过眼之后就全都忘记了。迪肯称之为"索引式记忆"（indexical memory）；这是一种经验和反应的线索——从一处脑叶罗列进入，接着从另一脑叶抛出。

脑部解说

当然，大脑是解释不清的——所以它才会如此神秘。大脑是种"鲁布·戈德堡机械"，①它把原始认知的遗留和新近演化增生的机能混杂在一起，用来形成美妙的事情，不过所采用的做法我们大半都一无所悉。我们通常并不从这个角度来看大脑。我们往往认为，演化作用极端有效，能彻底根除所有浪费，让脑子达到最佳完美的性能，顺畅、利落地运行。事实却是，演化是朝着成功方向摸索前进的，左拐右绕、闲逛厮混，最后才巧遇妙不可言的创意来解决问题，满足当前生存需求，然后又继续跌撞前行。事实令人惊讶，不过我们的大脑并不是有效的机器，而是顽强地抗拒分析，且复杂得令人发疯的器官。然而，我们倒是知道这些事情。

多数成人的大脑重约1.3—1.4千克，不论智商高低，都一样。大脑浓稠如结实的明胶，近来科学家还得知，脑子最新近演化的部位（脑皮质部）约含300亿个神经元，每个都以突触和其他1000个神经元相连。

按物理学家估计，若是我们能够清点出已知宇宙中所有的粒子数量，我们就能得出10后面跟着79个零的数值。不过，倘若你算出脑中神经可能构成的联结方式，那么保守估

---

① 译注：Rube Goldberg machine，是采用极度繁复、迂回的连锁方式来完成简单事项的机械，比如经十几道无厘头的工序来剥开香蕉皮的设计。

计，你就能得出 10 后面跟着 100 万个零的数值。若想逐一清点，我们就得花上 3200 万年。若是你把普通脑子的具髓鞘神经纤维长度累加起来，最后结果就会超过 15 万千米。多数人的大脑左半球所含神经元数量超过右半球，约多出 18600 万个，不过，考虑到我们处理的数值等级，这种差距其实是微不足道的。

然而，这些计算结果并不能体现真相，甚至连真相的边都沾不上。没有一种结果能说明突触、树突，还有把所有同类细胞交互联结的轴突，彼此交织的构造和化学作用；也说不清脑中各具特殊功能，为数约 50 种不同的神经元在瞬息片刻间，在内部产生的复杂互动作用。不过，就大体而言，神经元最擅长的是贮存、传输信息。它们本身就是伟大工程的杰作。举例来说，单单一个神经元平均就持有约 100 万具钠泵（sodium pamp），所占空间只达一个句号圈出的窄小范围的一小部分。总加起来，这就相当于每个脑子含有千亿兆具钠泵。倘若没有钠泵，我们就想不出任何念头，感受不到任何知觉，因为每一颗脑细胞都要靠钠泵才得以接收信息，并转达给和它相连的其他神经元。

大脑能进行原子间离子交换，就像跳蚤市场买卖双方一样，并由此自行生成电脉冲。这里添几颗离子，那里减几颗离子，相关原子就会产生正、负电荷。当你移动一条肌肉或见到一道光线，先天对这类感觉具反应倾向的神经元就会活化内部的离子通道。钠被抽送通过导管，就给神经元的一处胞膜带来正电荷。若是钠导管经高度活化，电信号强度就能达到一个"低限电位"，触发一次神经脉冲，有时就像在旅馆喧嚣吵闹，坚决要引起服务员领班注意的房客一样。接着这道脉冲就转送到下一个神经元对象，最后汇总其他脉冲，产生一个想法、一个手势，或者一阵令人不知所措的恐惧。

不过，若是这种感知不足以产生充分的钠，无力把脉冲转达下去，神经元就会保持休止，不能兴奋起来，只把朝自己输送来的钠四处排散。感觉到此为止。我们并不知道，我们的感官向脑子发出多少这类信号，因为我们并不是全部都能够察觉到。大脑能把它们滤除，更准确地说，感觉的虚弱力道把它们自己滤除了。这也是件好事。否则我们所有人都要不断遭受所有声、光、味、嗅、触觉和思维等各种体验的轰炸，最后罹患严重至极的注意力缺失症。

即便每个神经元单一机能都达到这等复杂程度，脑细胞的真正界定特性，依然源于它们的外向本质。它们一生（到死）都彼此保持联系。就在你阅读这段文字的时候，你的脑中每颗神经元都以高速交换着信息，每秒运行达两亿次。依普通台式电脑的标准看来是很沉闷，不过，神经元的速度缺憾却可以用亲和特性来补偿。平均而言，我们这1000亿颗神经元，每颗都向外触及其他1000颗，通常还采用蜿蜒的漫长路径，这让脑子所有部位都能保持密切的联系。①

事实证明，神经元的这种沟通需求，正是我们的脑子长到这么大的原因之一。也许你会认为我们的脑皮质之所以增

---

① 大脑皮质中神经元突触共有60万亿个，参见 G. M. Shepherd, *The Synaptic Organization of the Brain*(New York：Oxford University Press, 1998)，p. 6。但是，科克（C. Koch）却列出240万亿个大脑皮质中的神经元突触，参见 *Biophysics of Computation. Information Processing in Single Neurons*(New York：Oxford University Press, 1999)，p. 87。另有一些关于这方面研究数字的补充资料可参见网页 http：//faculty. washington. edu/chudler/facts. html#brain。

长达到超重程度，是由于脑中塞满脑细胞，挤得脚尖贴脚跟所致（起码和其他哺乳动物相比确是如此），不过你这样想就错了。举例来说，大鼠的皮质部，每立方毫米塞了 10 万颗神经元，而我们的却只有它的十分之一。[1]然而这种神经元短缺现象，并没有让我们的脑子显得过于简单，实际上还让脑子变得更为复杂。我们的神经元之所以没有那么致密紧实，理由是它们需要空间，好让树突和轴突向外突伸，连上其他神经元（轴突发送脉冲，树突接收脉冲）。

大鼠和人类的脑细胞其实是完全相同的——我们大致上都使用相同的细胞装备，来进行脑皮质组织作业。不过，若是你分别从大鼠和人类的脑子中各取走一颗神经元，连带完整地取下所有联结，接着把这两颗分别卷成圆球，人类圆球的大小是大鼠圆球的十倍。所以在人的大脑中，就像在真实世界里，所有一切都像是人际关系一样。惊人的是，为了执行这所有的化学和电性交谈，脑子每天燃烧的能量，相当于一盏 20 瓦灯泡的消耗量。

神经元这种必须随时保持接触的需求，意指我们所做的每个举动，遇上的每件事情，全都构成一股壮阔的意识流经验。我们察觉有某个人（明白地讲就是我们自己）连绵不绝地吸收我们周遭的世界以及我们内在的世界，并不单只是处理没有关联的随机感受。我们独特的自觉能力的源头，大有可能萌生自脑中交联神经元连绵不休的丰富话语：就如同蜂巢萌生自几千只蜜蜂的互动举止，或城市萌生自互动人群的共同需求和他们的环境一样，我们的人类本色则是在脑中丛密神经元的聒噪声中萌发成形的。

---

① Christopher Wills, *The Runaway Brain* (New York：HarperCollins，1993) , p. 262.

迪肯表示，符号会胡乱闪现形成模式，概念和记忆会屈己从人以利他方，还有评定优先等级的能力，这些都是语言的要素，最后还形成说话能力，因为语言完全关乎有组织、有层次的信息汇总作业。从我们讲出的每一句话，几乎都能清楚地看出这点。

语言学家以"递归"一词来称呼这种转换和从属的做法。"递归"也称"递回"，指我们讲话时如何把一个概念包拢在另一个概念里面。递归映现出我们的心智是如何组织符号的。同时，中学英文课堂上把我们全都逼疯的各种文法难题，比如介词系词片语、从属子句和分词等难解的概念，也都是从这里冒出来的。你从底下这几个句子就能找到这类简单的实例，"她在那栋建筑后面散步"、"我想他想到了一个好点子"或"他知道早上乔治在那栋建筑后面想出了一个好点子"。

实验心理学家大卫·普雷马克（David Premack）曾想象我们的两位祖先蹲在营火旁边交谈的情形，其中一个对另一个说："要小心那只坏脾气的畜生，它的前蹄被鲍勃打伤，鲍勃把自己的矛忘在营地了，鲍勃朝杰克借了一个钝矛，结果他用这个钝矛把它弄伤了。"

普雷马克实际上是以这句话为范例，显示语言是"演化论的一种窘境"，因为他始终想不通，为什么演化要创造出这种复杂的能力。不过，认知科学家平克表示，普雷马克的怨言让他想起意第绪语（Yiddish）中一句俗话："怎么啦？嫌新娘漂亮过头了吗？"

平克认为，递归绝对是语言要件，并且是人类特有的思考与自我表达方式。他表示，这毫无争辩余地、肯定是人脑的内建功能。沟通不尽然都要像普雷马克的范例那般迂回曲折；沟通可以采用明确的模式和顺序，来表述我们的意思，径直传达信息。最起码，沟通作为一种工具，让所有天生具有这种能力的生物大幅提高了存活概率。

平克表示，"这（递归）把各种情况分别开来，能分辨出前往远方是该采取较高大的乔木前面的那条小径呢，还是该取道前方有大树的那条"，而且"这能分辨出哪里有你能吃的动物，或者有能吃你的动物。分辨出哪里有成熟的果实、过熟的果实，或者有快要成熟的果实。这能分辨出你走三天就能到那里，或者你可以到那里后再走三天"。[①]

还有些其他简单的递归形式也能阐明这点。"张三非常生气，他现在要见你。"除了告诉你"张三现在要见你"这个主要观点之外，还说明了他目前的心态，即便这在本句只属次要，却也能提供重要的信息。当然，你也可以把这个句子调一下顺序："张三现在打算见你，不过他还是很生气。"这表达出来的观点层次有别，对张三的心态也传达出非常不同的信息，而且，最重要的是，对你产生的影响也不同了。

把我们在心中闪现的想法精确地表达出来，不只能提供很有帮助的明确指引，而且还有其他的用途。语言展现的真正价值，在于我们如何相互运用语言，因为我们的关系就是借助这种交往才塑造成形的。说不定这里面就藏有语言威力的秘密，最后或许还能由此说明，为什么语言仿佛是凭空绽放、繁茂发展的。

❧

关于我们创造、转换符号并评定优先等级的本领有一件奇事，那就是我们必须先有自觉。为什么？语言和意识是一同出现的。"自觉"和"意识"两词非常平常，对我们几乎全无丝毫意义，因为

---

① Stephen Pinker, *The Language Instinct* (New York: William Morrow, 1994), p. 368.

我们对这样的心态都司空见惯了。然而我们却不该如此，因为这是仅见于我们这个物种的罕见事例，更是身为人类不可或缺的能力。这其中的要件是，我们必须察觉我们有个异于旁人、有别于身外世界的"自我"。若是没办法判别这点，我们就不能决意打制工具，或者从椅子起身走过房间和旁人握手。因为缺了这点，我们就无法真正了解自己和椅子、房间，还有对面那个人是有差别的。而且我们也没办法像操作物件那样有意识地操控思想，因为要从实体或心理层面来刻意操作任何事物，我们都必须先知道世上存有操作者和被操作对象之分。

我们的自我意识以非常具体的形式出现，一开始我们就知道所有人都拥有身体，这是我们存在的最直接表现。从最基本层级来看，这就是我们区别自我和身外世界的做法。神经学专家奥利弗·萨克斯（Oliver Sacks）以一则故事阐明这点，故事提到他在医学院求学时代的一次早期经历。有天傍晚，一个护士要他前往一间病房，他到那里见到一位病人躺在床边的地上，瞪着自己的腿，眼中流露出惊骇、恶心的神情。萨克斯问那个年轻人，他能不能自己回到床上，那人却一直摇头拒绝，满脸惊恐地继续盯着自己的腿。

这条腿在萨克斯眼中并没有什么问题，他不明白这个人为什么这么痛苦，于是他问病人怎么回事。病人告诉他，早上他入院来做检查，因为他的左腿有"迟钝"的感觉。他在黄昏时睡着了，醒来时却发现恐怖、恶心的事情：他身边有条断腿！他想不通这个东西是从哪里来的，他告诉萨克斯，他看了看这条腿，然后就把它捡起来，奋力抛到床下，结果自己却莫名其妙跟着跌下来，这时他坐到地上，而那条腿也跟着连到他身上了。

"你看它！"他对萨克斯大喊，"你看过这样吓人恐怖的东西吗？"接着他双手抓腿，全力要把它扯下来。他扯不下来，挥拳开始猛捶。这时萨克斯在他身边蹲下，建议病人别这样做。

那个人问："为什么不行？"

"因为那是你的腿。"

这肯定让病人大吃一惊。他不敢相信。因为他认为这条腿原本并没有连在自己身上。最后萨克斯告诉他："假使这——这个东西——不是你的左腿，那么你自己的左腿到哪里去了？"

病人想了一会儿。"我不知道，"他终于回答，"我完全不明白。腿消失了，不见了，哪里都找不到了。"①

这个故事实在令人吃惊，不过人类有时候确实会忘了自己是谁，失去自我感受或部分的自我感受。他们和身外世界的分界因故消失了。这起案例之后，那名病患被确诊罹患的是波泽症候群（Pötzl's syndrome），或称为"视动感觉异处症"。这是一种和自我分离的病症，同类病患还包括多重人格症。患有这种病的患者，在生活中会感觉到好几个人或好几个人格身份，全都出现在同一个身体里面。那个人的右脑后侧部位受损，这处脑区的功能非常明确，负责控制左腿意识，或就是对左腿的"知觉"，由于失去精神依托，导致他完全失去自我感知，或至少失去这一部分的自我感知。

这种损伤有几种可能的祸首，包括中风、脑震荡、脑瘤等病症。波泽症候群有可能影响你的视觉、讲话或四肢活动，具体则要依哪侧脑子受伤而定。我们所有人不论何时都可能陷入这种处境，同时这也有力地阐明，"我们的身体与我们的'自我'完全是同一回事"这样的感受，连同我们的其他实相，全部都是我们在脑中制造出来的。当大脑受损，我们的自我感受也可能扭曲、分裂或消失。这类损伤显示"自我"是非常脆弱的东西，取决于这一丛丛神

---

① Oliver Sacks, *The Man Who Mistook His Wife for a Hat* (New York : Touchstone Books, 1998).

经元连接、交换激素，还有放电的可靠程度。[①]

清晨，当你睡眼惺忪地拿起一杯咖啡，贴进你的唇边，记得向自己提个问题：你怎么知道拿起杯子的人就是你自己？为什么你并不认为这只手不是你的，而是另一个人的？

这个问题并不像乍看之下那么荒唐。喝咖啡这个简单动作有几个要件，你不仅必须具有伸手、取杯子并举到你口边的实际操作能力，还必须能够察觉到一个从头到尾指导、监督这套动作的"自我"。要想好好喝咖啡，你就必须有一种感觉，一种层次很深的感受：感知你和周遭世界是彼此独立、分隔的，而且喝这杯咖啡的"你"，是个一以贯之、统合的整体，并没有分裂、分割的情况。这让你产生了"自我"知觉。其实这也表示，只要仔细思索，你就能明白一个惊人的现象：世上真的存有你称为"你"的人。

对我们多数人来讲，这一切多半时候似乎都很平淡无奇。你说："我就是我本人，不然还可能是什么？"虽然我们如此平常地看待我们这种指认"自我"的本领，但实际上这种能力在自然界却极端罕见。心理学家戈登·盖洛普（Gordon Gallup）在20世纪七八十年代完成的系列实验并证实了这点。

盖洛普思索，除了我们之外的其他灵长类动物是否（起码在某些层面）也是有自我意识的。他设计出一个巧妙的实验，直探问题根源。他把几种灵长类动物麻醉，其中包括红毛猩猩、猴子、黑猩猩和大猩猩，接着在它们的额头上安一个不带气味、清晰可见的标志。等它们醒来，他就把每只动物分别放在镜子前面。如果它看到

---

① 引自萨克斯书中论述：Oliver Sacks, *A Leg to Stand On* (New York：HarperCollins，1984)。就部分病例来看，若患者完全丧失对一侧身体的控制能力，有时这一侧身体似乎会自己产生意志。以一位男性患者为例，有时他发现自己的一臂会自作主张，突然开始脱掉衣服。

镜中头上的标志会碰触或抚摸真正的标志，而不是伸手碰触镜中那个影像标志，那么就能认定，它们了解自己眼中的自己只是个反射影像，而不是另一只不相干的动物。换句话说，从某个程度来看，它们就是具有自我意识的。

猴子没通过测试。红毛猩猩试了一会儿，通过了。黑猩猩从未失败。大猩猩却让人惊讶，多数都没通过。（不过有些科学家提出不同看法，认为这可能是其他因素使然，并不是欠缺猿猴自觉意识所致。）[1]

能把自己的身体影像当成自己的身体，这样我们才能拥有独特的自我意识且每天开心地过日子。这就表示，你和鸟儿、负鼠、马达加斯加的绿骨树蛙或我的狗——杰克都不一样，你并非不带意识地在世上四处徘徊，但凭直觉对周遭做出反应。你知道自己在做这些事情，而且你也主动、刻意掌控部分局面。

没有自我意识，你就不比那只看着自己镜中的影像，却把它当成陌生个体的猴子更高明。或者，从某些角度来看，你就像那个病人，他看见了自己的腿，误以为那是从某具尸首上截断的肢体，却认不出那是自己的。你有时会因此认识不清，以为你的身体和你是同一回事。你的自我和你的环境会混杂交融。

～⌒♡⌒♡⌒～

对自我产生意识有个要件，那就是你必须先有意识。这又引出另一个令人费解的谜团：你该怎样解释，这么一团由千亿颗神经元构成、浓稠得像果冻、重约 1.5 千克的物质，怎么会变出如人类心

---

[1] G. G. Gallup, "Self-Awareness and the Emergence of Mind in Primate", *American Journal of Primatology* 2(1982):237-248.

智这般神奇的东西？

杰拉尔德·埃德尔曼（Gerald Edelman）深入研究了免疫系统繁复的化学作用，荣获 1972 年诺贝尔奖之后，接下来钻研的正是这个问题。①他在 1981 年创办了神经科学研究院（The Neurosciences Institute），召集各领域的科学家，包括从生物化学到人工智能乃至于神经解剖学等专业领域，投入探索人脑促成意识的实体交互作用研究。

埃德尔曼归结认为，我们的大脑交联程度甚深，而且大脑本身的原始部位和较新近增生的大脑皮质（比如前额叶皮质部）也都交织得相当绵密，结果意识就从瞬息片刻时时发生的数兆交互作用中浮现出来。想起来就觉得奇怪，像意识这样重要至极的事情，竟然会是演化的副产品。不过，倘若埃德尔曼正确无误，那么这就是证据。

神经解剖学家把脑子分成六大区段：丘脑、脑干、脑皮质、基底核、海马体和小脑。埃德尔曼坚信，脑子的多个部位（古老的以及新近演化的）及其互动方式创造出我们品类独特的人类意识。埃德尔曼的意识理论有个关键要角，那就是丘脑，这里找不到更好的措辞，姑且称之为脑子的"感觉守门员"。丘脑是种密生神经元的灰色卵形构造，位于（从脑子沿着颈部向下和脊髓相连的）脑干和前额叶皮质之间的中点上。我们的所有感觉，伸手碰触、看到一道亮光、闻到一股气味，或者感到一阵清凉的微风吹拂，没有一样不

① 就另一个层面，免疫系统已经演化出一种分辨自我和非自我的能力。你的免疫系统有一种分子等级的"认识"，知道何者为你，何者为否。凡是未经辨识为你的物件进入你的体内，全都被视为入侵者并会遭受攻击。这就是为什么器官移植那么不容易成功，因为捐赠的器官通常被理解为不是"你"的东西，结果就成为攻击对象。关节炎、艾滋病或狼疮都属于自体免疫疾病，感染时免疫系统"误诊"身体某些部位是外来的，并试图加以摧毁，有时会带来致命的后果。

是先通过丘脑传往脑皮质部的。丘脑以名为丘脑皮质系统的循环回圈连成绵密的网络，构成深入触及脑中所有区域的"网孔脉络"沟通线路。

埃德尔曼认为，没有这套网孔脉络，就没有意识，因为要产生意识，脑子势必得和本身各处偏远角落不断地接触联系。这正是丘脑皮质系统最擅长的本领。比方说，丘脑从各处脑区提取、汇总信息，来源包括职司规划并执行复杂动作技能的基底核、专门转移重要短期记忆用做长期贮藏的海马体，还有位于脑子后部协助动作协调、促成同步运动的小脑（不过，根据最新发现，小脑对说话也有重要贡献）。除此之外，脑子还容纳了几百万丛专司特定功能的神经元，有些负责处理大小声音，有的则把气味和来源的所在位置联系在一起。

这一丛丛神经元各自"总括"或调控在脑子各处流散的信息，就像吉他颤动琴弦交响奏鸣，弹拨出和谐的琴音。然后这种"总括的"信号又返还回馈系统，在里面混入、改变其他传入的信号。这样的改动永无休止。埃德尔曼把这类较广博的交互作用比喻为弦乐四重奏的器乐交响作用。①他写道：

> 设想一首很特别的（甚至很怪诞的）弦乐四重奏，每位演奏家都采用即兴演奏方式，来配合他/她自己的构想和角色，连带也对环境各种知觉提示做出反应。既然没有乐谱，每位演奏家都得奏出他/她自己特有的曲调，不过，刚开始他们和其他演奏家的曲调并不会协同调和。现

----

① 这类信息（比如我们的胃部和肝脏，或者下肠道毛细管的持续活动）多半并不向脑皮质转达。

在，设想演奏家们的身体都以无数细线相连在一起，于是
他们的举止和动作，都能借助细线张力变动信号迅速往返
传播，这种张力变动是同时作用的，可以调和每位演奏家
的动作节拍。信号把四位演奏家即时连接在一起，促使他
们的乐音产生关联；于是原本演奏家各自的独立演奏，就
会产生出更多新颖、和谐又更统一的音乐。这种相互关联
过程还会改变每位演奏家的下一个动作，同时借助这些做
法，整个过程会反复出现，这时奏出的就是关联性更高的
新生成的曲调。尽管没有指挥家来指导、协调乐团，每位
演奏家也依然维持他／她本身的风格和角色，但整体效果
仍会比较统一，也比较调和，接着这种统一现象，就会促
成一种交融和谐的音乐，这是各自单独行动时奏不出来
的。①

埃德尔曼把这种神经元突触"舞蹈"称为"再入"，因为这必
须靠整套视丘皮质系统的所有互动信息，不断回绕反转、脱离，再
重行返还才能办到。我们环顾四周时也会发生这种现象，不过形式
比较单纯（其实一点都不简单）。视皮质是我们了解得相当完善的
脑区之一，对它的各种作用都有深入研究，结果显示视皮质有不同
分区职司颜色、形状和运动感觉。这其中没有一种是由总部"上
司"统筹管理的，这和埃德尔曼的弦乐四重奏理论毫无二致，同样
没有指挥引领，甚至连乐谱都没有。事实上，视觉信息是进入脑中
网孔脉络，经交互作用，纳入再入过程，从而创造出一幅货真价实

① Gerald M. Edelman and Giulio Tononi, *Consciousness: How Matter Becomes Imagination* (New York: Penguin Books, 2000), p. 49, and Gerald M. Edelman, *Wider than the Sky: The Phenomenal Gift of Consciousness*(New Haven: Yale University Press, 2004).

的世界图像，而且全都在眨眼瞬间由统合一体的相异信息片段共组而成。除此之外，这类影像还天衣无缝地浑然成形，即便脑子一开始并没有采取这样的体验方式。视皮质提取、合并所有信号，转化为一组持续不断的连串事件。

埃德尔曼表示，意识也是这样偶然出现的。脑子要处理各种信息，内部的和外来的都有。信息原料在处理视、听、触等所有感觉的脑区进行调整。长、短期记忆也投入其中，弹指之间完成商酌，判定感觉是否熟悉。同时还有更多信息增添纳入，得自从脑子各区喷发涌现的神经调节物质，这是去甲肾上腺素系统的产物，目的在于编译各种感觉，判定是讨人喜欢、令人畏惧或引人嫌恶。

不过，经过达尔文式自然选择的筛选，只有部分经验得以浮现进入意识。①若有相同信息不断地再入输进系统，那么它就"存活"下来且获拔擢，接着就动手刺激（有时推撞）脑皮质并向它表明，这个信息是一项经验的精确表征，应该着重看待。风"肯定"是刮起来了，那股气味"真是"捕食动物发出来的，有个漂亮异性"确实"想要交配。我很害怕。我很得意。我很难过。信息的强度和出现的时机，和它多么坚决再次进入系统有着连带关系，愈是坚决再入，就愈有可能浮现进入意识思维。

这种突现天性让意识成为一种最极端又最具戏剧性的例子，显示了突现系统能创造出的成品。我们回顾演化进程就能了解，所有生命形式和一切自然系统，仿佛都是演化自看似杂乱无章的举止，至少这其中没有一种是从大局到细部循序设计、创造出现的，就算产生出具有自我意识又能思考、讲话的灵长类这样惊人的物种，依

---

① 埃德尔曼率先开创了一种如今已广受采信的概念。据此观点，达尔文式突触选择就是驱动儿童和青少年脑部发育的力量。

然不是那样设计成形的。不过，自我意识之所以不同凡响，就在于这是第一种知晓本身举止的行为作用。这是自然界极其新鲜的事情。

若是盖洛普的测试真的很精准，那么我们祖先的自我意识就是分级浮现的。较早期人科先祖的"抽象"做法和我们的不同。它们大有可能采取转移注意、改变行为来适应环境变化和条件反射的情况，做法和其他灵长类大体相同。它们冷了，就设法取暖；它们听到吼声，或见到突发动作，就转身战斗或夹着尾巴逃跑。

不过，随着它们的自觉程度逐渐增长，它们也开始不再单纯只对环境做出反应，而是开始按照心意转移注意，提升对环境的控制。演变成人种的灵长类品系为什么能做到这点？或许是由于在它们演化的早期，拇指和手部赋予了它们打制工具的能力，而打制工具必须要先能够操作物体，至于操作能力又必须先能够把某件事情摆在一旁，来料理另一件事情。于是过了一阵子，它们的脑子就愈来愈精妙，还养成应用这同一项天赋，来处理只存在于它们心中虚拟的、想象的物体的能力，然而最后却是一种湿件，推动它们演变成人类这种生物，那就是前额叶皮质。

埃德尔曼表示，这个脑区把意识区分成两类，其中一类称为"初级意识"，也就是许多哺乳动物都有的世界认知体验。另一类是"高级意识"，这是个品类独特的意识，也就是你我在清醒时拥有的自觉意识和世界认知体验。假使当今的黑猩猩和红毛猩猩拥有某种自我感受，倘若工具制作和手势语言必须先具有某种程度的自觉意识，那么直立人或许就是在介于黑猩猩和我们之间的模糊地带生活，其自觉程度超过当时的其他一切生物，但离深度思考还差得很远。

问题在于还有哪些力量发挥作用，制造出能够滋生自觉意识这

重返人类演化现场

般惊人成就的脑子？　这里有个举足轻重的要素，或许还是最紧要的因素，严格地说，不完全是实体世界，甚至也不算是我们的内在思维世界，而是我们彼此互动的地方：我们的社会世界，也就是我们所有生命关键力量集结汇聚的场所。

第七章

言辞、打扮和异性

　　一旦你和我一样也骇然意识到我们是个社会性物种，
那么你的震撼之情可能再也无法平复，恐怕你时时都要注
意外界现象，来证明就总体而言这对我们是件好事。

　　　　　　　　　　　　——路易斯·托马斯（Lewis Thomas）

　　人类是地球上最富社会性的生物。我们的交往需求深植遍布我
们的 DNA 和大脑各处。黑猩猩和大猩猩都具有极高的社会性，这
表示我们和它们的共同祖先大有可能也是如此。珍尼·古道尔
（Jane Goodall）描述了她亲眼看到的两只黑猩猩朋友在贡贝国家公
园（Gombe National Park）分手之后又重新聚首的情景。两只黑猩
猩一眼见到对方就开始又跳又叫、又舞又抱地庆贺重逢。它们的举
止和你我见到久别重逢的亲戚时的反应是一样的。接下来它们的举
动，我们大概就不会做了。它们开始互相整饰理毛。它们依偎在一
起，满心温情地凝神动手抓虱子。在野外这样做非常有道理。非洲
丛林到处都是跳蚤、虱子和寄生虫，这些虫子必须跳到其他动物身

上才能生存。如果让它们自营生计不予理会，它们就会把宿主吸干，或者感染宿主让它们患病丧命，结果自己和宿主全都不能生存繁殖。所以整饰理毛能发挥一种实际效用，这是种生存技能，而且由两双或更多双手来做这项工作比一双更好。

不过，整饰行为也许还有其他演化原因。这也是一种交往方式。当黑猩猩相互梳理毛发，有宁神之效的神经传导物质便流溢倾注脑中，让它们感到温暖、安心。[1]你我也都有类似体验，当我们喜爱的人用手指捋过我们的头发，抚摸我们的手臂，或握起我们的手，我们心中也会荡漾起整饰行为所带来宁静心神的回响。

我们在林间摆荡的祖先彼此都尽可能保持最密切的关系，想想它们四处暗藏危机的生活环境，这种做法就显得非常合理。罗伯特·赛法特（Robert Seyfarth）和多萝西·切尼（Dorothy Cheney）两位心理学家发现，整饰理毛关系让丛林灵长类动物提高了生存几率、积累了权力、建立了巩固联盟并生养婴儿。20 世纪 90 年代早期，两位科学家共同[2]完成草原猴的研究。结果发现，近期曾经由它们理毛的猴子发出的遇险呼救，会比较引起它们的注意，程度远超过其他猴子的求救呼叫。事实上，猴子整饰理毛愈是专注，它们也愈可能互相帮忙。

这样一来，整饰行为就不只是种生存技能，也是种沟通形式。

---

[1]　E. B. Keverne, N. D. Martinez, and B. Tuite, "Beta-endorphine Concentrations in Cerebrospinal Fluid of Monkeys Are Influenced by Grooming Relationships", *Psychoneuroendocrinology* 14（1989）:155-161.

[2]　见赛法特和切尼的论文：Robert M. Seyfarth and Dorothy L. Cheney, "Meaning and Mind in Monkeys", *Scientific American*（December 1992）。非人类灵长类，如草原猴，似乎能以几种和人类讲话等相仿的方式来沟通。不过，它们并不能清楚地识别其他个体的心理状态。参见网页 http://cogweb. ucla. edu/CogSci/Seyfarth. html。亦见邓巴书中论述：Robin Dunbar, *Grooming, Gossip, and the Evolution of Language*（Cambridge, Mass.: Harvard University Press, 1996）, p. 68。

实际上，利物浦心理学家罗宾·邓巴（Robin Dunbar）早就开始推想，抓虱子有可能正是人类交谈行为的早期基础，是猿猴类群版本的电话交谈，或者相当于到本地酒吧喝酒聊天（chat）。[①]他表示，早期灵长类一开始有可能先借助彼此整饰打扮来保持交谊，不过，一段时期之后，我们就把这种原初形式的社交、沟通方法扩大，纳入一种新生发展的出色潜能：说话能力。接下来，依循邓巴的逻辑，说话能力肯定就不只发挥信息交换这种实用的功能，也必然涉及脆弱性和情感，更不用说阴谋算计和利用操控了。

⚜

我们人类可以发展出人际关系，猿猴也会建立关系，双方的相似之处并不是什么新发现。珍尼·古道尔在贡贝投入研究多年，观察灵长类动物，帮它们起名字，还看着这一只只猿猴，在她眼前演出仿若人间百态的种种复杂剧情。从它们身上，我们不难联想到人类本身的处境，比如领袖黑猩猩歌利亚的丧权遭遇、梅林慢慢陷入疯狂、芙洛让人跌破眼镜的诱人魅力和接连不断的浪漫史、白胡子大卫的宽宏温情和智慧，以及大卫和威廉的深厚情谊，这些足以激荡人心的感人情节，发展出了《人鼠之间》（*Of Mice and Men*）和《午夜牛郎》（*Midnight Cowboy*）一类的巨著。[②]

珍尼·古道尔审慎观察多年，从弗林特和菲根、吉儿卡和加巴林等黑猩猩身上，看出一些令人不安的举止，还有一些惊人发现足以供人类反躬自省。她发现，黑猩猩会谋害同类，能组织狩猎、建

---

① 英语"chat"（闲聊）原始词意源自猴子（还有后来的人类）相互理毛、用牙齿咬寄生虫吐掉时发出的吱喳声音。约翰·斯克勒斯（John Skoyles）和多里昂·萨根（Dorion Sagan），《追溯至龙》（*Up from Dragons*, New York：McGraw-Hill, 2002），第83页。

② Jane Goodall, *In the Shadow of Man*（Boston：Houghton Mifflin, 1998）.

立复杂的关系，还能表现纠结的情绪。每个发现都让科学界大感震撼，处处显示我们的人性余烬可能并未熄灭，并依循时光进程，进入我们眼前栖居的世界里面。在不同背景下，这种复杂关系、欺瞒举止，以及权力斗争和个别成败得失，种种情节展现出简·奥斯汀、安东尼·特罗洛普还有海明威作品的风貌。

若是用人类的语气来讲述珍尼·古道尔的这些故事，你就能够想象，直立人出现之后，在这些会制作工具、靠狩猎维生的迁徙部族当中上演的种种剧情，也开始变得愈来愈显眼熟。毕竟，他们已经走过迢迢长路，远离当初祖先摆荡穿梭的那片原始雨林。这时他们已经完全用双足步行，能自由地运用双手，拇指也完全可以对屈。他们的脑子尺寸与露西相比不只倍增，而且依然在迅速增长。到这时，性敏感区域早就发出清楚分明的信号，并已经持续了一段时间。同时他们的脸部也变得更能流露表情，以更深邃的手法来传达内部逐步演化的繁复思想。此外，产道缩窄迫使新生儿提早出世，"较幼小"的后代显得更加无助，而且最重要的是，比以往更容易受到外界影响。他们在成长过程中的智慧，在地球上的其他一切生物之上。这所有现象都让他们愈来愈不受基因的掌控束缚。

部族内日常的社会关系也已经变得愈来愈复杂。族人势必得相互竞争，不论手法微妙与否。不单是为了争取拥有最佳 DNA 的配偶，还想得到能够相互照顾、彼此合作的最可靠伴侣。原始版本的忠贞和诚实品行，不只是性和蛮力，已经成为生存战斗的关键力量（参见第二章）。合作至关重要，然而机敏和洞察力等社会才能也同等重要。性和社会政治愈趋复杂，带来了一种全新的演化挑战，从而提高了社会地位。

要想掌握这些错综规划，势必得靠精密沟通和能担当这个重任的大型脑子。不过是哪种先出现的？是需求还是脑子？是顺畅沟通的说话能力，还是促成细腻沟通的脑皮质适应成果？几十年来，人类学界的传统看法总认为需求是促成脑部增长的主要推动力量，这些需求包括群体狩猎、打造工具和武器，以及获取更多肉类。这一切共同促成了我们的智力演化。

不过，单靠这些因素，是否就能解释为什么我们今天得以享有这么充沛的神经元呢？这些事情没有考虑到我们祖先日常生活当中一个至关紧要的部分：它们如何努力奋斗、彼此交往，竞相取得权力、地位，赢得潜在配偶的情感，而且，与此同时努力地建立紧密的联盟和友谊。这样复杂的社会动力，有没有可能扮演了真正首要的推手，促进我们的智力开创了非凡的进程呢？

⊙⃝⃝⃝⊙

1988 年，两位英国心理学家理查德·拜恩（Richard Byrne）和安德鲁·怀特纳（Andrew Whiten）指出，[1]猴子和人猿经常观看其他猴子和人猿的交往行为，随后运用这种知识，来决定自己该对观看对象采取哪种作为。举例来说，若是它注意到某个人猿十分好斗，那么它和那个人猿往来时，就倾向于表现出比较顺服的举止。或者，倘若它们注意到某个人猿表现出宽厚的举止，那么它们有时候就可能会利用它的宽大心胸来占点便宜。事实上，怀特纳和拜恩发现，灵长类在日常生活中，单凭它们在相互交往时所获得的这种知识，就能在社会团体中利用其他个体来博取私利。这就表示，它们几乎是毫不间断地一直摆弄大量信息。拜恩和怀特纳称之为"马

---

[1] *Machiavellian Intelligence*：*Social Expertise and the Evolution of Intellect in Monkeys, Apes, and Humans*, ed. Richard W. Byrne and Andrew Whiten, both at the Psychological Laboratory, University of St. Andrews.

基雅维利智力假说"。[1]

如果猿类果真有这种行为，那么我们的祖先肯定也曾经这样做过——至少这就是在 20 世纪 90 年代中期邓巴心中抱持的想法，他在那时开始钻研拜恩和怀特纳的成果。邓巴推论，我们的祖先变得愈加聪明，随着智力日益增长，生活也变得更加复杂。随着生活日益复杂，它们也需要更高度的智慧来处理生活中的种种事项。事实上，他发现灵长类个体在群体中处理的关系数量，和它们的脑子大小直接相关，或者更精确地讲，和它们的新脑皮质大小有直接关系。

新脑皮质是所有哺乳类动物脑中的"思考部位"，和边缘系统或脑干等比较古老的部位相比更为年轻。多数哺乳类的新脑皮质，大约占脑部总质量的 30%—40%。就部分灵长类动物而论，这个部位最高有可能占脑皮质总量的 50%。不过，就人类来讲，新脑皮质则占据了 80%，这个部位里面塞了约一亿码轴突和树突，所占容积相当于一条正规餐巾的大小和厚度。新脑皮质具有处理整套高级的认知功能——规划、想象、使用语言、空间计算，以及视觉、感觉、听觉、嗅觉和触觉的理性考量。[2]而且大部分都只历经了短暂的演化，仅在过去百万年间演化出现。

邓巴的研究显示，当灵长类的群体分子增加一员，部族内任一成员必须时时留意的关系数量就不只多加一种，还要再加上双方共有的一切关系数量。

设想接下来的情况会如何发展。假定有只叫作乔的灵长类动物，和麦克同属一个部族；乔是玛丽的朋友，不过麦克并不认识玛

---

[1]　R. Byrne and A. Whiten, "The Thinking Primate's Guide to Deception", *New Scientist* 116, no. 1589 (1987) :54-57.

[2]　前额叶皮质是新脑皮质的组成部位，却不等于新脑皮质。最新理论认为人类的新脑皮质大半都在过去的 100 万年间演化出现；至于前额叶皮质，科学家则认为仅在过去 40 万年间，或更晚近才出现。

丽。于是，乔和麦克彼此竞争，都想吸引玛丽的注意，有时还会斗得很凶。但如果假设麦克认识玛丽，然后进一步假定它们是盟友；那么乔并不想惹恼玛丽（因为它们是朋友），因此它对麦克有可能会客气一点（当然，除非玛丽是它的配偶，而麦克想要介入。不过那又是另一回事了）。

如果这看起来非常复杂，那是由于这确实非常复杂。一对一关系是一条单行道，添入第三和第四方，你就要陷入交通瓶颈。在任何社会当中，每增添一个分子，其互动复杂程度都会呈指数增长。邓巴计算得知，在拥有20只灵长类动物的群体中，你必须时时留意的直接关系为19种，不过那19只和其他个体之间的间接关系，却多达171种。[①]所以，举例来说，倘若你从4种直接密切关系增加到20种时，你的直接交友圈就呈五倍增长，然而这时你必须时时留心的间接、变动无常的关系，却要增长达30倍！

这比初步印象还要更复杂，因为不只是关系的数量增加了，由于所有关系都葛蔓纠结，变动不绝，情感复杂程度也连带提高了。部族内部的每个动静，都不只会引来一个强度相等的单纯反作用力，它还会出现多种强度不等的反作用，像一排排多米诺骨牌般猛烈翻倒。其中没有一项是具有牛顿物理学或代数方程式那种精确无误的气息，反而是带了一种混沌的气息。面对这种变幻莫测的无常处境，生物势必得竭尽全力动用一切智慧来适应。（作为憎恶不确定性的物种，我们的脑子不断挣扎设法减轻其程度。）想想我们花了多少时间、精力，来设想老板的想法，或者，我们该如何智取对手、部署一项计划、赢得恋人的欢心，或权衡以最好的做法来奖赏

---

① Robin Dunbar, *Grooming, Gossip, and the Evolution of Language* (Cambridge, Mass.: Harvard University Press, 1996), p. 63.

或教训孩子。

还有一点让我们祖先的世界显得异常艰难，那就是他们绝不能在部族中树敌，否则处境会很难堪，这不下于我们在日常社交圈中与人结仇带来的恶果。他们的世界太小了。倘若部族之间发生冲突恶斗致死，那恐怕我们演化到今天，也只能算是一种堕落、放纵的灵长类物种。或者更可能走向灭绝。幸好我们大致上还不算堕落、放纵（不过肯定有这种倾向）。我们多半都小心翼翼，却又很放得开。我们先天的信任成分多于害怕。这就表示，赢得友情的本领，肯定已经演化成一种基本的生存技能，而欺负弱小则没有。

情况发展至此，势必要引进一种新式工具。它不是燧石刀或手斧，而是一种能理解旁人并帮助旁人了解自己的才能——一种沟通才能。

这些情况可能会引发一场军备竞赛：我们祖先的脑子必须演化出更高的智慧，来应付愈趋复杂的族内关系，接着借助自然选择选出日趋聪明的心智，这样才能时时留意愈来愈复杂的关系等各种事情。尽管邓巴的研究暗示将出现这场军备竞赛，而且直觉上也很合理，但相关研究却在 2005 年才发表，这是霍华德·休斯医学研究院（Howard Hughes Medical Institute）进行的一项遗传学研究。结果显示，产生人脑建造指令的基因，确曾出现大幅变动，而且在过去 40 万年间尤其明显。这支研究团队由芝加哥大学遗传学家布鲁斯·拉恩（Bruce Lahn）领军，他们将人类的"异常梭状小脑畸形症相关"（ASPM）基因和其他物种的同款基因做序列比较，比较对象包括黑猩猩、大猩猩、红毛猩猩、长臂猿、猕猴和枭猴共六种灵长类动物（加上牛、羊、猫、狗、小鼠和大鼠）。ASPM 基因是和脑皮质尺寸严重缩减有连带关系的 DNA 股，受影响的脑区有一部分掌管规划、抽象推理，另有些则职司各种高等脑部功能。分析显示，人脑的基因曾经大幅变动，显然这使脑子更进一步增长，其他灵长类则不曾出现这种现象。

促成这种迅速变化的各种力量的作用肯定是相当强大的，否则我们就不会在遗传记录里面看到它们。正如邓巴、拉恩也猜想，这是社会压力所造成的肇因于智力需求渐增又日趋复杂的互动关系，从而促使自然选择选出更聪明的人科先祖。毕竟，拉恩表示，"当人类变得更爱社交，智力上的差异必然也随之转换成更巨大的适存度差异，原因是你可以利用你的社会结构得到好处"。换句话说，变通的社会技能肯定会带来可观的收益。

若说变通的社会技能是一项优点，倘若这类技能也需要同样变通的沟通能力，是否这就能说明言语的演化历程？为什么不干脆演化出一种靠着满心温情帮对方抓体表寄生虫来沟通的高等智慧生物呢？邓巴的答案是，谈到沟通，即便整饰行为本身具有抚慰心灵的作用，却也有其局限性。这种沟通方式不止含糊不清，而且仅是种一对一的活动。你不能同时帮两三个或四个对象理毛；至于交谈，你就能和不止一位同时进行。随着脑子尺寸和部族规模的增长，所需的沟通数量也增加了，最后整饰太过费时，完全无法让部族所有成员来从事"交谈"并密切注意彼此的动向。

邓巴推论，这种转换可能是在距今大约 200 万年前开始出现的，约略相当于能人出现的时期。不久之后，第一种初步言语大概也随之成形。到了这个阶段，演化勉强称得上是被逼到了墙角，不过也已经跟跄地采用一种比较有效的交流接触做法，然而这时却不靠双手和手指，甚至也不靠动作，而是靠整饰举止。按照邓巴的说法，这是种"超距"整饰做法——彼此发出声音来达到社交目的，而不是为了保持卫生。"声音"整饰做法的最大优点是，我们的祖先可以更有办法地耳听八方，时时留意部族内部的种种复杂、亲疏关系。①

邓巴不认同语言的姿势起源论。在他看来，语言的根基源自非洲猿猴类群联系、警戒的呼叫，也就是当它们遇险或想吸引周围猿猴注意之时自动发出的尖叫和鸣啼。他这个信念系根据赛法特和切尼的研究。他们针对草原猴进行了详尽的观察，结果显示，草原猴能使用不同的呼叫声来警戒掠食动物：一种代表老鹰，一种代表蛇，还有一种代表豹，依此类推——构成一种以声音来代表（或象征）不同危险的短语②。狮尾狒理毛时会使用差别微小的哼酣呻吟和咕哝哼声来传达简单的信息。他认为，我们在远古之前，很可能就是使用类似这样的声音来代表各种意思，由此再经演化突破，才产生出了早期语汇（这大致会让人联想起语言起源的"呸呸说"）。

不过，既然整饰行为所需的时间预算相当紧迫，口语吱喳声音势必得增多，才能取代效果较差的一对一整饰手法。邓巴估计从距今200万—50万年，部族规模日渐壮盛，随之四处游荡的组成分子也被迫投入大约30%的时间来从事整饰、沟通活动，这样它们才有可能随时通晓彼此的动向。③邓巴认为，这有可能已经和较大的脑部，以及更强大的口语控制能力融合，一起创造出最早的

---

① 邓巴及其团队完成的另几项研究同样显示，我们能同时交谈的对象可达三人（总计四人）。人数再多就不知所云了。所以若聚会时有三个人正在谈话，另外又加入了两个人，这时就有某个人会受到冷落，或者这群人就会分成两组各自交谈。

② 参见网页 http://cogweb. ucla. edu/CogSci/Seyfarth. html for details and references。

③ 黑猩猩投入约20%的时间从事社会整饰行为；我们花费大约40%的时间处理种种社会情境，因此邓巴把两数相加再除以二，估算出当我们达到必须投入30%的时间专门从事社会活动的阶段，这时猿类形式的整饰行为就再也无法完全有效运作了。

原祖语言。①

　　邓巴的理论并没有直接论及如何在心中处理符号，而这正是动作和手语相当擅长的课题。不过，在邓巴的理论和姿势论与符号处理理论之间，或许还有可供双方妥协的折中立场。说不定整饰时的哼唧呻吟和咕哝哼声，和声韵的关系更加密切。声韵就是我们在交谈时注入声调、令声音起伏转折所展现的意义，至于言语本身、字词意思、语法和词句结构，则和双手、姿势擅长的符号编排手法比较密切，而且到最后还成为布罗卡氏区和韦尼克氏区的强项。情感和内容都是我们心目中语言的必要成分，两样缺一不可，否则一切沟通都将残缺不全。

韦尼克医师的发现

　　生于波兰，在德国接受教育的神经病学及精神病学专家卡尔·韦尼克（Karl Wernicke），和布罗卡同样发现了一处脑区，并在1874年以他的姓氏命名。韦尼克的研究对象也是特定脑区受伤、损及沟通能力的患者。不过，布罗卡较专注于损伤事例和处理、理解言语（或手语）的能力，而非话语产生的能力。

　　韦尼克氏区位于左脑颞叶（多数人都如此）并在这里和顶叶接壤，约略就在左耳后方的主要听觉皮质区旁边。韦尼克氏区和布罗卡氏区有连带关系。没有韦尼克氏区，我们就无从理解任何语言。罹患韦尼克氏失语症（或称为"感觉性失语症"）的病人不能理解旁人对他说的话。

---

① 参见邓巴著作论述：Dunbar, *Grooming, Gossip, and the Evolution of Language*, pp. 111-114。邓巴推断，最后的直立人也许已经发展出这类粗浅的语言，不过这只是事后所见而已。

脑部扫描显示，韦尼克氏区扮演的角色把字词声音当成话语，接着查询心中的字典，随后再把字词的意思转达给脑部其他分区。

精神分裂症患者的韦尼克氏区通常也受到了影响，或许这就是为什么他们有时会出现幻听，觉得有人对他们说话，听到就像完全真实的"声音"。

有关布罗卡氏和韦尼克氏一类脑区的研究发现显示，某些能力似乎寄身于极端明确的位置。举例来说，神经学专家已经发现，有处狭窄脑区（范围约1立方厘米）只有在听见辅音时才会活化！有些韦尼克氏失语症患者会罹患一种病痛，称为"命名障碍"，患者完全说不出某些物品的名称，有时候是非常特定的门类，比如身体部位、交通工具、颜色和专有名称。有个病人讲不出蔬果的名称，心理学家埃德加·苏黎夫（Edgar Zurif）灵机一动，谑称这种症状应该叫作"香蕉失语症"。①不过，情况通常都不是这样，而且要想找出任何一处具有特定功能的脑区，似乎是完全办不到的事。

与此同时，整饰和符号处理都直接触及语言另外两个同等重要的层面：我们使用语言来培养、处理个人关系；还有我们经由自我对话来塑造自身心理、情感生活——也就是一种自我整饰行为，或称为意识。

我们这两个部分（我们的社会自我和我们的内在自我）免不了要彼此牵绊。事实上，在我们的生命岁月当中，它们也相互释义改造彼此，而且两部分的融合还促成文化进步发展，因此我们和其他所有生物才有天壤之别。

---

① Steven Pinker, *The Language Instinct*（New York：William Morrow，1994），p. 314.

语言是我们用来创造人类文化的万能工具。不过,当初要不是我们努力进取、通力合作,恐怕永远也不可能齐心协力地实现这项打造世界的壮举。因此语言的情感面才会这么重要。若非我们能够使用语言和由此创造出来的心智,相互依附融洽共处,恐怕到头来什么都办不成。

联系情感相当重要,所以多数人才花这么多时间来沟通、交流,事实上,其中大半时间都花在表面"不实际"的层面。从办事情的角度来看,我们讲出的话语(平均而言)中有多达三分之二没有任何实际作用。①多数时候我们都不谈打算如何完成这项计划,例如如何把车子修好,或者该怎样从甲地前往乙地。 事实上,我们多半闲谈自己的经验、好恶,还有我们的关系是愈来愈好或时好时坏或破镜难圆。这是谈话的整饰行为层面——只谈点浮泛的闲话,联络一下,分享想法。

从邓巴和他的学生完成的另一项实验也可得知这一点。他们监听了好几百次对话,每分钟监听几次,看每个人都在讲些什么。实际层面(含工作、宗教、政治甚至运动主题)主导对话的时间都不超过10%。结论是,这些谈话都提到旁人,还拐弯抹角地涉及我们的关系或自己对他们的看法,于是我们才能时时留意他人的动向,并左右旁人对我们的共同社交圈(我们的部族)里面的朋友、竞争者、情侣、上班族和家人的想法。邓巴表示,我们不只随时注意旁人的动静,还努力让部族对我们的想法和我们"希望"部族对我们的想法符合。我们都努力想让自我形象可以和社会形象两相匹配。

设想青少年的交谈行为。谈话的作用就像复杂的回馈回圈,每

---

① Robin Dunbar, *Grooming*, *Gossip*, *and the Evolution of Language* (Cambridge , Mass. : Harvard University Press ,1996) ,p. 123.

个人都借此向团体的其他成员投射出一幅内在形象，希望这能让他们接受。倘若希望成真，那么让人接受就会回过头来强化这名青少年的内在形象。每个分子都这样来争取地位，大肆张扬本身特点，好让自己成为团体的重要分子，也就是善于观察、有影响力并值得信赖的角色。青少年有可能运用魅力、幽默、性感、亲和力和创造力，甚至欺负弱小等做法来达到目的，而且结果总是清楚分明，毫不通融的。他们就这样学习如何扮演兼顾个体和社会动物的角色。随着年龄渐长，我们的手法有可能变得比较细腻、精妙，却永远不会停歇。①

关于成功经营我们名誉的这个课题，不管在哪家公司都很重要，特别是身边有异性成员的时候，就显得更重要。邓巴的另一项研究显示，当一个团体所有成员都是男子，这时有关伦理、生意和宗教方面的讨论，总共占用不到5%的交谈内容。不过，当男女两性都加入谈话时，比例就会提高到15%—20%。邓巴称之为"口头竞偶"。竞偶是动物界的一种行为，雄性借此向潜在的配偶夸耀自己是多么能干。邓巴发现，团体里面比较年轻的男子，花在谈论自己身上的时间可达整体谈话时间的三分之二。换句话说，他们这是在昂首展现实力，只不过是采用口语来表现罢了。

显然这很有效。人类学家已经发现，部落酋长往往都辩才超群兼具高强的多妻能力，这就表示他们很能吸引并留住许多配偶，这种做法非常有用，能够把这位酋长的基因传递给下一代。②

就女性而言，整体来说，她们花在谈论自己身上的时间，和男性相比明显较少。不过这不见得就是脆弱、从属的象征。她们闭上嘴巴，有可能是想安静地评估参加谈话的男子具有哪些才干，这种做法

---

① Barbara Strauch, *The Primal Teen* (New York: Doubleday, 2003).
② Steven Pinker, *The Language Instinct* (New York: William Morrow, 1994), p. 369.

就像雌孔雀评比雄孔雀的尾羽，来决定自己想和哪只交配一样。

在这样复杂的社会环境里面充斥着持续监视、操控运作、塑造形象和竞偶举止，这些促使社会复杂性和脑子的军备竞赛加速进行。毕竟，必须靠脑皮质努力工作才能设想，某个潜在配偶有可能会觉得你哪一点最富吸引力，同时还必须紧盯竞争对手，这样才能胜过他们。日常生活中，再也找不出比人际关系潮起潮落更变幻无常，甚至更杂乱无章的事情了。而且也没有其他事情比这更重要。应付这种处境有几项要件，必须不断地使用前额叶皮质，还要频频建构并重新规划种种对策、计划和情节，更不用说我们通常用来自圆其说，解释自己和旁人举止的合理化手法了。

沟通作为一种刚萌芽的语言形式，可能已经成为处理这种关系的主要工具。演化则对能够使用纯熟的沟通技巧、更妥善处理人际关系的早期人类更有利。应用语言来组织狩猎或解释如何打制手斧肯定会很有帮助，不过从大局来考虑，这点用途根本比不上伶牙俐齿地讲述如何打倒猛犸象的精彩情节能够带来的好处。便捷的口才能影响旁人对我们产生的印象，这种印象对我们的个人、情感和社会生活也都具有重大影响。这种种事项全都具有连带关系，因为从部族集体思维萌发出现的那个人物，不只影响旁人如何看待我们，也是决定我们如何看待自己的核心要素。

这种人与人之间的回馈回圈意味着我们比较能够了解和社会情境有关的问题。我们具有一种先天的本领，能够看穿社会问题，因为我们的脑子已经演化出处理这类问题的能力。①加州大学圣芭芭拉分校的科学家莉达·科斯米迪 (Leda Cosmides) 从来都认为人类有一种

---

① 所以读小说才会比读电话簿或一条条数学公式有趣。小说讲述的是人际关系，这才是我们觉得迷人的事情。毕竟，出色的人际关系是快乐的要素，也是日常生活不可或缺的元素。

特殊的本领，能辨识出违反社会契约的事例，或是言行不一的情况。这点非常重要，因为一旦信任蚀损，团体成员就会变成一盘散沙，很快就不再能够齐心协力以保平安了，于是混乱当道，逐渐陷入自扫门前雪的处境。①②

另一方面，我们个人的行为不只是从外界表现出来的，同时也发自内心。一旦背叛了部族，我们就要承担孤立的风险，没有人想要孤苦伶仃、无力自保。所以我们挖空心思总想和旁人好好相处。

这是人性最大的讽刺之一。我们有相当强烈的自我感觉，总想表现自己的独立个性，同时却又非常依赖身边的人。我们也想融入人群，有时还会拼死来达到目的。从许多方面来看，我们的终生目标就是想方设法权衡两端来达成合理均势。这样一来，我们用来凝结人群的语言，也影响和指导我们告诉自己什么样的行为才算合宜。这就是斯克勒斯和萨根在《追溯至龙》一书中所说的"我们头脑里面的部族"。

---

① L. Cosmides and J. Tooby, "Cognitive Adaptations for Social Exchange", in J. H. Barkow, L. Cosmides, and J. Tooby, eds., *The Adapted Mind* (Oxford: Oxford University Press, 1993), pp. 162-228.

② 请你测试一下。我发给你四张卡片，两张分别标示数字8和3，另两张则分别标示字母E和Z。发卡时将数字、字母朝上。这时我告诉你，在卡片另一面你会见到不同的数字和字母。实际上这里有个规则：若卡片一面标示一个母音，则另一面永远标示一个偶数。你该翻开哪（几）张卡片，才能证明这项规则？
这道题对多数人来讲都不容小觑。事实上，接受这项测试的人，大约75%都会做错。多数人都选E卡或者E卡和8卡，即便规则和偶数卡的另一面有何标示全无丝毫关系。答案是只要翻开印着E和3的卡片。两张卡片就能显示一切的可能结果。
采用这种方式呈现问题，就会把大家弄糊涂，因为我们的心智比较擅长处理社会情境，面对纯抽象问题就没有那么高明了。为了证明这个观点，加州大学圣芭芭拉分校的莉达·科斯米迪重新研究了这个问题。她不采用发卡的做法，改以口头告诉实验受试组：有四个人围桌而坐，其中一位16岁，另一位20岁；一位喝软性饮料，另一位喝啤酒。倘若合法饮酒年龄是18岁，那么你该察验哪个人，才能确认是否有人违法？ 对所有受试者而言，答案几乎都是显而易见的。察验16岁的和喝啤酒的人。倘若喝啤酒的是那个16岁的人，或者喝啤酒的人不到18岁，那么就有人违法。引自科斯米迪和图比的论述：Cosmides and Tooby, "Cognitive Adaptations for Social Exchange", in J. H. Barkow, L. Cosmides, and J. Tooby, eds., *The Adapted Mind* (Oxford: Oxford University Press, 1993)。

我们再一次归功于前额叶皮质，它使我们拥有心理学家口中的"心智理论"（ToM）能力，我们用这项本领来猜想旁人心中可能在想些什么。这是设想"旁人对于我们的举动，有可能做出什么反应"的最核心要素。不论我们是想取悦或是想欺骗他人，能正确地猜出旁人心中在想些什么，就能提高我们达成心愿的机会。

把心智理论和我们的大脑结合起来，这时就会出现一种类似道德意识的东西。举例来说，我们的一位祖先拿走所有香蕉，一时之间可以喂饱自己，然而就长期来看，这样做会遭受谴责甚至被抛弃，于是他或许就会决定不全部拿走，或至少拨出部分留给别人。或者，把香蕉全部拿出来分配，就可以提高他的影响力，于是他也许就决定大方点，别只顾自己。不论如何，当你设想旁人可能觉得什么样的行为才合宜、长期而言对自己才最有利时，你很可能就会克制比较自私的欲望。这样做还挺公正的。

凡是擅长做这种思考的人，都能享有一种演化优势，对他的生活也有好处。这就是那句经典的"我知道他知道我知道他真正想要的是巧克力冰淇淋，不是香草的"。这可以上溯自博弈理论和镜像神经元，也就是设身处地、将心比心的能力。这就是前额叶皮质超时工作的表现。这也是在你脑中努力工作的部分，而且它一旦进入脑中（我们所有人都有，最早是我们在父母膝前学来的那几个教训）就不再离开，一直待在那里塑造出我们的个人本色。①

---

① 心智理论是把双刃剑。一方面能帮我们正确地猜出其他人在想什么，另一方面也经常成为众多误解的源头，因为我们不见得每次都能猜对。试举奥赛罗为例，他（在伊阿古的挑拨下）想象苔丝狄蒙娜对自己不贞，最后就这样把她杀了。然而，这全都是他想象出来的。其实她十分忠贞，从来没有想过要出轨。仇外心态、种族歧视、恐怖主义和战争，全都根源自这一类的误解。

这所有力量（社会的、心理的和情感的）共同组成的东西，实际上就是我们所说的意识，而我们也借助这些力量，来控制我们口中那个号称"自我"的人物。事实上，人类的自我感知和有意识、有意图的行为，是完全不可分割的。不过，我们还没有通盘了解，我们从祖先传承下来的比较古老的潜意识驱动力，是如何影响我们的举止的，还有为什么我们要采取这类做法。

认知科学家迈克尔·加扎尼加（Michael Gazzaniga）提出一项理论。 他认为这一切都可以直接追溯至我们脑中处理言语的位置。

⊙℃℃ஐℐℯ⅁◎

基于某些因素，多数人都由左脑来处理语言的产生和理解。其中的原因，众多理论都曾探讨过。有些认为，或许和惯用哪只手有关。①脑部左半球掌管右侧身体的控制机能，包括我们的右手。多数人都惯用右手。若干证据显示，能人颅骨底下也恰好有个极轻微的隆凸，构成原初布罗卡氏区。既然布罗卡氏区也涉及控制双手和产生言语，或许惯用右手和言语也有某种连带关系，也许当时出现了某种特化现象。毕竟，这部分脑区已经纳入运用双手来安排物件所需的计算电路。或许这个位置自然而然地就该用来思索符号和言语并予以循序控制。

史蒂文·平克在《语言本能》（*The Language Instinct*）一书中推论，语言之所以寄身于脑部左侧，或许是由于它并不是非常注重空间和方向等原因所致。"人类的语言之所以集中在一侧半球，"他表示，"是由于它……是配合时间来调节的，与环境空间无关：言

---

① 惯用右手的人有97%都以左脑来控制语言。只有19%的左撇子是以右脑来控制语言的。其他人都以左脑来控制语言，或者两侧均分。见平克书中论述：Steven Pinker, *The Language Instinct*（New York：William Morrow，1994），p. 306。

辞循序串接成列，却不必朝四面八方瞄准。"①

　　心理学家迈克尔·科博里斯（Michael Corballis，中文名郭敏豪）写了一本关于语言起源的书，谈到或许在某个时间点出现了一次单一基因突变，导致一种严重偏差，产生了惯用右手和以左脑支配语言的倾向。总之，这是一种演化意外事件，如果换成另一个宇宙，假使基因发生另一次突变，我们多数人就会惯用左手和右脑。

　　还有一个可能的原因是，就在我们刚开始发展职司语言的实体神经元之时，右脑半球已经塞满，能力发挥到了极限。于是灰质只得在左半球寻找空间。右半球早已忙得不可开交，除了要感受情绪线索，还得处理形状和脸部表情等各种威力强大的非语言沟通形式。母亲怀中的婴儿觉得不舒服，会做出怪表情，而不出声，这时如果母亲把婴儿抱在左侧，通常就能够察觉到这种怪表情，因为这是由右半球来负责掌控的。或许这也是为什么多数母亲往往都用左臂来抱婴儿。就连猿猴类群也不例外，倘若它们转向脸部左侧就更能够看到其他猿猴脸部的信号，这时它们的反应会因此更强烈，反应速度也更快。②

　　不论说话能力和口语思维为什么在脑部左半球生成，加扎尼加总认为这是我们这个物种的核心。多年来，他一直专注于脑部两半球的研究，还针对"脑裂"患者做了详尽的实验，这些受试者都是胼胝体经手术分割的病人。胼胝体含两亿五千万条神经，汇成粗大的神经束，连接脑部的两个半球。分割手术通常迫不得已才会进行，用来治疗癫痫发作时无法正常生活的罕见病例。

　　术后多数人的脑左右半球都能正常工作，似乎脑子也都能奇迹

---

① Steven Pinker, *The Language Instinct*(New York：William Morrow,1994).
② 参见邓巴的著作：*Grooming Gossip, the Evolution of Language*, p.138。

般地找到其他途径，在两半球间传输信息。不过，某些实验却明白地显示，脑裂患者的左右脑，并不像我们多数人那样直接进行沟通。举例来说，视觉信息并不能从右向左传递，反之也不行。嗅觉、触觉和听觉也有类似现象。脑半球对身体的控制，大致上都有对侧现象（右半球控制左侧身体，同时愈偏右侧的脑部对应愈偏左侧的身体），结果发现，若指令来自左半球，那么受试病患就只能用右手操作物件，反之亦然（不过两侧半球都能控制两边上臂的肌肉）。

加扎尼加和一位名叫乔的病患密切合作多年。乔19岁时，癫痫开始严重发作，于是他的胼胝体经手术分割。到现在手术都没有给乔惹来任何麻烦，他像其他多数脑裂病人一样，过着正常的生活，癫痫也不再发作。然而，手术却使乔的脑部两半球不能即时沟通。这种现象通常不会引起注意，不过仍有特例。由此展现的若干分析，让我们得以窥探人类心智的作用方式。

几年前，我亲眼见到乔参与的一项实验。当时他坐在一台电脑前，加扎尼加让他凝视正前方荧幕中央的一个小点，乔照着做了。荧幕右侧闪现一幅树木的影像，左侧则出现"吹"字。两侧同时闪现，但只维持片刻。由于乔紧盯着中央那个小点，因此左眼只能见到"吹"字，右眼则只能记录下树木的影像。这就表示，乔右眼的影像，是送往处理口语的左脑，而"吹"字则传向不能言语的右脑。

实验后，乔被问起他看到了什么。他马上回答"一棵树"，因为他负责讲话的左脑，记录了那幅影像。然而他被问起在荧幕左侧看到什么，他却说什么都没看到。事实上他并非没有看到。他的眼睛记录下那个字，也已经传到了右脑，却由于右脑不具备语言能力，没办法把他眼中所见转成字词。

乔还参加了另一项实验。他依指示闭上双眼，加扎尼加拿了一卷带子放在他的左手上。他手握带子翻转了好几次，然而旁人问起他觉得那是什么，他尽力去猜，结果却说那是支铅笔——比起问道于盲好不到哪里去。不过，若是把这卷带子放在他的右手上，他的左脑立刻发挥作用，让他正确地认出这是什么。

这些实验主要证明了乔的两个脑半球并不能直接进行即时沟通。 不过，接下来的这个实验，则阐明脑中各言语中枢采用了哪些威力强大的方法，描绘出一幅世界图像。而且在我们每个人眼中，都是事实真相。实验还阐释，这幅图像也可能扮演了关键的角色，从而产生出一种自我感受。①乔在同一台电脑前面坐好，这次荧幕左侧闪现的是"橙"字，信号传送进入右脑非口语半球，右侧则闪现一只鸟的影像。接下来，乔听指示（由脑子非口语侧所控制）以左手描画他看到的东西。他马上拿起一支橙色签字笔，却没有写出"橙"字，而是画了一幅柳橙的图。不过，画好之后，他自己都觉得困惑。他实在不知道，自己为什么画出这种东西。当旁人问他看到了什么，他说自己看到的是一只鸟，不是一只柳橙（他脑子左侧的讲话脑区记录的图像就是一只鸟）。接着加扎尼加要他用

---

① 左脑处理职掌口头的高强能力，有时并不局限于语言处理功能。脑裂患者多半只有左脑展现字词辨识功能。不过也有少数能使用两边半脑来负责这项工作。 即便是这种案例，右脑处理字词的本领，仍然远远比不上左脑。
举例来说，就两边半脑都能处理语言的人士而言，各单独半脑处理真正字词之时，都比处理无意义字词或随机字母串的时候，更能辨识出其中所含的特定字母。不过，右脑从事这项工作所花的时间要比左脑更长，而且当字词变长，右脑明显要花更多的时间才能"做决定"。
脑裂患者的右脑还会不断犯文法的错误。右脑须费劲处理变动的动词时态，建构复数词，并标示出所有格代名词。依加扎尼加所见，这类发现支持一个概念，就是左脑涵括一种普见于所有口语、经演化来理解文法原理的机制。
有些脑裂患者还能开口说明呈现于他们右脑的许多事情，这清楚地展现了在脑裂后拥有出众的自行重组能力，有时还会在脑裂手术后十年甚至更久之后发展出有限的右脑讲话能力。

右手把他见到的事物好好画完。乔于是把他刚才画的柳橙改成一只鸟，结果看来有点像只几维鸟（kiwi，学名鹬鸵）。

这只鸟为什么是橙色的？旁人问他。乔寻思片刻，接着表示他没把握，只是突然想到的，他还大胆猜想，也许那是巴尔的摩黄鹂鸟（*Baltimore oriole*）。对他而言，这确实很难说出口，因为他没办法清楚地描述先前闪现传进自己左脑的那幅图像。他的反应令人想起刘易斯·卡罗尔（Lewis Carroll）的《爱丽丝漫游奇境记》（*Through the Looking-Glass*）中爱丽丝的一段话，她说："这仿佛在我脑子里面摆了好多想法——只是我不完全明白那是什么！"不过，乔倒是竭尽心力地想辨识那是什么事物，以便提出一个合理的解释，来说明他刚才画出的图像，这种行为坦率地讲肯定是一项疯狂的举动。

根据几个类似的实验，加扎尼加发展出一个理论，来解释我们的心智如何运作，以及从总体来看，脑子的言语中枢又是扮演的哪种角色。乔根据自己的口语侧脑部，来解释由其他非口语思维触发的种种行为，这些思维是他想出来的，自己却不完全明了，因为两半球并没有借助胼胝体直接相连。不过，既然他的行为显示他显然经历了这些体验（鸟儿图像在他的右侧视野闪现，然后由他的左脑记录下来），那么他是怎样解释的呢？基本上是见机行事。

"左脑编出一段故事，帮忙解释从右脑涌现的实际行为，"加扎尼加说道，"这把它（行为）联系在一起，从头到尾一以贯之。"①

乔为什么要编造出这种巧妙的情节来解释他的行为呢？加扎尼

① 加扎尼加写了许多引人入胜的著作，勾勒出他几个理论的演变历程，包括：*The Social Brain*（New York：Basic Books，1984），*Mind Matters*（Boston：Houghton Mifflin，in association with MIT Press and Bradford Books，1998），以及 *The Mind's Past*（Berkeley，Calif.：University of California Press，2000）。

加的答案基本上是：因为他能办到，也必须这样做，来为他的行为想个合理的理由。同时，加扎尼加表示，这也是所有人都会做的事情。

他依循的思路如下。我们脑中有好多模组，也就是历经演化而成形、各具不同功能的一丛丛神经元。它们感到危险、害怕时就会做出反应、帮助解决问题并收发信息。这些模组就像为老屋增建的部分——添一扇采光的天窗，增设一间卧房，还扩建了一间厨房。大脑的所有部分都各有目的，也都采用各自的方式来体验这个世界，而且彼此相连。这些脑区处理信息、体验感觉。从某方面而言，它们可说是多重心智，各自从听觉、视觉、情绪、理智和内心等特有怪异偏私的观点来看待世界。不过它们有一个缺点：无法清楚传达自己的体验，因为它们不是口语模组——全都是在语言出现之前演化成形的。然而，加扎尼加表示，我们比较新近才演化出的口语脑区，却能为它们和它们的经验发言，还能说出其他脑区的举止和经验。它谈起其他脑区，或许不能讲得精准，不过它能讲，也会这样做。他称这处脑区为"解释者"。

因此，我们从早到晚都根据我们脑中其他无意识部位的经验来行动、感受，结果我们可能莫名其妙地感到情绪昂扬、消沉和猜疑。这种种感受的源头，可能瞬息万变如白云苍狗，比如最爱的一首歌、一段旧时记忆、虽无意识却令人不知所措的一阵恐惧，甚至是老板或配偶的肢体语言。它们如涟漪般泛入我们的意识中，于是"解释者"编出故事来向我们自己和旁人分析说明。"解释者"把它们转译成口语符号，并找出理由来解释我们的行为。我们需要这种合理化行为，好设想出一套世事运行的道理。或者就像杰夫·戈德布鲁姆（Jeff Goldblum）在电影《山水又相逢》（*The Big Chill*）中所饰角色的一段台词："别找碴儿批评合理化……我认识的人哪，没有一个不是从早到晚生动地拿合理化用上个两三回的。"

不过，"解释者"能根据我们的经验讲述故事，但并不代表其解释的内容就符合真相。毕竟我们并不知道，我们大半的想法、举动和感觉都是从哪里来的。不过，当它们奋力把自己推上我们的意识，"解释者"就会迫切地想解释这些现象。"'解释者'执意就感受到的状态和行为提出解释。它不肯松手，"加扎尼加说道，"这是（人类这种动物）至关紧要的元素，而且确实没有丝毫证据足以显示其他物种也会这样做。"

或许这就是为什么我们是唯一拥有自我意识的动物：我们心中的说话部分，赋予我们一种难以名状的东西，也就是我们所说的"自我"。它有可能是一丛丛神经元虚构出来的宏大假象，不过这些神经元也集结起来构成单一的声音，告诉每个人，我们都是单一心智的个体，即便其实我们的心智有许多个。要不是有这个声音，我们就会罹患一种精神分裂疾病或多重人格病症。或许我们体验的生命，还可能变成一连串不相干的事件，而且没有"自我"来体验、运用符号，或对这些事件审慎思量。一旦语言和言语、还有靠它们才得以生成的"解释者"破产了，那么在你和我的头脑里面，就没有那个声音来告诉我们"这是你自己在讲话"。

❧❧❧❧❧

不论真相如何，根据几项理论，当这个声音出现时，我们这个物种的第一个成员——现代人（*Homo sapiens*）也随之在距今约 19.5 万年前现身。[①]我们最早的同类成员，模样和我们现在一模一样。棱脊分明的倾斜额头消失了。像动物鼻口部的额部和浓密的体毛也

---

① 参见 http://www.sciencedaily.com/releases/2005/02/050223122209.htm；"The Oldest Homo Sapiens：Fossils Push Human Emergence Back to 195 000 Years Ago"，*ScienceDaily*（February 28,2005）；http://www.sciencedaily.com/releases/2005/02/050223142230.htm。

不见了。我们的双腿又长又直,髋部则很纤细。我们颅骨中的所有神经元都已经就位。若是再增添一点儿,我们就完全没办法出生了。不过,尽管大自然为我们的脑部设定各种尺寸限制,我们的演化却没有停止。它只是换个游乐场,找到贮藏知识和信息的新方法,不但摆在我们的头脑里面,连脑外也有贮藏场所。卡尔·萨根(Carl Sagan)曾经称之为"超体记忆"。我们也可以称之为人类文化。

最奇怪的是,人类文化和我们这个物种,并不是在同一个时刻出现的——起码根据我们手中现有的化石证据来看,是有落差的。第一道曙光,也就是早期的雕像、画作和高明的工具,约在距今五万年前方才出现,当时智人也才开始迁入中东、欧洲、亚洲和澳洲。①

我们并不清楚,为什么人类在14.5万年过后,才创作出最早的艺术成果。说不定化石记录并不完备。也许在法国、西班牙和澳洲发现的壮丽的洞穴画作,还有迄今我们发现的武器和艺术品,都不能完整地显现人类工艺创作的全貌,还有更丰盛的宝贵遗产,迄今没有被我们发现。也或许是时光已经把文物抹除净尽的原因。

不论真相为何,即便在19.5万年前"看起来"就是人类的模样,我们却似乎又花了一些时间,才开始表现出人类的举止。这有

---

① 这个理论称为"走出非洲",以线粒体DNA(mtDNA)遗传研究为本,这种DNA只经由女性遗传取得,而且具有非常规律的突变现象,可以作为绝佳的分子时钟,供科学家用来标定现代人类迁徙遍布全球的进展状况。当然,这点仍有争议。2000年,澳大利亚国立大学(Australian National University)一支科学团队由艾伦·索恩(Alan Thorne)博士领军,研究"蒙哥人"的DNA。蒙哥人的骨骼在1974年于新南威尔士州(New South Wales)发现。研究团队表示,蒙哥人生存于六万年前,他的mtDNA和其他人类的DNA并不相符。他们论称,他或可成为一个证据来证明"走出非洲"的理论是靠不住的。人类种族有可能是一群大杂烩动物,分别在各窄小地带由直立人直接演化出现,有些在欧洲,有些在亚洲、澳洲和非洲,随后才各自向外散布,彼此相遇并形成我们所知的现代人种。参见网页http://news.bbc.co.uk/1/hi/sci/tech/1108413.stm。

　　　　　　　　　　　　重返人类演化现场

可能是因为我们还没有娴熟的口语文字。事实上，没有细腻传神的现代语言，我们恐怕永远不可能凝聚心智，构思出一套必要的理念，来发展奠定经济、贸易、农业、艺术、宗教和科学的根基。

比克顿和乔姆斯基两位语言学泰斗都坚信语言"大爆发"论是一种可能的解释。[①]也许在五万年前，前额叶皮质业已完成必要的神经通路，得以把脑子各个模组全部汇聚成一以贯之的单元，而不只是丛集神经元的联合体，也不再只能靠化学作用彼此做无意识的低声呢喃。也许当这些最后环节贯穿起来，它们也随之启动神经开关，形成一种交联的临界值量，于是第一种真正人类形式的心智，也连同语言和艺术能力一并启动了。

也许在更早以前，我们的咽就已经就绪，准备开始运作了，而且我们的脑子也完全能够施法变出符号、表达符号，然而，我们却要等到好几万年之后，才能学会控制喉咙、肺部和嘴巴这几百条必要的肌肉，最后才张口讲出我们所称的语言。

我们可能只是需要时间来发展语言结构，从而得以充分地驾驭和凝聚心智，促使人类文化开始滋长。就算不能完整地运用一种言语，我们依然有办法进行粗浅的沟通，这种事情天天都在发生，孩子、移民和初次旅游者所说的话，以及洋泾浜语都是明证。或许我们在运用口语的路上跌撞前行，一点一滴逐步地改进，就像孩子的学话方式一样，最后才掌握个中程序，从而加速了文化大业的发展。

默林·唐纳德一直很想知道，从公元前19.5万—前5万年，尽管脑子已经增长到完整的尺寸，我们是否还在继续发展创造力和沟通能力。他猜想，社会互动是语言演化的核心任务，而这种改采用

---

① Noam Chomsky, *Syntactic Structures* (The Hague: Mouton, 1957), and *Knowledge of Language: Its Nature, Origin, and Use* (New York: Praeger, 1986).

较高速档次的现象，是否受到我们一种潜在需求的驱使，因为我们需要解释世界上各种现象的发生原因，况且那时我们对周围世界也已经认识很深了。他称之为"神话文化"，并直指 3.5 万年前，技术发展停滞，几乎全无改变的"石器时代"。过去一个半世纪，各地都发现了这种文化：塔斯马尼亚（Tasmania）原住民、菲律宾塔萨代人（Tasaday）、南非布须曼人（Bushmen）和非洲中部的俾格米人（Pygmies），他们各自形成一种文化，由此发展出详尽的部落法规、神话、仪式和语言。他指出，尽管技术进展并无可观之处，却出现了巧妙的社会进步现象。他们拥有高明的心智，能够模塑、想象出神话，来解释世事是怎样的。

唐纳德说，所有神话都是"原型的、根本的、整合的心智工具"。仔细研究发现，唐纳德的整合式心智工具，和加扎尼加的"解释者"惊人地相似。"解释者"的故事不只让我们能够过日子，还成为我们撑起人类文化的支柱。我们想解释自己行为的需求强烈无比，还总想解释我们身边种种神秘事件的道理所在，这类需求就是早期神话的源头，而这些神话也都是合理化的成品，它们都很巧妙，而且在全文化范围内广泛受到认可。它们通过编故事来解释世界是如何形成的，为什么我们会在这里，我们死后会去哪里，为什么太阳每天都会升起，还有为什么月亮会一周又一周地改变形状。宗教、文学、哲学和每个科学分支之所以存在，无论如何都该归功于我们的"解释者"，因为这处脑区总想解答一个问题：为什么？[1]

---

[1] 当然，思想并不是全有全无的命题。地球上还有许多拥有高度智慧的动物——鲸、海豚、大猩猩、黑猩猩和猩猩，甚至还有乌贼和乌鸦。所有动物分别位于频谱各处。有些种类比其他物种更富有抽象思考能力，有些则完全没有。不过，没有一种动物的头脑天赋能和我们人类的相比。我们创造的各种精致文化都是不可否认的证据。

神话和解说都直接产生于我们以口语解释自身经历的心智能力，这两个产物都非常重要，我们从中可以看出，人类并不是一种纯理智型生物。我们的恐惧、欢欣和热情，驱使我们对自己讲出一则则故事，告诉自己，我们和我们的世界是如何运作的。我们是有人性的生物，因为我们也是有情感的生物。

传统人类演化观点认为，随着智慧的增长，我们逐步把原始驱力抛进远古烟尘当中，同时卸下情感桎梏，提升改进自我。事实刚好相反。我们的才智提升了，古老驱力却没有因此和我们疏远，而是放大、改造并强化了。我们的情感生活变得更复杂和丰富，起因在于我们的智慧，而不是由于智慧泯除了较不聪明的部分所致。事实上，我们的大脑创造出所有人都享有的丰富的情感生活。昔日那种单纯生物的原始驱力，多半专门从事战斗或逃逸、害怕、饥饿、满足和生殖；如今在我们身上，已经变换成复杂的情感：爱、恨、情、谊、妒，以及其他一切善恶可能的组合。

因此，演化并未抛弃赋予我们祖先存活能力的原始动力。事实上，这些都由演化保存下来，成为后续建构的基础。这就是为什么我们还依然"必须"为眼中所见的行为找出合理的借口，还非得编造出神话来解释世界和我们本身的行为。因为那些原始的、说不出口的、害怕的感觉，都是必须解释的事情。

然而，就算语言具有如此强大的威力，我们的某些部分却是语言永远无法深入碰触、圆满表达的。这些部分都在意识表达能力之前演化出现，因此字词无力应付。于是我们在语言演化之后，还得发展出其他更新颖的沟通方式。这些都可以上溯到我们本性当中的几个原始成分，却都和我们脑中最新近的几处部位相连，能以最强烈的方式来传送我们能够分享的人类信息。一段岁月之后，便发展出三种出色的特征——笑、哭和吻。每一种都是

无须字词传达的神秘沟通形式。每一种都是我们的属性，也只有
我们才拥有。而且，每一种都是一项明证，显示我们是多么需要
保持密切的关系。

　　　　　　　　　　重返人类演化现场

Laughter

笑

笑，是人类行为的重大谜团。笑，令人费解的部分原因是笑把我们的原始、理智两个部分彻底地结合在一起。笑，具有社会本质，因此会传染。有人发笑的时候，其他人也会跟着笑起来。人类的笑，就像灵长类的呼叫一样，也历经了演化，用来吸引周围人们的注意。

第八章

嚎叫、呜啼和呼喊

一堆营火烧得很旺,火边坐了两个食人部落成员,他们刚吃完多年以来最棒的一餐。

其中一个说:"你老婆的肉烤出来实在很可口呀!"

"是啊,"另一个回答,"我现在还真的挺想念她。"

——无名氏

笑,是人类行为的重大谜团。笑,令人费解的部分原因是笑把我们的原始、理智两个部分彻底地结合在一起。然而,我们几乎都不会认为发笑是多么反常的行为,这多半是由于笑和我们的生活密切相关。就像我们的鼻子和耳垂,笑也熟悉得让人习以为常、视而不见。然而,把笑抽离我们的生活,我们就会感到失落,因为我们不断借发笑来传送奇特、神秘的信号。

笑,源于没有言语的古老时代,这种行为源远流长,远比语言的演化更为悠远。笑和玩乐与愉快的感觉有关,但却不只关乎乐趣而已。达尔文注意到,当我们感到生气、羞愧或紧张的时候也会发笑,这种笑却不是用来表达情感,而是为了掩饰情绪的。还有些时候我们可能用笑来表示妥协或顺服。①正如法国才子圣艾沃蒙的夏尔侯爵（Charles de Saint-Évremond）的说法："人发笑时不见得都觉得舒坦。"②

笑，具有社会本质，因此会传染。有人发笑的时候，其他人也会跟着笑起来。电视技术员查尔斯·道格拉斯（Charles Douglass）在1953年发明了原声笑声，这种"罐头笑声"（laugh track）到今天仍在使用，来凸显情境喜剧的笑点，使这些情节显得更加好笑。③这就是为什么当听到笑声时，尽管我们从没见过他们，也完全不知道他们在笑什么，依然不由自主地要露出微笑或咯咯发笑。

或许这就能解释，笑为什么这么普遍。不管住在哪里，属于哪一个种族，出身于哪种背景，不论他是在曼哈顿摩天大楼街区猎头企业首脑，还是在婆罗洲雨林真正地猎取敌人的首级，所有人都会发笑。笑把我们缝缀成同一个物种。连同我们的大脚趾、拇指以及构造奇特的喉咙，笑也是让我们有别于其他动物的独有特征之一。

尽管笑是举世可见的普遍现象，但我们对于人类如何变成会笑的动物，却几乎是毫无头绪的。发笑没有明显、实用的目的。若是演化坚决偏袒能展现重大实用性的特征，那么笑到底能够达成哪种目的呢？笑声很响亮，让我们成为焦点——这不见得是件好事，尤其是在莽原上躲避食肉动物，或者在冻原上猎捕猛犸象的时候。而且，我们发笑的时候往往都会失控，仿佛我们的身心都被劫持，因

---

① Adams & Kirkevold, "Looking, Smiling, Laughing and Moving in Restaurants: Sex and Age Differences", *Environmental Psychology and Nonverbal Behavior* 3(1978):117-121.

② Dante Alighieri, *Paradiso*(XXVII,5).

③ 相传道格拉斯用他发明的机器（又称为"查尔斯的匣子"或"笑匣子"）所录制的原声笑声，绝大多数都来自"雷德·斯克尔顿秀"（Red Skelton show）。由于斯克尔顿表演过许多默剧，因此道格拉斯很容易就录得一段段清楚的笑声和鼓掌声，完全不受演员声音的干扰。

此发笑不是值得推荐的生存技能。对掠食动物发笑也不是明智之举，至少得等到打猎收工，远远脱离现场，在洞穴里的营火旁边坐定，这时才可以嘲笑它们。

在演化的大熔炉中，各种行为往往都要和其他行为的交流路径纠结在一起，而且过一阵子就会变得乱七八糟，很难厘清头绪。所以我们才觉得很难明白，到底是先有笑，然后才有微笑，还是顺序正好相反。为什么一件事情我们"听了"会觉得好笑，而另一件事情要"看了"才觉得好笑？ 还有，为什么笑总是在我们不经意间爆发？ 要了解笑的起源，非得依靠心理考古学不可，这样才能使我们拿我们的灵长类至亲的吉光片羽，来和对自己的详尽观察做个比较。

∞ⓒ⨳⨳⨳⨳⨳⨳⨳

几年之前，英国赫特福德大学的一支由心理学家理查德·怀斯曼 (Richard Wiseman) 带领的团队进行了一个研究，他们决定找出世界各地的人到底觉得哪些事情真正好笑，他们称这项研究为"笑话实验室" (Laugh Lab) 计划。他们还建了一个网站，邀请大家提出他们最爱的笑话，同时，他们也征集网友给这些笑话评分。没过几天，笑话实验室网站就名列全球十大网站之一。在一天当中点击网页的人数多达三百万。最后共有三万五千人投递了四万则笑话，评分次数则多达两百万。①

笑话实验室详尽地分析了所有信息，其过程令人捧腹，随后又把被评选为最好笑的笑话公之于世。以下是那则入选的作品：

---

① 编按：以上实验详情，请参见理查德·怀斯曼所著《让你瞬间看穿人心的怪咖心理学》一书第五章，漫游者文化事业股份有限公司，2008 年出版。

新泽西州有两个猎人结伴前往林中打猎，其中一个不慎摔倒，两眼翻白，好像没气了。另一个人迅速拿出手机打给急救中心。他上气不接下气地告诉接线员："我的朋友死了！我该怎么办？"接线员沉声安抚说道："别慌。我可以帮上忙。首先，你确认他是真的死了？"一阵沉寂后，接着，一声枪响。这个人继续说："好，接下来呢？"

这则笑话为什么被选为是最好笑的呢？怀斯曼表示，因为它能迎合广大民众。不论是比利时人、德国人、美国人还是英国人，男女老少读了全都喜欢。怀斯曼推论，这种吸引力来自心中的优越感，读者觉得打那通电话的猎人实在不怎么高明，比自己差多了。另一点是，这则笑话提供了一个纾解的渠道，可以排遣一种凡人皆有的情绪，也就是人对死亡的恐惧。

早在 1905 年，弗洛伊德就针对笑话提出了相仿的看法。他说道，笑话以社会容许的方式，来掩饰或释放害怕以及原本不合时宜的感受。他推想笑是借助身体来表现释怀感受，因为发笑时能把某种困扰表达出来。他说，这很像我们做梦时所做的事情——无意识地传达出我们在有意识的时候不能完全释怀的情绪。[1]换句话说，笑和潜意识具有连带关系。或许笑话、双关语的作用和梦很像，因为它们往往都源自我们睡觉时从心像意识浮现的淫秽或攻击倾向。每则笑话背后都潜藏着某种阴暗、骇人的东西，甚至还有怒气。不过，笑话本身采用正面伪装的手法，于是这种黑暗面才得以表达出

---

① 弗洛伊德研究"笑"所得的成果，主要发表于 1905 年出版的《诙谐与潜意识的关系》一书中，英文版由乔伊斯·克里克 (Joyce Crick) 翻译：*Wit and Its Relation to the Unconscious*,（New York: Penguin Classics, 2003）。

来。最后就产生出一种难以名状的感觉，我们称之为好笑。①

笑话实验室并不完全认同弗洛伊德。他们归结认为，关于打猎的笑话之所以让那么多人都觉得好笑，最令人信服的理由是情节矛盾至极。若有人那么在意朋友，事发之初马上打紧急电话求救，想来他应该回头仔细检查他的脉搏，不会开枪射他。结果完全让人出乎意料，在这种情况下才显得极其可笑，因为反差实在太大了。

幽默的黑暗面和逻辑的反差，似乎就是引人发笑的最核心因素：出其不意。我们的心意首先必须朝向某个方向，突然不期然被扭转改朝另一个方向，这样才会觉得好笑。②于是在那惊诧、困惑的瞬间，当我们的神经元奋力处理所有矛盾线索，设法厘清整团混杂的信息时，我们猛然"领会"、想通那则笑话。也就是这样，我们才永远无法精准预测发笑的时机，因为首先我们从不在有意识的状况下决定要发笑。从来没有。事先准备好的笑不是真笑，这种笑声多数人一听就知道是装出来的。

怀斯曼的笑话实验室不只观察笑话对我们产生的反差作用，甚至还采用功能性核磁共振造影来测量这种效应。他们用这种仪器来窥探人脑，首先记录聆听不同笑话最开始的情况，接着再观察听到

---

① 弗洛伊德认为，一个笑话讲得好，讲的人和听的人发笑的源头是相同的，他称之为"精神支出的精简使用"。到这个时刻，潜意识压抑的危险概念表达出来了，然而接下来这种轻松传达的本质，却让张力得以纾解，于是我们释怀发笑。就好像婴儿发现乍看之下相当危险的处境，原来并不危险，于是他也笑了。他认为这会产生两种喜乐感受：释怀而来的喜乐，还有以出乎意料的新奇手法来玩弄字词的单纯乐趣。

② 作家及诗人多萝西·帕克（Dorothy Parker）极擅长处理反差，她也是20世纪极高明的谐趣大师。每当遇上可表现本领的良机，她都绝不放过，总要设法把两种出人意表又令人捧腹的概念，并列在一个句子里，创造出种种可笑的冲突。有次她在研究凯瑟琳·赫本（Katharine Hepburn）在1933年舞台剧《湖》（The Lake）中的演出时，写道："她的演出非常亮丽，从A到B等所有情感全都表露无遗。"还有一次她莅临耶鲁的一场舞会，当场就很婉转地说道："倘若（现场）所有女孩全都给塞到脚尖接脚跟，我也完全不会感到惊讶。"还有一次她劝诫害相思病的人："别把你的卵全都留给一个坏胚子。"

妙句笑点的反应。随后他们让同一组受试者聆听几个不好笑的句子，取得扫描记录，拿来和这些影像做比较。

扫描发现，幽默和笑都零散地分布于整个脑部。没有所谓的喜剧中枢，至少就大脑来看是这样。我们的一丛丛神经元专心致力掌管笑和幽默的种种不同向度——有的脑区负责听、看、辨识旁人的笑声，有的区域负责分辨双关语和低俗幽默，另有特殊神经元专门向我们的肺部和咽发送信号，于是我们才不单觉得好玩，还能真正发笑。然而，这所有机能并没有完全集结到单一位置。这显示人类的笑，历经岁月演化，从比较老旧的改变成比较新颖的，同时还把较新近出现的和较老旧的串联起来。

"为什么鲨鱼不咬律师？专业礼遇嘛。"这则语义笑话一开始先由位于双耳上方的颞叶处理。"为什么猴子不喜欢平行线？因为平行线没有相交（香蕉）！"这类双关语先在脑子左侧（掌管语言的一侧）的韦尼克氏区附近处理，想来是由于双关语先天就属于口语类别。[①] 我们使用好几处脑区来整理我们获得的原始信息，随后再构思出我们所聆听内容的基本意义。不过这还只是部分的处理过程。

笑话实验室的核磁共振造影显示，当受试者觉得笑话有趣，脑中某个区域就会突然亮起来，这是一处非常明确的脑区，位于右眉

---

① 这些发现得力于多伦多约克大学（York University）维诺德·戈尔（Vinod Goel）和伦敦神经医学中心（Institute of Neurology）雷蒙德·多兰（Raymond Dolan）的研究成果。当时两人都在研究，脑中什么部位发生了哪种心理转移，才引人发笑。他们采用功能性核磁共振造影来研究这些问题，共有 14 位健康的人，一边聆听两类笑话，一边接受扫描。一半笑话属于"语义"类别，比如那则鲨鱼的笑话，另一半则属于双关语类。受试者还听了没有点睛妙语的俏皮话，作为控制笑话组。结果让他们惊奇，不同类的笑话竟然在完全不同的脑区范围处理。语义式笑话使用一套位于颞叶的网络，而处理双关语的部位，却是在负责说话的脑区附近。参见 "The Functional Anatomy of Humor", *Nature Neuroscience*, vol. 4：3（March 2001），p. 237。

正上方，称为"腹内侧前额叶皮质"。这丛神经元是脑中最有资格被称为笑穴的地方。好多项脑扫描实验显示，我们就是靠这处位置来"看出"不一致的现象，接着标示出让我们发笑的惊奇笑点。[1]这就是脑子负责"领会"笑话的区域。[2]

然而，脑子负责体验"可笑"感受的区域并不在这里，而是位于另一处地方，二者相隔很远，它坐落于脑子基部一处区域，称为"伏隔核"，它的作用很合逻辑，和动物的正向情绪有连带关系，如今已得到确认，这个位置对节制药瘾具有重大影响。实际位置和这片脑区相当接近，事实上，有些研究人员怀疑，它也许能有助于解释，为什么我们大笑永远不嫌多。毕竟，乐趣本身也具有成瘾特质。

最后，脑中还有一个实际触动发笑的区段，能帮我们指挥拇指和其他指头来打造工具，并且引领我们的肺部、喉咙和舌头来发音吐字。科学家称之为运动辅助区（SMA）。本区位于脑顶，精确位置在20世纪90年代晚期首度确认，当时罗切斯特大学医学院的几位研究人员对13个人进行了四项幽默实验，同时扫描他们的脑部。第一项实验要受试者分别聆听录音笑声并跟着发笑。进行时没有用上笑话。这就像不看情境喜剧只听笑声录音一样。第二项实验要他们聆听笑声，却不让他们跟着笑。第三项实验要他们分别阅读笑话。第四项则要他们接连观看几段没有台词的动画片。

核磁共振造影仪显示，每当有人因故发笑，运动辅助区总会活

---

[1] 笑话实验室的电脑统计了网友投递的每则笑话所含的字数，结果发现，含103个英文单词的笑话最好笑。获选笑话——"猎人"的长度为102个单词。

[2] 20世纪三四十年代，医生施行前脑叶白质切除术来治疗形形色色的心理问题，结果也经常破坏这处脑区。不幸的是，最后他们才明白，尽管前脑叶白质切除术并没有破坏患者的思考、推理能力，却往往把他们的人格改变了，导致他们很难和旁人建立微妙的情感关系。

化。这个区域对形形色色的运动似乎扮演了一种核心角色，影响手、脚、腿，甚至双眼。就笑的情况而言，这里能集结其他脑区发出的各种不同信号，从而得知这时就该发笑，并发送脉冲来刺激我们的喉咙、胸腔和我们发笑时脸部用上的 15 条肌肉。

奇怪的是，就算遇上并不真正好笑的事情，脑中这处部位依然会触发笑意。这是几年前一组外科医生在加州大学洛杉矶分校医学院的发现。当时这组医生正在进行脑部探查手术，设法诊断一位十六岁少女的癫痫顽疾。他们把电极植入这个少女脑中不同的部位，希望确定是哪些区域造成了她的疾病。他们发现，当运动辅助区附近的神经元受到刺激时，她往往会跟着发笑，即便现场并没有发生什么可笑的事情。他们询问她觉得哪里有趣，结果她的回答令人回忆起加扎尼加的脑裂患者，联想到他们如何编造故事来解释自己为什么画出古怪的图像（参见第七章）。举例来说，若是她在脑部刺激引她发笑的时候阅读一段故事，即便故事并不好笑，她还是会说自己读到了有趣的内容。有一次，她让两指指尖相触给一群医生看，与此同时一道电流刺激她发笑。当她被问起发笑原因，她却答道："你们这些人太好笑了……四处站着。"[1]这大概也有助于解释，为什么有些研究显示，就算我们并不觉得快乐，微笑还是能够让我们觉得比较快乐。每当我们发笑或露出笑容，显然我们的心智都会告诉我们，我们肯定是很快乐的，所以我们也跟着高兴起来了。

在美国爱荷华州有个奇怪的案例，有个人从事庭院设计行业，科学文献将他简称为 CB。他的病痛让人联想起各种不一致现象并

---

[1] Itzhak Fried, Charles L. Wilson, Katherine A. MacDonald, Eric J. Behnke, Division of Neurosurgery and Departments of Neurology and Psychiatry and Biobehavioral Sciences at the UCLA Medical School, "Consciousness and Neurosurgery", *Nature* 391（February 12,1991）.

列的情况，对我们觉得可笑的事情来说似乎是很重要的。CB 在 48 岁就中风了。所幸他完全康复，只留下一种令人费解的毛病：有时他会不明就里地失控爆笑。他这种情况几乎都在并未遇到任何有趣事情的时候出现。事实上，他根本没有萌发什么可笑的想法，身边也没有任何逗趣的人。然而他却突发爆笑。不只如此，还有些时候他会猛然发现自己在失控啜泣，此时同样也完全没有感受到平常会让我们哭泣的情绪。他的情绪就像暴风雨一样说来就来。

CB 患上的病十分常见，这种病症本身有个医学名称，叫作"病理性哭笑"。基于种种缘故，被病理性哭笑折磨的人，脑中有几处非常狭小的区域受损，这些区域都和运动辅助区以及负责传递其信号的路径有关。不知道为什么，有些神经元会径自放电吩咐该发笑、哭泣了，然而实际处理情绪、真能引人发笑或落泪的脑区，却没有发出这种指令。

我们多数人并不受这种病痛的困扰，不过有趣的是，一项有关笑和反差效应（我们前额叶皮质察觉到的）起源的核心理论却认为，这可以追溯自几处和哭笑都有关联的神经位置。经过仔细研究发现，这种关联性很可能并非只是巧合。

〰️

达尔文曾指出，一个人发笑时，脸部表情看起来和哭泣时并无二致。后来，英国动物学家德斯蒙德·莫里斯在他的科普书《裸猿》中率先推想，笑的渊源也许真的和哭有直接关联。

我们出世之后，头几个月都采用一种原始的做法来表达害怕、孤单、痛苦或其他任何不适：扯开喉咙放声长嚎。这种表达观点的做法很简单，却十分有效。当过父母的人都可以告诉你这一点。

刚出生的头九十天，我们不问青红皂白地全都这样做。成人会试尽一切做法——换新尿布、喂食、保暖，只要能解决婴儿的问题就好。在这个生命阶段，所有脸孔看来都是中性的，因此每个表情都是好的，因为这时的婴儿，完全没有认知能力来分辨熟人和陌生人的脸孔。

不过，等到了第四个月时，脑子的某个基本层级开始接通线路，让我们得以认识主要负责照顾我们的人。这就是我们开始微笑、咯咯傻笑的年纪，从而为人际关系树立一个重大的里程碑。父母亲总认为孩子第一次露出笑容是人生大事，因为这表示子女和他们不再只有务实关系，而有了一种人际间的关系。孩子仿佛在说："我认识你！ 你很特别！"孩子是朝着父母本人来做反应，不再像个填不饱的胃，只要能满足基本需求，任何人都好。这就产生出一种强大的牵绊力量。

我们从这个角度来看，婴儿的笑可以看成一种生存技能。和其他灵长类相比，人类宝宝基本上都早产了12个月，因此我们出世的时候，成为了地球上最无助的哺乳动物。我们势必得争取双亲投注大量心血，殷勤看护才行。我们很容易受伤，我们接连好几个月都低能得抬不起头，也无力行走。我们需要夜以继日的悉心照料、喂食和看护。

不过，婴儿的笑展现出一种强大的情感天赋，鼓舞看护者更加悉心照料。笑得愈多，联结束缚也愈紧密；联结束缚愈紧密，存活几率也就愈高。这触发了一种潜在的回馈回圈。这或许能解释，为什么在所有文化中，父母全都和宝宝做游戏，逗他们发笑。

不过，当初是哪种现象触发这种游戏——发笑回馈回圈开始运行的呢？莫里斯说明如下：设想你是史前时代一个四个月大的婴儿，由母亲抱着一起散步，这时你突然受了惊吓。既然只有四个月大，你的直觉反应就是哭泣。不过片刻之后你就明白，肯定不会有事，因为母亲把你紧紧抱在怀中，安全得很，而且母亲也在哄你、安慰你，告诉你不会有事的。这阵害怕的感觉在瞬间消退，你也完全放心了。你哭到一半，噫一声体会到这点，于是原本那声嘹亮的长嚎，霎时中断变成一阵哈哈的笑声。

就如莫里斯所想，混杂的输入就这样结合起来，发出了一种看似矛盾的信息：（1）有危险，（2）然而危险却不是真的，你没问题。这就是最根本层次的反差效应。他推想，也许笑就是从这种警惕和放心的结合体演化而成的。①

有关游戏的情况也是如此，从演化观点视之，这完全就是不一致的对立事项。游戏似乎和乐趣有关，然而就像笑本身，其实却是一种生存技能。幼龄哺乳动物的模拟打闹、互咬、翻滚、追逐，让它们有机会排练演习，为将来的真正战斗做准备。

灵长类动物戏要时大半也会相互胳肢呵痒。幼龄黑猩猩和大猩猩花很多时间彼此呵痒，也让直系亲人帮它们呵痒。有些研究人员对此提出一项观点，认为幽默的基础建材有可能搭盖在大自然的呵痒反射的这个根基之上。②毕竟，呵痒展现的动态作用，许多都和更精妙的幽默所表现的雷同。举例来说，呵痒也包含了惊奇的元素，也许这就有助于解释，为什么我们没办法给自己呵痒（你的运动辅助区不让你这样做）。呵痒也有危险和安全、乐趣和不适并列的现象。这是种模拟攻击。甚至还有神经学实验指出，呵痒的感受分别沿着两组神经纤维同时传送，两组纤维历经演化，分别负责标

---

① Daniel N. Stern, *Interpersonal World of the Infant*(New York:Basic Books,2000).

② 若婴儿很喜欢呵痒，父母就可能对此投入较多的身体游戏（因为他们这样做时，婴儿便发笑，从而鼓励他们的行为）。接着这种包括呵痒的游戏，还扩展成为其他类型的幽默身体游戏，最后变成心理游戏和文字游戏，从而鼓舞孩子对一切幽默类型发笑。参见A. J. Fridlund and J. M. Loftis, "Between Tickling and Humorous Laughter: Preliminary Support for the Darwinian-Hecket Hypothesis", *Biological Psychology* 30(1990):141-150。

记完全相反的感受：一组负责愉快，另一组负责痛苦。最后，就像所有幽默一样，呵痒同样是一种人际事务。至少要有两个人才能呵痒，和笑的情况（通常）相同。①是这样吗？

科学家克莉丝汀·哈里斯（Christine Harris）深深地迷上了呵痒的人际本质问题，于是她安排了一项奇特的实验，设计宗旨是要搞清发笑（甚至呵痒发笑）是否非得两个人不可。她的期望是，若能搞清呵痒发笑的本质，说不定就能由此掌握其他所有笑法的运作原理。

不过，虽说呵痒动作总是由人类来进行，不过你该怎样实验，才能评判人际接触是不是让呵痒感觉很痒的要件？换句话说，你该怎样把人的因素从呵痒情境中排除？哈里斯和她的团队断定，发明一台专门用来呵痒的机器也许能够奏效。她设想，倘若呵痒发笑至少还得牵涉另一个真正的人，那么用一台机器来呵痒就不会有人发笑。

然而，这又引出另一个问题：该怎样发明一台能呵痒的机器，还有，该如何确保被呵痒的人并不知道，究竟是机器还是人类呵的痒？最后，研究人员做了点儿手脚。他们在实验室中发明了一台模拟呵痒机，包括一只机器人模样的手、一根吸尘器吸管，还有一个治疗气喘用的喷雾器，好发出令人信服的音响效果。不过这只手不是真正的机械手，它连动都不会动。

受试者得知自己会被呵痒两次，一次由人来做，一次则由机器来做。接着他们被蒙上双眼，表面上是帮他们更专心注意呵痒的感

---

① 1872 年，达尔文在其《人和动物的情感表达》（*The Expression of Emotions in Man and Animals*）中表示，安适的社会处境是很重要的，他写道："心理必须处于愉快的情况——幼童若是被陌生人呵痒，就会害怕得尖叫。"同理，作家阿瑟·凯斯特勒（Arthur Koestler）也在 1964 年指出，被呵痒的人只有觉得这是种无害的玩乐打闹才会发笑。

受，实际上所有呵痒都由同一只人手进行，那是另一个实验者的手，他就躲在受试者身边一张铺了悬垂桌布的桌子底下。受试者得知他（她）会由机器呵痒一次，接着再由人类做一次，同时这个实验者也很小心地采用相同手法来呵痒。倘若当受试者认为自己是被人类呵痒的时候就会发笑，而当他们认为自己是被机器呵痒的时候并不发笑，那就表示呵痒非得有人际接触不可。结果发现这并没有关系。不论受试者认为动手呵痒的是机器还是人类，他们都笑得一样多。就连受试者单独和那台"机器"留在房间，心中认为附近完全没有旁人的时候也是如此。

然而无论如何，身体也许总有办法感觉出那是人类在呵痒，而且在无意识之间，每位受试者也都能认出，所谓机器呵痒实际上是人类呵的痒。这点我们无从解释。不论事实为何，即便我们认为呵痒发笑和幽默发笑是不同的笑法，不过看起来二者的关系确实是相当密切的。毕竟，呵痒发笑似乎完全不牵涉机智和幽默，然而它倒是牵涉种种繁杂信息和相同的反差对比。说不定我们能从呵痒瞥见一种比较单纯、原始的幽默形式；同时，说不定促使我们在耳闻目睹有趣的事物之时发笑的高级认知经验，也就是从这个基础往上搭建的。或许视觉、口语幽默都可以算是象征性的呵痒，差别就在于呵痒的部位并不是我们的脚、肚子和脖子，而是我们的心智。

❦

呵痒和游戏以及游戏和幽默，可能还有其他几种连带关系。纵然我们抗拒呵痒，却仍有例外，愿意让自己信赖的人呵我们的痒。达尔文指出，不管是哪个小孩，被没见过的人呵痒，都不大可能会发笑。他猜测事实上这个小孩还会恐惧尖叫。呵痒是种亲昵的举止，它让我们和已经很亲近的人建立更亲昵的关系。当我们和朋友，甚至和陌生人一起欢笑、开玩笑的时候也是如此，我们正在和他们建立情谊。这就让笑成为一种强大的非口语沟通形式，能把我们团结在一起。想想我们这个物种是多么需要人际交往，笑在这其中有极高的价值。

不过，我们发笑时的笑声，还有我们体验到的情绪感受，都是怎样来的呢？我们发笑时，为什么会发出那种奇特的声音，为什么脸庞会扭曲？还有，为什么笑总是在我们不经意间爆发？换个说法，笑是怎样演化出现的？

黑猩猩戏耍翻滚，相互追逐、呵痒的时候，会同时发出非常清晰的喘息声，就像在快速呼吸。有些科学家将这个称为笑声，然而其实这和人类的笑声完全两样。不过，这并不代表它们没有建立关联。马里兰大学心理学家罗伯特·普罗文（Robert Provine）对笑的起源有深入的研究，他认为这种喘息声是演化自黑猩猩玩累之时的呼吸方式。他猜想，它们努力想喘过气的举止，最后发展成一种仪式化沟通，同时也表示"我玩得很开心。我是在和你玩，不是在打斗"。如果真的如此，那么对呵痒的身体反应，最后可能就演化成一种象征性反应，也就是如今我们所见的人类的笑。

黑猩猩的喘息和人类的笑仍然是不同的。黑猩猩的喘息和所有的喘息声一样，是一种把空气吸入、呼出时发出的声音。不过，人类却只有在呼气时才发出笑声。关于这点有一个解释，那就是我们对声道的控制在推挤空气时比吸进空气时精准（不信你吸气时讲话试试）。我们讲话时会快速吸气，这样才能连成长句并在呼气时说出。这基本上表示，我们让呼吸居次，讲话为先。或许这也是为什么，当我们听到旁人讲出诙谐的言论时，并不像黑猩猩被呵痒时那样喘息。

我们所有的笑声都是呼出来的（不过当我们笑得太激烈时，偶尔也会因笑岔气而吸气喘息）。

普罗文推论，我们之所以不像黑猩猩那样喘息，是因为我们不以四肢行走，而是用双腿走路。他录下数不胜数的人类笑声，经过彻底钻研之后才得出这个结论。他发现，不论吃吃发笑或者捧腹大笑，我们一般都把笑声截成一股股气流喷发出来，每股约持续十五分之一秒，相隔约五分之一秒再接着喷发。①不过，不论我们喷气的频率有多高，声音始终都是呼出来的。所以人类发笑时才会发出独特的哈—哈—哈断音节奏。

不过黑猩猩并不将喘息截成简短的片段。它的喘息声音拉得较长，每次呼吸发出一声喘息。这样做的理由是，就像多数四足式生物（别忘了，它们大半采用指节行走）一样，黑猩猩的呼吸模式也受限于它们的行走节奏，一步一呼吸。②黑猩猩没办法像我们这样精准地控制肺脏并管理负责呼吸控制的肌肉。它们的呼吸和玩耍时的喘息，都与它们的四足形式有关。

普罗文表示，我们之所以能够召集这些呼吸肌肉，原因就在于直立行走让我们摆脱一步一呼吸的常规。③倘若他说得没错，那么这就表示，尽管我们的笑声和发笑节奏渊源迥异，言语却已经在这两点都留下了特有的标记。我们发声和发笑的方式是相同的，部分由我们演化

---

① R. R. Provine and Y. L. Yong, "Laughter: A Stereotyped Human Vocalization", *Ethology* 89 (1991): 115-124.

② 这是由于四足式动物每迈出一步，爪蹄触地的时候，它就必须吸气来撑住自己的躯体，不然就无法把所需空气保留在肺里。

③ 我们跑步时，每次迈步都能呼吸多达四次，次数的多少要看我们跑得有多快、连续跑多久而定。然而，其他哺乳动物就没有选择余地，每迈步一次都得呼吸，这样一来你就会认同，猎豹以时速近百公里追捕瞪羚时也是以极高的频率来呼吸的。参见 Robert Provine, "Laughter, Tickling, and the Evolution of Speech and Self", *Current Directions in Psychological Science* 13(6) (December 2004): 215。

出说话的能力所致。①不止于此，我们之所以这样讲话、发笑，是由于我们的大脚趾首先就让我们能够挺直站立，并学会以另一种方式来呼吸所致。

◎◎◎◎◎◎

我们发笑时连带出现的面部表情又是另一回事，不过表情的起源也可以回溯自游戏和原始沟通形式。这些源流途径非常复杂。

当黑猩猩面对真正的威胁，或发怒准备攻击时，它们会向后咧开双唇，牙齿全部外露。它们尖啸呼吼，通常还大肆引发剧烈的骚动。这样的咆哮和伴随做出的所有举止，事前都没有真正经过考虑，完全依循本能，是种受遗传驱动的非计划性行为。

荷兰乌得勒支大学动物行为学者扬·范霍夫 (Jan van Hooff) 经常在演讲时，针对几幅影像阐明这些观点。他播放的影像，都引自约斯特·德哈斯 (Joost de Haas) 制作的一部纪录片，讲述的是人类和灵长类的行为。范霍夫站在荧幕旁边，把黑猩猩打斗、跳跃的影像，和人类捧腹大笑的影片、照片并列展现。乍看之下这些影像似乎毫不相干，实际上却有令人非常惊讶的连带关系。

举例来说，黑猩猩戏耍时只会低垂下唇露出齿列，和真正攻击时那种咆哮、露齿挑衅的做法相比显得更加柔和。范霍夫解释说，这是一种信号，表示它们并没有真正发怒。它们有这种表现的时候，口部往往和我们发笑的嘴形比较相像，而且不像我们对旁人怒吼叫嚣的时候露出那么多牙齿。

---

① 我们的新生解剖构造，塑造出人类笑的本质，这可从以下现象看出端倪：控制说话的肌群，通常只在我们有意识地决定放权，让它们主导之时，它们才能掌控形势。平常我们有办法止住笑声，主动控制呼吸并按照意愿说话。然而，当我们有时笑得太厉害，原始机制不肯放弃控制时，我们会在笑声停止前，讲不出半个字。

脸部其他部位也有区别。黑猩猩戏耍时双眼睁得比较大，这表示它们并没有激烈地打斗。同时它们也不会皱起眉头。这两样加上喘息声音，愈发显示这场打斗是在做戏，并不是真的。若是我们有办法拿人类特有的笑声，取代黑猩猩喘息的声音，那么发笑的人和戏耍的黑猩猩看起来就可能非常相像了。[①]然而，二者却不完全相同，理由很简单：和我们的黑猩猩、大猩猩表亲相比，人类的面部肌肉数量太多了，因此表情能做得远比它们更为丰富，表现手法也比它们微妙得多。不过，由此仍有可能看出我们的"笑脸"是如何从类似猿类戏耍时使用的同类表情演化出现的。它们（还有我们）修饰脸孔，来表示"只是在开玩笑啦"。

普罗文和范霍夫的研究有助于解释，为什么我们发笑时是这副模样，还发出这种笑声；却依然没有解释，为什么笑总在我们不经意间爆发。然而，后来发现的理论可以解释这一点。

假如你从来没有听过笑声，那么现在试听片刻。把背景摆在一旁，笑声听起来就像动物发出的丛林中的野性呼叫，或是两个非人类物种个体相互发送的原始信息。出现这种现象是因为，我们的笑声和黑猩猩激动尖叫声的共通特性，要高于与丘吉尔流利讲演相比的雷同程度。这项特征让笑声显得比言语更单纯，也更神秘。我们讲话时会构思想法，接着多少要着意遣词用字来表达心中的观点。至于笑声则是以另一种方法展现：我们是由于心理和情绪受了伏

---

① 这段起码有部分引申自莫里斯的早期理论，他认为笑演化自"假扮"攻击，也就是其实并不恐怖的恐怖情境。微笑和大笑都是攻击的仪式化版本，因此这类表情和动物戏耍有连带关系，戏耍时它们脸上的表情和反应都是仪式化的。发笑出自张力纾解，这就表示动物已经想通，原来的恶劣处境并不是真的。就我们的情况而言，拥有表情丰富的脸庞，也有利于发出更清楚的信息。

击，这才发笑。①

其他灵长类和它们的呼叫也有相同情况，即使这种呼叫和幽默甚至于玩耍没有丝毫关联。举例来说，当黑猩猩在林间觅食，找到食物时，它们会不由自主地以特有的方式呼叫，让附近的其他个体（通常是直系亲属）知道它们找到了东西可吃。这是演化的一点小伎俩，这种手法可以让觅食团体的家族成员，更有机会存活下来，算是一种分享财富的方式。这也是传达"这里有食物！"的声音符号。不过，和语言不同的是，这并不是学来的；这种呼叫是天生的，是通过遗传取得的，它就这样进现出来，就像大多数狗察觉到危险都会吠叫一样，是抑制不了的。

珍尼·古道尔讲了一个很棒的故事，显示这种呼叫是如何不受掌控的。②她和一群黑猩猩一起住在贡贝一处观察区附近。在进行研究时，她把一堆香蕉藏起来让黑猩猩去找，有一天，一只黑猩猩意外寻获这堆丰盛的果实，开始不由自主地发出食物呼叫。不过就在呼叫声从喉咙泄出之时，这只黑猩猩却伸手捂住嘴巴，不让声音发出来，就像你我去教堂或参加葬礼，见到可笑的事物想捂住笑声的做法一样。然而这却止不住呼叫，就像我们有时也制止不了自己在不恰当的场合发笑，结果当然好不到哪里去。于是它站在森林里面，伸手猛捆自己嘴巴，却依然不由自主地发出呼叫，向听力所及范围内的所有黑猩猩透露自己拥有的这笔惊人财富。我们可以说，

---

① 这个观点对于哭和啜泣同样成立。通常我们很难边哭边讲话。我们没办法控制发笑和哭泣的现象表示，负责指挥双唇、舌头、膈膜和肺部的运动系统，并不纳入脑中负责产生笑声各部位的意识控制范围。说话能力则逆转这种关系。说话能力也控制呼吸和声韵等机能，并以极其微妙、顺畅的手法，来修饰声音输出。换言之，尽管我们心目中的笑和哭，有可能是在说话能力之后或者同时演化出现，其根源却远溯自更早期的无意识沟通形式，比如呜啼和呼叫。

② 参见珍尼·古道尔的著作：*The Chimpanzees of Gombe*；*Patterns of Behavior*（Cambridge, Mass.: Harvard University Press, 1986）。

千万年的演化占了上风，消息就这样传了出去。

笑也是这样。我们始终不能预料到马上就要发笑，而且一旦开始发笑，我们也只能有限度地止住笑声。所以看起来，我们发笑的时候，是一脚踏进原始世界，另一脚则站在现代人类世界，也就是必须依靠高明才智的世界的时候。

最佳良药

新近研究发现，笑能够发挥强大的治愈效果。我们发笑的时候，脑子和内分泌系统会分泌出多巴胺、去甲肾上腺素和肾上腺素，连带也释放出能止痛、畅快心神的脑内啡和脑啡肽的混合成分。这所有成分不只会把微笑摆上我们的脸孔，还能强化免疫系统，因此确实能够让我们更健康。

脑内啡是天然生成的神经化学物质，能止痛，还能抑制各种不适的情况。举例来说，有些科学家推论，患有严重头痛的病人的脑内啡水平较低。脑内啡之所以能够纾解疼痛，是由于其氨基酸成分附着于脑部和脊髓的受体所致。附着之后，氨基酸就会阻滞神经冲动，不让痛觉信息从身体的不同部位向脑皮质区发送。同样这批神经系统接收器也负责对吗啡做出反应。

脑啡肽和脑内啡的作用非常相像，同样也能抑制疼痛。鸦片对我们的效果之所以这么强烈，理由就在它的化学成分和多种脑啡肽都极为相似。另一方面，多巴胺虽然不玩配对游戏，不过没有它，你的脑子就没办法妥善运作。帕金森氏病正是由于患者的多巴胺水平过低才导致的。显然，能掌握充分的多巴胺库存是件好事。最后，去甲肾上腺素是一种神经传导物质，具宁神之效，还能纾缓压力。当脑中去甲肾上腺素的含量充分，这种物质就能防范心智困坐愁城，焦虑过甚。

笑释放出的"化学物质家族"中有个异类，那就是肾上腺素，它不具安神效果；不过当它分泌时，却能暂时纾解我们的疼痛感觉。这种物质的经典生效时机，就是我们进入逃逸或战斗模式之时——和老板起冲突，在酒吧饮酒，在莽原上面对一头饥饿的狮子。这种物质由肾上腺释出，能提高心跳速率、松弛支气管和肠道肌肉、刺激心脏，还能让心思更为敏锐，实际上就是让身体预做行动准备。这似乎有点古怪，为何我们在快乐时还会释放出这种化学物质，不过，或许这就是为什么我们大笑的时候，新陈代谢也会有明显反应。也或许笑中有个代表威胁的部分，必须等到我们领悟到那是在躲猫猫，或听出一句犀利的点睛妙语后，心中才能放松下来。或许这就代表笑的神经化学的黑暗面。

发笑时释放出的神经传导物质具有非常强大的正面效应，促使医学以此为主轴，并逐渐发展出一个分支领域。20世纪80年代，作家诺曼·卡曾斯（Norman Cousins）罹患强直性脊柱炎，这种退化性结缔组织疾病会大幅削弱行动能力，结果他甚至连手指都举不起来。医生告诉他，完全康复的机会是五百分之一。卡曾斯完全丧失行动能力，沦入只能卧床看电视的处境。然而后来，根据他的说法，他是这样找到纾解之道的。他注意到，在看了马克思兄弟（Marx Brothers）的喜剧和《偷拍众生相》（Candid Camera）影集之后，他的痛苦纾解了，也比较容易入睡。最初他纯粹是为了暂解痛楚才看，最后他却把幽默和笑当成一种疗法。一阵子之后，他发现笑真的开始发挥疗效了。他最终的确完全康复了。①

有些科学家受卡曾斯故事的启示，更认真地审视笑的治愈力量。还发展形成了一个令人叹服的成就。加州大学洛杉矶医学中心指出，观赏好笑的影片，不仅可以帮助就诊病童忍受痛苦，熬过癌症等疾病和创伤的医疗过程，同时真能释放出自然杀手细胞（NKs，natural killer cells），借助这种固定在体内巡逻的淋巴球，揪出一切受了感染或出现畸变的细胞，它们就像警察，不断打探哪里出了问题，找到之后就设法予以排除。

显然，某人罹患癌症或其他病症后，身体会有较多细胞出现异常或受到感染，所以凡是能够提高自然杀手淋巴球效能的东西都是好的。当我们发笑的时候，正是发生了这种事情。加州大学洛杉矶分校曾针对年轻病患做了一项研究，结果显示，笑不仅能够生成更多的自然杀手细胞，还能提高它们的活力和效能。科学家还观察到抗病B细胞增多的现象，这种细胞负责制造能对抗呼吸感染症状的免疫球蛋白抗体。另有一种称为"补体3"（Complement 3）的物质也增多了，这能帮助抗体突入失常细胞，摧毁攻击对象。②

另有一项研究是在日本大阪完成的，几位21岁的青年男子依指示先观看一段旅游影片，再观看日本最著名的喜剧演员

① N. Cousins, *The Anatomy of an Illness*（New York：Bantam Doubleday Dell，1991），and "The Laughter Connection" in *Head First：The Biology of Hope and the Healing Power of the Human Spirit*（New York：Penguin Books，1989）.

② 参见李·伯克博士的访谈："Psychoneuroimmunology of Laughter"，*Journal of Nursing Jocularity* 7，no.3（1997）：46-47；http://www.jesthealth.com/art26jnj9.html。

表演。研究团队并没有发现自然杀手细胞增加，这点和加州大学洛杉矶的研究有别，不过他们倒是发现，自然杀手细胞的活性强化了27%—29%。换句话说，虽然自然杀手淋巴球的数量并没有增加，然而它们巡逻、杀死畸变细胞的精力和气势，都比发笑之前更强劲了。无论如何，看来《圣经·箴言》说得对，这些作者在四千年前就曾总结过："喜乐的心，乃是良药。"（《箴言》17章22节）①

你也许会认为，我们发笑的时机，多半是在看电视或上电影院，被动地观赏喜剧演员或某种好笑镜头的时候。然而这却并非事实。我们发笑的时机，绝大多数都是我们单纯地享受旁人相伴的时候。事实上，我们在社交场合发笑的频率，30倍于我们独自一人的时候。②这是由于笑的目的，完全在于巩固社会关系和进行沟通。

普罗文的研究中还有一方面也阐明了这点。十多年来，他和他的学生在购物中心、酒吧和咖啡馆偷听别人闲逛、聊天，最重要的是观察他们的发笑举止。他们随身携带笔记本，用记号表示讲话的是男性或女性、在什么时候发笑，还有发笑前一刻讲了什么话。他的学生团队见识了好多奇妙的人类行为，特别是涉及男女关系的举止。

还有个十分奇怪的现象，正如普罗文的研究显示，我们开口讲话的时候，发笑频率比聆听的时候高46%。此外当我们的同伴男女

---

① 大阪科学家还有一项有趣的发现，笑得多猛和笑声有多响亮，对自然杀手细胞的活性强化作用并没有影响。较好的指标是受试者的感受，看他们的事后感觉如何而定。真正与自然杀手细胞巡逻数量增多有关的，是他们心中抱持的积极的心理、情绪状态。换句话说，你不能呵旁人的痒来让他们增进健康，健康是笑所代表的积极感受发挥的效果，单单发笑本身是办不到的。

② Robert R. Provine, "Laughter", *American Scientist* 84, no. 1 (1996): 38-47.

都有的时候，不论我们是讲话还是聆听，女性比男性更常发笑，超出127%。至于男性，他们讲话的时候，发笑频率和他们的女性听众相比则较低，约减少7%。换句话说，当人类男女聚在一起谈笑时，发笑的绝大多数都是女性。还有，当讲话的是女性，而听众则男女两性都有时，听众发笑的频率，会低于聆听男性讲话时的情况。

这个结果也显示，笑并不仅针对极端风趣的机智言谈而产生，还是种社交过程中下意识的微妙润滑剂。普罗文并没有发现民众群集演出伍迪·艾伦式的隽语或机智的交谈和风趣的对话。事实上，他的研究显示，只有20%的笑是由有趣的笑话或精彩隽语引发的。能引人发笑的，多半都只是友善的对话引发的非口语反应，比如"瞧，那是安德烈耶！""真的吗？"还有"我也很高兴见到你。"等话语。谈话背景、关系以及表达方式，和真正讲出的内容，同样都是笑的要素。

事实上，遍览普罗文和他的学生团队收集的所有录音和笔记，他们遇上的最可笑的措辞包括"你不一定要喝，出钱给我们喝就好了"，还有"你约会的对象是地球人吗？"是很好笑，却不完全就是格鲁乔·马克思（Groucho Marx）或诺埃尔·科沃德（Noel Coward）等级的笑料。不过，斟酌时空背景和人际关系，考量当时人们的动作和脸部表情，效果可能都大有影响，看来人们喜欢彼此相伴谈笑，这才是最重要的一点。大家这样建立关系并和谐相处。

普罗文表示，笑乃是在于"相互取乐、集体的感受和正向的情绪氛围"。基于这个层面，你大概可以说，笑发送出一则重大信息，让一群人明白，他们实际上全都抱持着相仿的观点，因此大家可以友善地和平共处。设想一群人下班之后聚集在一家酒吧里面，其中有个人面无表情地站着不笑。他也没有摆张臭脸或挑衅对立，只是面无表情，可是看起来就像一只蟑螂出现在刚撒了糖霜的结婚蛋糕上面。过了没多久，就会有人上前，要么设法把他带进谈话圈，要么询问他是否哪里不舒服。身边其他人都在笑，自己却不笑，这会让人觉得古怪，甚至深感不安。

我们用笑来沟通的手法样式繁多，而且事实也证明，这种现象比我们心中所想的更加微妙。有时候我们发笑是由于不知道还能怎么做，而且这时，笑完全是种稳妥的反应，所以笑是为了掩饰，不是想要沟通。这或许就是紧张傻笑的起源。有时候我们由于顺服才笑。这是吹捧老板的微妙手法，或许是在说："由你做主。"或者，有时这也是掩饰愤怒的伪装手法："你今晚比平常确实好看多了。"

女性比男性更爱笑，这点反映了笑（以及笑所传达的信息）的另一个微妙层面。这大概并不表示男性天生讲话比女性更风趣。事实上，这显现出我们这个物种的一种社会演化现象。回顾邓巴的理论，在男女混杂的人群中，男性会比女性更爱讲话，因为他们是在表现竞偶行为，仿效孔雀昂首阔步的炫耀举止。这大概是男性表现给女性看的又一则实例，他们"张开尾羽"，根据自己引来多少笑声，来衡量受青睐的程度。

《君子》（*Esquire*）杂志 1999 年的一项读者调查显示，女人找对象最大的希望是找到能让自己发笑的男人。[①]从表面来看，这可能只不过表示出逗趣的家伙就等于美好的时光，但这个理由就够充分的了。不过说不定这也代表，就长期而言，能一起欢笑就是种绝佳指标，显示两人非常般配。毕竟，能对某件事情共享欢笑，想来你和跟你一起欢笑的人群，必然都抱持某些相同的价值观，也能从相

---

① 依《君子》杂志 1999 年 2 月 7 日号所述，女人对男人最大的愿望是能逗她们发笑。

同视角来看待生活。或者回到心理理论的基本信条，你们在这个时刻彼此都能心意相通，也都设想身边的人对某件事物的体验和你自己的经验全都非常相似，你们心心相印。这令人安心。

迈克尔·欧伦（Michael J. Owren）和乔安·巴霍罗夫斯基（Jo-Anne Bachorowski）两位心理学家都认为，笑以有力、微妙的方式把我们聚拢在一起，作用就像猿类的原始呼叫，而且和珍妮·古道尔注意到的觅食鸣啼也不无相仿。他们认为，人类的笑就像灵长类的呼叫，基本上也历经演化，用来吸引旁人的注意（就好像婴儿啼哭能吸引父母的注意一样）。至于其他诸如言语、肢体语言和脸部表情等沟通形式，则只是用来增补笑的效用，让我们更富吸引力，更具支配、友善、亲和的特性，也更令人喜爱和景仰。果真如此，那么说不定笑主要就用于左右我们周围同伴的行为或感觉，至于幽默就相形见绌了。这也是以另一种手法来表示，"我在这里，你应该好好注意我。若是你和我一起欢笑，那么我肯定表现得很好"。①

这却让笑的谜团增添了一个社会层面。若是我们换个场景，想象我们这种生物从来没有演化出发笑的习性，那么我们所有人恐怕都会变得很孤僻，没办法让我们的心境和周围的同伴契合。自闭症儿童很难在适当的时机发笑，因为笑的要件是投注情感。这是由于笑和我们设身处地的能力是同步发展的。

换个说法，我们和共同欢笑的人建立关联，和自己觉得最能自

---

① 参见 "Reconsidering the Evolution of Nonlinguistic Communication: The Case of Laughter" by Michael J. Owren, Department of Psychology, Cornell University, and Jo-Anne Bachorowski, Department of Psychology, Vanderbilt University。他们的基础理论是，笑演化自动物的呼叫。不过和其他人的想法有点不同，他们并不认为动物呼叫时心中怀有特定信息。他们推论，动物呼叫是为了影响同伴，要它们去做某些事情。所以，一只大猩猩有可能先尖啸再捶击，随后才终于了解，尖啸和捶击同样有效。不过，刚开始它并不会用尖啸来吓退周围的动物。换句话说，呼叫并没有特定的象征意义，只是用来引发一种反应。他们认为，这点同样适用于笑。

在共处的人一起欢笑，和挚友分享最令人捧腹的欢欣笑语。在一起笑就表示，我们都站在相同阵线，彻头彻尾隶属同一个阵营，是同一个部族的成员。大家笑在一起是个难得的机缘，这时我们不必动用庞大的心理能量，来设想身边的人觉得怎样、在想什么。至少在这时，没有必要去寻思其他人心中都在想些什么，因为我们已经知道了，我们都认为同一件事情很可笑。这就像在说，当我们凝聚成社会群体，笑就成为一种研究周围人士的方法，可以看出他们心中所想和我们的想法是否不谋而合。这是种示意方式，等于是在讲："你懂的，对吧？ 我信得过你。"

这种效应还能累积。当我们和特定同伴共处时笑得愈多，我们就愈能信任他们，他们也愈能信赖我们。不论你是 12 岁还是 90 岁，笑都能把我们吸引到一块儿，这种效用，字词连边都沾不上。我们可以向某人说一百万遍我们喜欢他，然而字词巩固关系的效能，却完全比不上夜晚长时间共处，真心笑在一起的力量。就情感凝结效果而论，这种力量异常强大。用演化长距离透镜来观察，这点给了我们一个巨大的安慰。

Tears

眼　　泪

许多动物都能感受到渴求、害怕或痛苦。人类的哭泣却结合了泪水和情绪，因此和其他自然行为有所不同。由于我们只有在感受特别深的时候才流出眼泪，因此眼泪并不容易造假，它能传达出一种明确无误的信号，表示背后的感觉是绝对真实的。

第九章

会哭泣的动物

> 人干吗要哭啊? 这真怪异。你心烦意乱时,双眼就会冒出水来。
>
> ——詹姆斯·格罗斯(James Gross),
> 斯坦福大学临床心理学家

> 情绪的好处是能带我们脱离正轨。
>
> ——奥斯卡·王尔德(Oscar Wilde)

科学家们不得不承认,他们实在不了解人类为什么哭。他们只能表示,我们是唯一会哭的动物。其他动物也许会哀鸣、呻吟、嚎叫,却没有一种会伤感哭泣落泪,就连和我们最接近的灵长类表亲也不会这样做。而且不像笑甚至于言语,灵长类世界似乎也完全没有明显雷同于哭的现象。猿类也有泪管,其他几种哺乳动物也有,却纯粹是用来清洁的:眼泪能浸浴治疗双眼。我们也有这种妥善的配备,来保持双眼清洁并预防疾病。然而基于某种原因,在我们演化的某个阶段,有种莽原猿类,或者也许是我们这个物种的某个早期版本，发展出一种身体构造，把制造泪液的腺体和脑中几处情感部位直接连接起来。这本身就是一种独有的特色。

就像所有基因突变一样，这种连接是个错误，然而却也是个有用的错误。结果这种适应变化，还阴差阳错地让最后具有这种任性基因的动物更有办法存活，于是基因也一代代传递下去，最后就不再是种畸变，反而变成一种很有利的特征。

当我们情绪高涨无法自抑，一种叫作泪腺的细小器官（位于我们的两眼眼角外缘）就会制造泪液，数量多得把我们双眼南半球边缘的管道填满并溢流涌出。这让人类的哭泣显得那么特别。许多动物都能感受到渴求、害怕或痛苦。人类的哭泣却结合了泪水和情绪，因此和其他自然行为有所不同。

宝宝出世之后做的第一件事情就是哭。这是一种清楚无误的原始宣告，通知大家他来了。[1]诞生啼哭透露了两件简单的事情：孩子还活着，剪断脐带安全无虞，我们也就此成为完整且独立的人。出生之后头三四个月，在我们学会微笑或发笑之前，哭泣就是我们主要的沟通方法。不过，从8—12个月这段时间，随着我们逐渐发展出其他方式来表达自己想要什么，我们也开始减少哭泣。这些方式包括用手指物或低哼出声，或者拿汤匙、麦片、瓶子胡乱抛撒。不过，在早年时期，我们还是经常使用哭声，而且效果非常好。

婴儿的啼哭有这么大效用，部分是由于父母的耳朵都善于凝神倾听子女的嚎叫声。这是自然安排的手法。人类母亲无论何时听到婴儿啼哭，几乎都能分辨出这是自己的还是别人家的小孩儿在哭。宝宝甚至还能用不同的哭声来传达不同的信息，比如代表重大

---

① 一项研究显示，我们多数人出世时都发出 C 调或升 C 调的哭声，这是人耳最容易听到的音调，也是钢琴的中央键乐音。参见 Tom Lutz, *Crying, A Natural and Cultural History of Tears*（New York：W. W. Norton，2001），p. 161。

问题的痛苦尖声嘶喊，还有因为分离、不舒服和饥饿发出的哭声。每种哭声各自成为一种初步的语汇，而且在宝宝第一组言语之前发展出现。事实上，有些语言学家还曾推论，婴儿哭声规律起伏的音调，构成了我们的基本语调模式，奠定人类一切句子的基础，而这一般都以上升音调起始，并以下降音调收尾。当这种哭声和经常连带出现的涨红皱脸两相结合时，最后就能获得非常专注的殷勤照护（结果还发现，这种脸很像是猿类的"挫败哀伤"、"抽噎"和"哭"的脸[①]）。

随着年龄渐长，我们哭泣的理由也都由种种比较微妙纤细的感觉包藏起来。我们的痛苦、不适，不再仅限于肉体的感受，还加上了情感的成分。而且这几乎总是难以言喻的。我们哭，似乎是由于我们的情绪逾越了言语的单纯语法所致。名词、动词和形容词，还有伴随出现的逻辑，完全无法胜任解释我们感觉的使命。若是能够使用言语表达，或许我们根本就不必哭了。不过，当然了，我们哭泣——就像笑一样——也是一种原始的沟通形式，能循此探入我们头脑、经验中的情绪和潜意识的部分。

事实上，肌电图学研究还显示，有些和哭相关的神经，想要刻意依靠意识控制是非常困难的，包括我们在濒临落泪之时，负责指挥肌肉让下巴颤抖（颏肌）或让喉咙堵塞、嘴角下扯（降口角肌）的神经。区区一点不满，从嘴角低垂的表情立刻就能显现出来。事实上，我们的颏肌从来不会真正静止不动，而这就等于用另一种说法来表示，它是我们在完全不自觉中表达情绪的肉体展现。这些神经和肌肉都自行其是，完全不向我们心智的口语、意识部分报告。

---

①   S. Chevalier-Skolnikoff, "Facial Expression of Emotion in Nonhuman Primates", in P. Ekman, ed., *Darwin and Facial Expressions* (New York: Academic Press, 1973), pp. 11-89.

也因如此，就算婴儿诞生之时，中脑以上构造都还没有成形，他们却依然能哭，这就显示和哭泣关联的感受都是源远流长的，早在言语装置和意识思维浮现很久之前，已经深植于我们的演化历史当中。①

〰〰〰

眼泪还有一种生理用途，成为我们双眼辅助指挥系统中的一环。视杆和视锥、视神经，还有使我们能感知光线的复杂几何装置，全都是奇妙的演化成果，不过如果没有眼泪，这一切也全属枉然了。

人类眼球晶状体（或透过晶状体视物）看起来非常平滑，其实却满布点线痕迹和皱纹，就像月球表面的地理景观。不过我们平均每分钟眨眼 12 次，每次眨眼时，泪水都会填补抹平晶状体上的瑕疵缺损。如果没有眼泪稳定地淌流，世界在我们眼中就会仿若透过塑胶袋所见的景象，而且我们眼前万物，大概都会变得朦胧一片了。

泪水不完全由水分组成，它实际上是一种由三个不同层理构成的"流质三明治"。这种三明治的内层就是浸浴角膜（晶状体）的部分，其成分是称为"黏蛋白"的润滑剂。中层几乎全都是水。此外就是眼睑里覆的外层，其成分为油脂，演化目的是不使泪水蒸发。要不是我们的泪水不断滋润、清洁着双眼，我们很快就会受到感染，罹患眼疾，终致痛失双眼。

如同我们的眼泪有三层成分，眼泪本身也分为三种类型：反射

---

① 这也就是为什么哭泣很难造假。我们撒谎时可以装得很真诚，却很难假装流泪。就连演员应角色需要而哭泣的时候，通常都必须唤出某种深切的情绪感受，才能让泪水涌现。我们天生没办法控制哭泣。另外，有个相关理念，出自迪肯在其著作中所论述的内容，参见 Terrence Deacon, *The Symbolic Species*(New York: W. W. Norton, 1998), p.236。"察觉感受和发出呼叫之间类似反射的牵连，还有与这两者联结的情绪状态，都是借助我们这个物种的某些固有呼叫（尤其是笑声和哭声）的'感染性'才彰显出来。"

型、基础型和心理型。每种泪液分具特有用途和化学成分。反射型泪液在我们的眼睛进了洗发精或飞沙时形成，由主泪腺自动制造出来冲洗眼睛，若出现任何损伤也能帮助治愈。基础型泪液淌流不息，用来浸浴双眼，我们才能够看清东西，它还兼具湿润之效，并能移除灰尘残屑。心理型泪液让科学家不解，此型泪珠在我们体验强烈情绪（多半都属哀伤）之时就会涌现，不过当我们感到强烈的自豪、愤怒、挫败感或是爱与温情之时也都会流出。

不论我们为何流泪，泪水都从同一组泪器系统流出，这里含有种种管道、腺体和神经，都冠上怪里怪气的名称，比如蔡司腺、亨勒隐窝等。我们的双眼受到刺激，或者当我们感受到最深沉的情绪时，落下的泪珠大半都由泪腺本身制造。基础型泪液不断地从眼顶纤小腺体构成的系统涓涓流出，然后和杯状细胞、曼茨腺体，以及其他46种腺体分泌出的液体混合，共同产生一套复杂的管流系统，来帮我们保持视力清晰，也保护双眼免受疾病侵染。

多数泪液最终都能寻得路径，流入我们鼻梁附近眼底那几条管道，接着经由位于双眼边缘眼睑组织上的"泪点"排出。泪珠从这里再流经泪囊，通过哈斯纳瓣，然后进入鼻子，这就是为什么哭得厉害时会流鼻涕。

然而，这整套系统只能处理一定的水量。泪珠排流速率只有每分钟1.5微升，这细小的一滴只比原子笔笔尖稍大一些。要是我们哭得很凶，系统就会泛滥，我们的泪珠也会涌出流下脸颊。事实证明这极为重要，因为可见的泪珠对人类沟通有重大作用。

科学家也把我们哭出的泪珠分门别类，区分时不只根据落泪用途或引人流泪的事件，还要看泪液的化学组成：反射型泪液就像基础型泪液，同样充满球蛋白和葡萄糖、抗菌蛋白和免疫蛋白、尿素，以及大量盐分。不过情感型泪液的化学组成就不一样了。事实上，拿我们心烦意乱落下的眼泪和眼睛被棍尖戳中流出的泪液相比，其蛋白质含量多了 20%—25%。含钾浓度 4 倍于血浆常态的钾含量，而含锰浓度更高达 30 倍。心理型泪液满含种种激素，比如促肾上腺皮质激素（这是种极端精准的压力指标），还有催乳激素（控制泪腺所含神经传导物质受体，调节释出泪液这项首要机能）。奇怪的是，催乳激素也是刺激女性泌乳的必要激素。

　　科学家认为，这类激素加上蛋白质的混合成分，和我们经常与哭泣联想在一起的心情、压力与情绪都有连带关系。举例来说，长期受忧郁困扰的人士，脑中会出现高浓度的锰成分。促肾上腺皮质激素过量是个优异指标，显示焦虑、压力太大。有些研究还显示，女性（她们的催乳激素含量全都很高）哭泣频率约为男性的五倍。事实上，含有催乳激素极高水平的女性，还会体验到更强烈的敌意、焦虑和忧郁，而这又促使她们更爱哭。

　　催乳激素和眼泪还有一种令人费解的关联：当母亲正在哺乳时，孩子哭了，这位母亲就会"射出"母乳。这是一种反射式反应，这样宝宝就可以直接吸食乳汁。换句话说，母亲的身体做出即时性反射反应，自动准备好来解除婴儿哭泣的原因，或者至少可以排除最可能的因素。甚至还有些母亲声称，她们和自己的宝宝有种心电感应经验，好几次她们的乳汁自动射出，却发生在她们出外旅行或者在办公室开会，和婴儿距离很远的时候。按她们所述，事后核对时间，她们射出乳汁的时候，正是婴儿开始哭泣之时。①

　　基于不同的理由哭泣，就会流出化学组成互异的眼泪；相同的道理，脑中不同部位（我们的经验所在位置）也各有实体构造和激

---

① 参见鲁珀特·舍尔爵克（Rupert Sheldrakey）的相关调查；更多资料可参见网页 http://www.sheldrake.org/papers/Telepathy/babies.html。

发哭泣的种种感受相连。和我们的泪腺相连的神经，依循一条蜿蜒曲折的路径，深入接通我们脑中古老的和新近演化的部位，包括脑桥、基底核、丘脑、下视丘和前额叶皮质区。每处脑区本身都是重要的大脑接驳站，分别掌管繁复多端的如脸部表情、呼吸、体温、视觉、吞咽，还有反射、记忆、计划和发愁等机能和经验。怪不得这么多种感受都可以让我们哭泣，也难怪当这些感受勾起我们更多回忆，激发更多情感之际，也会影响我们的体温和血压、心跳速率和脸部表情，因为这其中有许多记忆和情绪都两相抵触，令人迷惑。

我们哭泣之时，负责激发我们所体验感受的激素混合剂，其中一部分实际上还会循径流入我们的泪珠。明尼阿波利斯市干眼症和泪液研究中心（Dry Eye and Tear Research Center）主任、生化学家威廉·弗雷（William Frey）认为，我们哭过之后会觉得比较舒坦，理由是我们哭泣时，确实会把我们脑中早先用来激发伤心感觉的多余激素和蛋白质哭出来。他说，这就能解释，为什么我们有时会相互劝勉，"哭吧，好好哭一场"。伤感落泪是身体的冲洗手段，用来排除多余的催乳激素、锰和促肾上腺皮质激素这一类让我们伤心的化学物质。

哭泣统计概述

尽管有关哭泣的研究屈指可数，但仍有一些研究公布了若干有趣的统计资料。举例来说，女性是不是比男性更常哭泣？弗雷博士和他的同仁与331名从17岁到75岁的志愿受试者合作，要他们记录的30天"泪水日记"。结果根据记录，女性在这一个月中比男性多哭了四到五次。弗雷推论，个中理由多属化学因素，文化因素较少。女性血液中所含催乳激素远高于男性，而催乳激素除了与泌乳有关之外，也和制造泪液有关联。"好几种激素或许都能帮助调节制造泪液，和哭泣频率也有连带关系。"男女儿童的哭泣频率相差微乎其微，这点可以佐证弗雷的论点。大约 12 岁之前，不论是男是女，催乳激素含量水平都约略相等，不过在 12 岁到 18 岁期间，女性的水平值超出男性含量的 60%，哭泣次数也增多了。

根据弗雷博士的"泪水日记"，参与者记述他们哭泣的理由有 49% 是伤心，喜极而泣占 21%，被气哭和同情落泪分别为 10% 和 7%，焦虑和害怕则分别为 5% 和 4%。其他哭泣理由没有纳入说明。

另一项研究显示，喜极而泣平均每次持续两分钟，伤心落泪则为七分钟。

不是所有人都认同"情绪型泪液能排出让我们悲伤的激素和蛋白质"这个学说。举例来说，假设一位至交辞世，你回想起两人共享的美好时光，不禁哭了起来。这里有一点让科学家不解，你是由于记忆生成激素才感到伤心，还是应该反过来推论？ 这没办法确切论断。说不定都能成立，因为脑子其实就是一种庞杂繁复的回馈回圈（真正来讲是层层套叠的无穷回圈），并不断和外界以及千变万化的内在经验交互作用。说不定感觉能生成激素，接着激素又生成更多强烈感觉，到最后我们终于哭了起来。

瓦萨尔学院（Vassar College）心理学家伦道夫·科尼利厄斯（Randolph Cornelius）在大约 25 年前开始从事博士论文研究时，就投身钻研从哭泣的繁复神经元所浮现的深邃情感。研究的最早期阶段，他向受试对象提出一个简单的问题：请谈谈你最近一次在旁人面前哭泣的情形。这些令人心碎、烦忧至极的生活事例，往往让他自己在结束一天工作的时候潸然泪下。

举例来说，有个年轻女子谈起自己刚满 19 岁时的遭遇：那天她站在医院，怀里抱着她六个月大的婴儿，同意医生关闭维持她丈夫生命的医学设备。她的丈夫身患癌症，濒临死亡。她告诉科尼利厄斯，当时她强忍泪水，签字之后终于崩溃，倒在护士怀中，到现在仍然不知道那名护士叫什么名字。

还有一个越战退伍军人，他谈起自己在一次交火中，脸部中弹失去半边面孔。他失去一只眼，颅骨也部分碎裂，后来才植入一块金属板来替代。他告诉科尼利厄斯，有一天他打电话给治疗医师，打算给她留个口讯，告知自己要去自杀。没想到她拿起电话和他交谈，在这次谈话当中，他有了重大突破。他告诉科尼利厄斯，当时他觉得自己"热泪流下脸庞"。关键是，他那时已经知道，自己感觉流下泪水的那只眼睛，早就不在了。

强大的同情心理和同情感受是我们对旁人泪水特有的人性反应。哭泣常能引来更多哭泣，起因或许就在于镜像神经元，很久以前，我们的祖先借此来学习如何打造工具，如今我们也由此才得以对旁人的情绪感同身受。

这让人类的哭泣成为一种特别有效的沟通形式。最重要的是，泪水显现出我们最脆弱的时刻。笑把我们联结在一起，还能一步步拉近我们的关系；而哭却是以另一种深奥的手法，把我们凝结在一起：这是一种清楚明确的求助讯息，也把弱点表露无遗。泪水以一种热切、强求的方式，来创造一种建立亲密、真诚关系的机会，这种力量绝非任何言语所能企及。我们哭泣的时候，隔阂消除了，防卫也卸下了。

导致哭泣的任何一种原因，都很难说明泪水本身足以冲走体内的激素，让我们在哭完之后感到舒坦。我们的泪管根本没有那么大，效率也没有那么高。就算长时间好好大哭一场，哭出的泪液总计也不过涓滴之量。

然而，我们哭过之后，多少会觉得好过一些，即便只是一时而已。当我们面对极度哀戚的处境，比如失恋或有人过世，至少哭泣可以让我们稍事喘息，也让我们有机会重新调整情绪。不过，我们之所以觉得舒服，倘若并不是由于引人伤感的化学成分系统经过冲刷所致，那么纾解效果又是从哪里来的？

这里有一项解释说，也许我们不只会哭掉激素，说不定我们还会哭出激素。弗雷也曾发现，我们哭泣的时候，脑中会释放出一类神经传导物质，叫作亮氨酸—脑啡肽（一种类鸦片天然镇痛成分）。这类神经传导物质和笑时所生成的物质相似，然而生成理由显然并不相同，不过作用倒是雷同：它们能改善我们的心情。乍看之下，这似乎让人想不透，为何这会成为一种演化良策。毕竟，对一种致力于对抗掠食动物和疾病以求生存的动物来讲，心情起伏能有什么用途呢？几乎没有。除非这种动物恰好就像我们这样，也具有高度的社会性和智慧能力。

在自然界一般以保持恒定状态为佳——保持不太热也不太冷、不太活跃也不太沉闷。倘若真有必要起伏波动，那么至少也得随时掌控状况，还要能尽快恢复常态才好。若是开放式生命系统（包括细菌、树木、海洋环礁和人类）偏离生活常轨，陷入极端处境却无力矫正，它们就肯定要崩解终致死亡。植物可能要冻死、蜥蜴可能会过热、森林有可能一片荒芜，人类则或许要为情所困而无法正常生活。

就一种必须维持稳定关系才能存活的物种来讲，均衡不只包括身体安适，还包括心灵安适。我们必须维持恒定状态，因此我们要吃要睡，也因此我们发明了遮蔽居所和衣物以及空调设备，这或许就可以用来解释我们为什么会哭。

我们在小学阶段全都上过科学课，知道自主神经系统"没头没脑"地控制种种运作，比如呼吸和心跳，以及肾脏和脑子的基本作用。不过，自主神经系统本身还区分为两套系统：交感神经系统和副交感神经系统。交感神经系统的演化作用是帮我们做好身体、心理和情绪等方面的行动准备。当我们害怕的时候，交感神经系统就会发出信息，指示我们的身体是逃走还是坚守岗位准备战斗。

多年以来，传统观点都认为，交感系统让我们情绪昂扬，因此肯定也是导致我们哭泣的系统。如今许多科学家却认为，或许事实正好相反。毕竟，每次战斗或逃逸之后，我们都必须安定下来。倘若继续以超速状态运作，我们的一条主动脉就会爆裂或中风，这样一来就完了。况且我们祖先的生活本身就带有风险，如果这样，要不了多久，整个物种都会死于脑血管意外或冠状动脉血栓。因此副交感神经系统让我们的神经传导物质、心跳速率和激素水平恢复常态。我们很可能并不是由于激动和沮丧才哭泣，而是由于神经系统采用这种方式来让我们回复平衡状态。

举例来说，一项研究显示，若是患者的交感系统核心神经瘫痪，这时他们就哭得较厉害，当重要的副交感神经受损，他们却哭得较少。倘若哭泣是由交感神经系统来驱动，情况就应该相反。换句话说，我们觉得自己是由于心烦意乱才哭，事实却并非如此，实际上我们是想要克服那种沮丧处境才哭。或许这才是好好哭一场之后就会觉得好过一些的真正原因。

从这个角度来看，就比较容易理解，为什么哭泣会演化出现。

正如演化所偏袒的其他众多事项一样，哭泣也是一种生存策略，就像吃东西、睡觉或呼吸空气一样是我们为求稳定平衡、进入舒适范围并维持生命所做的一切事情。

然而，这其中依然没有一种原因能够用来解释，为什么我们会哭出眼泪。我们大可以像草原狼那般嚎叫，或者像我们的黑猩猩表亲那样吼得撕心裂肺，这同样不难办到，也不用掉泪，而且依然能带来些许慰藉。不过，眼泪的演化优势在哪里？毕竟，泪水会模糊我们的视野，还会让我们因心情混乱带来的脆弱处境雪上加霜。如果我们得知，机长驾驶飞机飞越大陆或医生执行脑科手术的时候泪流满面，谁还会觉得安心？ 然而，泪水无论如何肯定有用，否则演化法则早就把它踢出基因库了。

以色列生物学家阿莫茨·扎哈维（Amotz Zahavi）在 1975 年构思出一套理论，用来解释动物为什么表现出（至少就表面看来）并无多大演化用途、然而经过仔细研究却发现确属完全合理的举止。他指出，这其中许多行为看起来不只是很难理解，而且往往会带来恶果。孔雀拥有色彩缤纷的漂亮尾羽，这理所当然地会让这种鸟儿变得行动迟缓，还会引来掠食动物，更让它难以飞翔，那么它为什么还长这种尾羽？ 还有，瞪羚发觉狮子就要发动攻击之时，为什么总要像弹簧高跷那般笔直地蹦上半空，随后才拔腿逃窜？[1]

扎哈维将这种特征和行为实例称为"不利条件原理"（handicap principle）。这种现象在自然界随处可见，从公麋鹿的巨大鹿角乃至于饥饿雏鸟响亮的嘎嘎哀啼。表面上看，这类特征完全不合理。道理很简单，这得付出高昂的代价——必须消耗能量和资源，而且

---

[1] 参见网页 http://www.24hourscholar.com/p/articles/mi_m1175/is_n1_v30/ai_19013604 # continue。

会吸引注意带来危险。

然而，根据扎哈维的观点，这也可以构成强大的沟通形式。事实上，不利条件愈严重，沟通效能愈强大。举例来说，瞪羚一开始笔直蹦高，马上让它陷入不利处境。它损失了几秒钟宝贵的时间，不然就能用来拉开距离，摆脱想拿它当晚餐的掠食动物。不过这样一蹦，却也发出一个信息，说道："我动作相当快，还能跳那么高，你根本抓不到我。所以你就别浪费力气了。"若狮子或猎豹还在犹豫，该不该动身猎捕，这时往往就会听从这则信息，很快做个成本效益分析，接着可能会到别处去寻找带点病容、没法笔直蹦高五尺的猎物。

于是这类信息就以一种奇特的手法，把一种原始样式的老实真话引进自然界。这是仿冒不出来的，因为代价实在太高。倘若有只孔雀仿造出大幅厚重的尾羽，实际上却不是健康得足堪负荷，恐怕它很快就会被狐狸、野猫看穿，落得被吃掉的下场。于是这种基因也不会传递下来。同理，若是有只瞪羚有办法装模作样蹦高一次，却没办法转身飞速窜逃，结局也是一样的。大自然就是以各种手法来表示："没有真本事就别吹牛。"①

这种"老实本性"也许可以用来解释我们的眼泪源自何处。哭和笑同样都是人类特有的沟通方式，而且根源也同样原始。不过哭和笑却有一点不同，我们经常笑，却只在特殊场合才哭。既然我们不常感伤哭泣落泪，这就显示哭是有代价的，这是扎哈维所说的不利条件，必须额外耗费精力，或者会过度引来注意。由于眼泪代价高昂又很稀少，也由于我们只有在感受特别深的时候才哭出眼泪，

① 以色列生物学家扎哈维在 1975 年首度提出这个理念时曾遭人揶揄，不过，近年牛津大学的艾伦·格拉芬（Alan Grafen）完成了一种很巧妙的数学模型，已经为他平反。扎哈维和格拉芬说明，每当非常重视夸耀的动物（这是非常非常普遍的）相互接触，这时只有经确认后认为代价不高昂的夸耀才能令人折服。

因此眼泪并不容易造假，能传达出一种明确无误的信号，表示眼泪背后的感觉绝对是真的。

眼泪发出的信号多半透露出我们需要帮忙、慰藉，因为我们在肉体上或情绪上感到痛苦。不过，眼泪也适用于自豪或欢乐的感受。父亲一看到新生宝宝就落下眼泪，太太看到了，这真正把两人凝结在了一起，彼此心领神会，体会到，"我们一起度过这一刻"。科尼利厄斯注意到，我们对旁人哭泣而滋生的反应往往都很深刻，还会强化我们的相互关联感受。我们对旁人感同身受，就算那是个陌生人，和我们毫无瓜葛也不例外。

不过，水能载舟亦能覆舟。我们见到旁人哭泣，却完全没有见到泪水，我们马上就会起疑。光哭不流泪，根本不像真正在哭。科尼利厄斯对此也进行了测试。过去六年间，他和他的学生从新闻杂志和电视节目中搜集了许多显现人物真正哭泣并见得到泪水的照片和影片图像。每找到一幅特别合适的图像，他们就准备两个版本：一张是原版的，含泪的；另一张则是采用数码技术去除泪水的。

他们为这次实验邀集了一群人，要他们在一台电脑荧幕前坐定观看一组幻灯秀。每组幻灯秀都播放两张幻灯片：一张饱含泪水，另一张则是以另一幅不同图像除去泪水制成。没有任何参与者能看到同一图像含泪与不含泪的幻灯片。接着，科尼利厄斯的团队请每位参与者说明，他们认为幻灯片中的人物分别体验到哪种情绪，以及见到旁人脸上露出这种表情的时候，他们会做出什么反应。

看幻灯片的受试者全都指出，照片中眼含泪水或脸颊流泪的人，感受、表达出的情绪比较深刻（大多是伤心、悲痛和哀戚），超过没有泪水的人。不过，当受试者观看以数码技巧去除泪水的照片，他们针对影像中人感受的情绪，往往提出几种不同判断：从伤心到畏怯乃至于烦闷都有。科尼利厄斯归结认为，单凭泪水就能发出强大的特定情感信息。

不过还有另一层转折。相片中的人满含泪水，经常促使观看的人滋生另外两种反应。约半数观看者觉得，哭泣落泪的人是在求人"帮助我"或"安慰我"。另外半数则觉得，这人希望独处。科尼利厄斯表示，这和图中的脸显露的表情似乎没有关系，和看照片的人的态度关系则比较密切。有时哭泣是在求助，唤起旁人的注意，然而有时却是在表示，我们的心神脆弱，希望留有空间余地来处理令人烦忧的事情，直到我们回复常态为止。两种观点相互抵触吗？不见得，科尼利厄斯表示。设法掩藏泪水依然传递出一种信号，坦诚透露出我们的真实心态。这同样表示我们遇上了麻烦，即便想要慰藉，却也不见得要在此时此刻需要旁人的抚慰。矛盾的是，倘若有人婉拒别人的安慰或设法掩饰自己在哭，反而会让他们显得更脆弱。

泪水带有厚实的表达权重。倘若我们的超大型脑部，主要是用来处理我们孜孜不倦密切注意的社会、人际复杂关系，那么泪水就相当于在我们的众多沟通锦囊妙计中，额外增添的对策。

美国国家心理卫生研究院的脑部演化及行为实验室主任保罗·麦克莱恩（Paul MacLean）医生认为，人类哭泣是源自遇险呼救和分离呼叫，和灵长类猿猴与黑猩猩幼子的呼叫相仿。这就表示，就像笑声一样，哭声同样也根源自丛林中的鸣啼和嚎叫。他还推想，在演化进程早期，我们的祖先在丧葬时，堆柴燃火冒出的烟尘刺激了他们的双眼，过了一段岁月，这就和悲伤联结在一起。这是一项理论，显然我们的泪腺也因故自行接线，深入我们脑中各处情绪中枢。然而个中详情却不能得知。

毕竟，演化是采取随机方式运作的。一项基因突变纳入生物进入这个世界，彰显出鲜艳羽毛或泪水等表现。如果这种生物存活下来，这项适应性状也随之存续，传承下来。若是适应有用，这项性状就能散播开来，代代相传。按照麦克莱恩的推论，哭泣的源头，大有可能追溯到我们前辈物种的鸣啼和呼叫。数不清的物种出世时都呱呱啼鸣企求关注。由此或许就能看出端倪，推知原始呼叫是如何因故转变为我们的啜泣泪珠的。

෴

当我们来到这个世界，出生时发出的洪亮哭声也传达出一个明确无误的信息，通知外界我们来了。随后的哭泣就变得比较复杂：婴儿用哭泣来传达饥饿、痛苦、寂寞和不适等感受。出生后的头八个月期间，人类婴儿哭泣时并不会真正掉泪。这时他们还没有这种管道系统。初期几个月当中也不必掉泪，因为他们清楚自己的无力自保只要一哭大家全都会相信。

到了学步时期，情况就不同了。哭变得更微妙了，成为一种简单的语言，有时还可以作为一种操控手段。毕竟，孩子都希望得到父母的关注，就算长大之后也不例外，既然哭泣一向都是博得关注最有效的做法，就算他们并不是真正需要帮忙，也依然继续使用。恒河猕猴的幼婴甚至会表现出一种特殊的行为，在婴儿阶段它们对母亲大声啼哭，等母亲打算让它们断奶的时候，它们会哭得更凶（猕猴只有在终止哺乳之后才可能再次怀孕。不过与一般观念相反，人类并没有这种局限）。起初母猕猴会赶来照料，随着哭泣次数渐增，它会发现其中有多次都是假警报，于是它们的反应次数就开始减少。猕猴妈妈愈来愈怀疑，小猕猴再哭也没有用了，到最后也就哭得少了。①

---

① 有关"假哭"的其他观点，详查达里奥·马埃斯特里皮耶里的著述，参见 Dario Maestripieri, "Parent-Offspring Conflict in Primates", *International Journal of Primatology* 23, no. 4, August 2002。

然而，这种假哭或许增大了眼泪的效用。所有父母都见识过孩子干号，知道他们不高兴，希望旁人关切，并不是真有深刻的烦忧（术语称为撒娇）①。所以，父母见孩子哭了，第一个找寻的信号就是真实的眼泪，这可以明确地显示幼儿真正需要帮助（而不是上杂货店时想要一包巧克力棒）。我们的祖先想必也有这种现象。相信泪水在当时已经为嚎叫、呻吟或痛苦的脸庞画上了一个视觉惊叹号，就像如今对我们的作用一样。

在一段不可知的时代，反射型泪液和戳中眼睛产生的泪液，以及心碎感伤落下的情绪型泪液之间的鸿沟弭平了。过去的 600 万年间，我们的祖先历经的种种巨大改变，大半都发生在颈部以上。不只脑子增长达两倍尺寸之后又再次倍增，而且脸部也出现了变化，于是我们也得以运用面部来表达情感。脸部表情十足的肌肉组织随机演化成形，不过由于能帮我们更精准地沟通，有时还能借此来彼此利用，于是这群肌肉才随着我们存续下来。

这或许就能解释，人类是怎么演化出泪眼婆娑的哭法的。大约在某一个时期，脑中几处和体验情绪、表达情绪有关的区域，恰和我们位于两眼上方的泪腺串联在一起。这应当是灵长类世界的一项创举。黑猩猩和大猩猩会摆出扭曲的表情，发出嚎叫、咆哮和呻吟。它们会感到伤心、痛苦或恐惧，然而在伤痛、挫折或欣喜之时却不能哭泣落泪，就如它们也不能像英国男管家那般挺直站立四处行走，或者开口讲出完整的句子，个中道理别无二致。

或许在很久以前的某个时期，我们的祖先还像黑猩猩一样在非洲雨林中生活，其中一位天生拥有能在沮丧时哭出眼泪的奇特本

---

① 更多有关婴儿哭泣的资料可参见网页 http://www.signonsandiego.com/-uniontrib/20050316/news_1c16crying.html。

领，然而这点在他的群居世界却没有丝毫用途，所以到最后这种基因就消失了。丛林生活型黑猩猩的个体间互动非常复杂，却不能和我们的情况相提并论。或许泪水也像我们演化出众多的颜面肌肉一样，也变成了一种沟通过当现象。

不过，我们这个物种情况就不同了。我们的祖先并不住在比较安全的丛林里面。基于这种营生方式，他们互助合作的需求较高，远超过他们局限在森林栖所的表亲。既然如此，就必须更有效地沟通才行。所以，随着他们的脑部和社会互动，都愈益朝向多方面发展并相辅相成，同时他们的相互联结、沟通、操控以及理解对方心思等需求，也都开始加速增强。复杂关系势必需要更为复杂的心智，以及日益复杂的沟通形式。语言正是基于这个因素才浮现的伟大适应性状。 眼泪能传达清晰可见的强大信息，因此也算是另外一种沟通形式，从而成为一种出众的肢体语言。

不过，言语不是已经足够用来传达我们最强烈的情感吗？精准的言语不是胜过哭泣，甚至泪眼啜泣吗？或许吧。真正强烈的情感往往回荡在言语所能形容的范畴之外，而眼泪则负责并非语法和音节所能企及的事项。我们全都知道这种感觉，不论是深刻哀伤、挫折、愤怒、自豪或者伤痛。哭泣表达的情感是言语无法传达的。

或许黑猩猩的泪腺与脑子相连与否并没有多大关联（因为二者确实相连），也许重点在于，它们的脑子不含超大型新皮质部可供联结。柏拉图曾在两千五百年前写道，我们的本性就像双轮战车，由两匹马拉动，一匹颜色很深，性情狂野（我们的情绪），另一匹则甘受驾驭，合乎逻辑（我们的理智能力）。他说，理智能力必须控制我们的黑暗面。 就某方面来看，前额叶皮质的演化，便佐证了这项譬喻。不过，实情还要更为复杂。我们的理智能力，并不单单压抑我们发自内心的动物感觉。其实它还大幅予以强化。说不定哭泣也就是基于这项核心要素，才成为人类的独有特征。哭泣把情绪原料和能够审慎思量嚎叫原始感觉的大脑撮合在一起。我们就是这样才哭的。我们的猿猴类表亲，即便天资颖悟，聪明如是，却没有能力让思想和情感媒合结成强大的连理。它们能感受盛怒、挫折或失落，却不能就此审慎思量。基因随机出现，把我们脑中的情感、理智部位，和位于我们两眼上方的泪腺联结在一起，从而赋予我们一种新式手法，来表达种种飘忽不定的感觉。除此之外，我们还得到一种情绪戳印，来为我们独一无二的求助哭喊盖上特有的标志。

Kissing

亲　吻

亲吻是人类的又一种变异行为，源自我们比其他任何物种都做得更好的事情：沟通。就像笑和哭，吻也深深触及我们的过去，把人性几个古老的和新近的部分串联在一起，进而创造出只有我们才做得到的行为。

第十章

双唇的语言

得到吻比得到智慧更幸运。

——爱德华·卡明斯（E. E. Cummings）

当你迟疑该不该亲吻一个漂亮女孩时，请往好处想，吻了她吧。

——托马斯·卡莱尔（Thomas Carlyle）

吻就像泪，唯有你不可自抑的才是真的。

——无名氏

　　谁不喜欢来个诱人拥吻，四唇相贴难解难分的缱绻香吻？我们热爱接吻，因为我们的双唇享有人体最薄的皮肤层，而且我们的双唇和舌头、口腔里面的神经末梢纷纷向大脑传送信息，界定出什么叫作"喜悦"。这就能说明，为什么大脑把大批任务拨交此类神经，用来支应这几处身体部位运作所需，而且数量远超过专门用来移动全身躯干的脑区。我们没有哪处解剖构造调教得更好，更能与碰触这些部位的事物匹配。看来双唇完全关乎感觉。所以我们才偷偷地吻、淫荡地吻、羞怯地吻、饥渴地吻，还有昂扬地吻。我们有仪式的吻、激情的吻、社交的吻，带来厄运的死亡之吻，还有迎接新生的吻。当激情灌满全身，我们依偎缠绵，交换的不只是体液、气味和味道，还有灵魂、心意、感觉、秘密和情绪，这些用字词无法形容，语法心余力绌。这就仿佛电路已然接通，两颗心直接交流相融，化为一股全新电流。就某种意义来说，两心确实合而为一。

即便未必能够察觉，不过当你激情荡漾，交缠拥吻时，你的心跳速率和血压都会升高，你的瞳孔会放大，而且（当你喘过气的时候）呼吸也更深沉。[1]接吻还会降低你蛀牙的几率、纾解压力、燃烧卡路里，并提高你的自尊。[2]你的自尊之所以能够提高，部分是由于四唇相接能释出一波波神经传导物质——去甲肾上腺素、多巴胺和苯乙胺，接着又附着于你脑中的喜悦接收器，并由此滋生振奋畅快的感受，其实当我们大笑、激烈运动或使用可卡因、海洛因等能够提振心情的毒品之时，也都会滋生这种感觉。所以你接吻的时候永远不会心情低落。

接吻时你的脸也势必得辛苦工作。根据金赛性学、性别和生殖研究学会（Kinsey Institute for Research in Sex, Gender, and Reproduction）的玛格丽特·哈特（Margaret H. Harter）所述，单是嘟嘴说

---

[1] 文艺复兴时期，意大利上流妇女使用"颠茄"（belladonna，字面意思是"美女"）来放大瞳孔，好让自己更富魅力。不幸的是，颠茄带有毒性，因此短期或许能带来称心的效果，长期使用却不见得是个好主意。

[2] 根据一个网站（http：//www. coolnurse. com/kissing. htm）所述，英国牙医学会的牙科顾问彼得·戈登（Peter Gorden）曾说："吃东西之后，你口中满是糖分溶液和酸性口水，这会造成溶菌斑累积。亲吻是大自然赋予的清洁做法。亲吻刺激口水涌现，能减少溶菌斑，从而达常态水准。"

"你好"、"再见"这种微不足道的动作，我们都要动用唇部30条肌肉。[1]肌群工作的时候，从双唇、舌头、脸颊和鼻子向上通达脑部的神经连线，也让接吻的人感受到温度、滋味、气味和动作，这些感觉驱动制造出能产生喜悦的神经传导物质。我们有12条脑神经能影响脑部机能，其中5条在接吻的时候会发挥作用。若说我们每个人都各自生成私人气候，大概可以这样说，接吻就是用来感测气候的绝佳晴雨表。

接吻并不是促使我们发展出这些神经、肌肉的起因。这些组织原本是为了进食才演化出现的，随后再借助自然选择改良精进，来感受风味、质地和滋味，所以我们才能分辨可口的点心和可怕的夺命毒物。有些科学家揣测，这样是否就能解释，为什么整个哺乳类群只有我们才拥有外翻的朱唇。不过另有些人（比如莫里斯）则推论，雄性山魈红蓝相间的面孔，本身就是模仿它们鲜艳后臀发出的性信息。而我们朱红上翘的嚼唇，也重现女性生殖器阴唇的样式。就像性器阴唇一样，当我们性欲高涨时，更多血液流向双唇，于是嘴唇也变得更为红润、肿胀。[2]这种情形在女性尤为明显，因为女性的双唇比男性的更丰满。

这种膨胀的现象本身就很撩人，这就能说明为什么长久以来，种种文化迹象皆显示，男人都觉得丰唇很诱人，女人则想方设法来强调这一点。埃及仕女曾使用一种被称为墨角藻胶的植物染料为双

---

① 引述自古斯·麦格鲁瑟（Gus McGrouther）教授的论述。麦格鲁瑟是伦敦大学学院整形重建外科主任，他研究亲吻机制的目的是要帮自己找到方法，来克服患者的口腔畸形问题，如今他的研究也施惠于贝尔氏麻痹（Bell's palsy）患者。

② 别忘了女人的乳房可能也有类似的情况。乳房也许就是女性在前端重现的臀部样式。参见第一章。

唇抹上紫红色①。17 世纪欧洲女性的胭脂双唇红得令英国牧师托马斯·霍尔（Thomas Hall）不禁提笔写道，她们这样做简直是厚颜无耻地想要"让目光驻足于她们双唇的人士在心中燃起淫欲烈焰"。②如今红唇依然愈益凸显，更以创纪录的步伐推广。唇膏制造是个 15 亿美元的产业，而且在新近广受欢迎的美容术当中，还有一种硅胶小针丰唇术，可以使每对嘴唇都看似安吉丽娜·朱莉的朱唇。有些心理学家还认为，噘嘴咬唇是一种肢体语言，目的是要让双唇鼓起，最终发挥一种原始用途，把两性吸引在一起，从而制造出我们的更多"副本"。

不论我们的双唇如何塑造出这种独有造型和特殊的感觉能力，最后都在接吻当中找到了新的目的。我们用双唇来发出远非任何言语能够编拟得出的戏剧性信息，还滋养了远非口中任何食物所能喂饱的强烈饥渴。演员英格丽·褒曼曾说："吻是大自然的妙计，当言语显得多余，就可以用吻来封住嘴巴。"埃德蒙·罗斯丹（Edmond Rostand）则说，吻是"对嘴巴说，不让耳朵听的秘密"。

或者我们可以这样看，接吻是人类的又一种变异，源自我们比其他任何物种都做得更好的事情：沟通。就像笑和哭一样，吻也深深触及我们的过去，把人性几个古老的和新近的部分串联在一起，并创造出只有我们才办得到的行为。当我们接吻，我们的历史和演化——促使我们运转的轮子、传动装置和化学作用——也都被深深地烙印在人类整个温柔、狂暴又壮丽的举止中。

---

① Meg Cohen Ragas and Karen Kozlowski, *Read My Lips: A Cultural History of Lipstick* (San Francisco: Chronicle Books, 1998).
② 见于一篇散文："Loathsomeness of Long Haire", 1653 年发表。

接吻不是一种普世人类行为。大约90%的人做这件事，然而这也说明大约六亿五千万人不这样做。这个数字比除中国和印度之外的各国的人口总数都大。

原因很难揣摩。这是个相当丰盛、甜美的发明，你会认为这就像呼吸、走路一样，深深编结在我们的 DNA 里面。然而这却是一种文化发明，并不是得自遗传。也就是说，我们并不是生来就懂得接吻，我们必须学习之后才会。

举例来说，刚进入 20 世纪，丹麦文字学家克里斯托弗·尼罗普（Kristoffer Nyrop）发现，芬兰某些部落的人习惯全裸共浴，却认为接吻很下流。在蒙古，有些爸爸依然不亲吻自己的儿子。他们采用另一种做法：嗅闻儿子的脑袋。采用"爱斯基摩吻"时双方要磨蹭鼻子，嘴唇却不相触。波利尼西亚人和毛利人都不愿意用亲吻来表达感情。法国人类学家保罗·当儒瓦（Paul d'Enjoy，这个姓氏和研究亲吻学的学者还蛮相称的）曾在 1897 年报道，中国人觉得口对口接吻很恐怖，简直和西方人对人吃人的观感没有两样。达尔文首次造访马来原住民的时候就曾表示，那里完全没有人接吻，却有许多人在磨蹭鼻子。探险家詹姆斯·库克船长首次造访大溪地、萨摩亚和夏威夷的时候，也都发现了相仿的行为。[1]

接吻或许不是人人都做的事，然而不管哪个地方，只要引进了就没有不流行起来的。根据种种流传的说法，库克的船员每次登岸上陆，都会很快变成业余亲吻学家。而且如今亲吻在中国也都成为

---

[1] Kristoffer Nyrop, *The Kiss and Its History* (Auburn, Calif.; Singing Tree Press, 1968); Diane Ackerman, *A Natural History of the Senses* (New York Vintage Books, 1990).

常态。奇怪的是，在这个手机、电脑和卫星的时代，有种延续了成千上万年、横扫整个人类的文化行为，却还没有真正发展到最后终点，而且我们竟然有可能目睹其最后的演变阶段。

不过，就算并非所有人都学会了接吻，可是当初是怎么有人开始接吻的？通过费洛蒙或许能看出端倪。1995 年，一群很有魄力的瑞士研究人员在动物学家克劳斯·韦德金德（Claus Wedekind）的领导下，决心测试气味对人类行为的影响。他们的想法是，号称费洛蒙的神秘分子类群，有可能在我们不知不觉的情况下，影响我们下达某些非常重要甚至会改变终生的决定——比方说，我们决定要和谁结婚。

韦德金德和他的团队首先邀集 44 名男士和 49 名女士，然后检测他们的免疫系统，勾勒其剖面轮廓，描绘出他们对哪些疾病的抵抗力较强，对哪些则无力对抗。随后韦德金德让这群男子连续两晚身着同一件圆领衫睡觉。他分给他们每人一块无香料肥皂，并以毫不含糊的语气，告诉他们别以任何方式修饰自己身上的气味。接着让他们离去。

为期两天的实验结束之后，这 44 名男子把当作睡衣穿了许久的圆领衫脱下，分别装进几个盒子中，里面同时装了几件全新的圆领衫。这时那 49 名女士集合在一起，并依指示嗅闻圆领衫，说明她们觉得哪件闻起来最"性感"。你大概要认为，标准答案会是个嘹亮的"以上皆非！"结果却发现，女性确实有偏爱选项——而且还十分奇怪，她们选定的圆领衫，属于免疫系统与自己迥异的男子。换句话说，女性觉得有吸引力的男子往往有种特点，那就是倘若两人结合生子，和他产下的后代就会比双亲更能够抵抗更多疾病，这当然就可以提高子嗣的存活机会（从而把他们的基因传递下去）。①看来这里面有种非常原始的化学作用在运作。

按标准定义，费洛蒙是一种自然生成的化合物，能挑动异性个体表现出很特别的行为。科学家早就发现，昆虫和动物界存有这类物质，而且产生的作用毋庸置疑非常强大。举例来说，我们早就发现，北美最大型（而且漂亮至极的）蛾类——刻克罗普斯蚕蛾能感测雌蛾费洛蒙的缥缈气息，可以勇往直前、逆风飞行达 12 千米去和它交配。蜜蜂、黄蜂和蚂蚁等社会性昆虫，没有费洛蒙就活不下去。它们生活、工作的复杂社会必须靠费洛蒙来维系，这就是为什么不论到哪里，它们总是不断地挥舞触须，感知周围环境，侦察无形分子的信息，由这些信号得知自己下一步该怎样走。

哺乳动物也依靠这种化学沟通做法。公猪会发散一种费洛蒙，名称十分无趣，叫作"5 -雄甾—16—烯—3—酮"，可以让母猪变得像《夜夜笙歌》（*Night After Night*）中的梅·韦斯特（Mae West）一般浪荡。事实上，这种物质的作用相当可靠，后来还被冠以"促欲灵"（BOARMATE）的商标卖给养猪户，这样他们才能不断地供应新生猪崽，满足市场需求。②

尽管自然界受费洛蒙驱策的行为种类繁多、引人入胜，科学家依然不断争执费洛蒙在人类身上究竟扮演着哪种角色。多年以来，大家总认为费洛蒙在人类世界并无立足之地。然而证据却愈积愈多，正如韦德金德的实验所示，费洛蒙很能左右我们的举止，特别是有异性在场时。

瑞士实验的情况显示，仿佛有种化学信使演化出现来确保异性

---

① 服用避孕药（因此基本上不能生育）的女性并不偏爱具有互补免疫系统男子穿过的圆领衫。她们喜爱的是免疫系统与她们雷同的男子。受试女性还表示，她们最喜欢的圆领衫，往往令她们想起前任男友。这里面是不是有某种规律？

② 参见网页 http://www. antecint. co. uk/main/rm/boarmate. ram。

（或至少异免疫系统者）相吸，惠及后代，让物种有最大机会延续下去。你也看得出，这在莽原上能够发挥哪种用途，因为在这种环境下，群体存续先于个人好恶。没有这种化学物质，我们的祖先也许还来不及成为我们的祖先就灭绝了。

倘若费洛蒙在我们的私生活中也扮演一种角色，或许这就表示，我们现在觉得某人很有魅力，看其他人却不顺眼，完全不是肇因于我们自以为是的理由。爱是盲目的（至少吸引力是如此），这句话也许比我们所想的更为真实。不论情况如何，我们的费洛蒙偏好显然是源远流长的。和我们同具这项特征的不只猪、蜂、蛾，也许连大鼠也算，它们能"读取"异性尿液中所含的费洛蒙，据此来选定配偶，这也算是一种化学红娘系统吧。

然而，我们和其他哺乳动物却有个差别，它们会主动侦察费洛蒙，嗅出哪些交配对象最可能产出强健的后代，并避开无此可能的个体。而我们对这些化学交流作用如何发挥却一无所知。这种沟通完全是种潜意识作用，或许这也能帮助解释，为什么有些人会"一见钟情"坠入爱河。或许说是"一嗅钟情"更为准确。

不久之前，科学界一筹莫展，无从推想化学使者如何默不作声地偷偷影响私密决定，比如筛选求婚人或择定配偶。科学家对这类问题还没有深入考量，不过就目前所见，他们的结论是，我们没有用来发送这类信息的必要器官。毕竟，相对而言，啮齿类的嗅球体积要比我们的大得多。嗅觉化学作用在它们的世界中占有的比重远胜于我们的；其他哺乳动物，如狗、猫、牛等，多半也是如此。举例来说，大鼠的气味感官有个专门辨识费洛蒙的"犁鼻器"。犁鼻器负责感测环境，察觉是否出现加速发情期、显示怀孕（还有怀孕失败），甚至促使睾酮涌现的种种分子。犁鼻器告诉雄性啮齿动物，什么时候正好交配，什么时候最好别做。

多年以来，大家假定我们人类就算真的曾有这种器官，恐怕也由于无此必要早就弃置不用了。毕竟，既然我们已经拥有了大型脑袋，还有丰富的语汇，哪里还有必要借助化学作用来发送信息呢？话说回来，20世纪70年代出现过一项实验，而且到现在还很有名。就是马萨诸塞州韦尔斯利大学一位心理学学生玛莎·麦克林托克（Martha McClintock）所做的实验。她以宿舍135位住校女生为受试者，研究她们的月经周期。她发现，大家共处几周之后，宿舍室友的月经周期逐渐趋近完全同步。换句话说，从全国各地集于一处，共同居住之后，身体似乎就开始凭化学作用，静悄悄地相互交谈，终至获得共识，而且除了结伴共处之外，全无其他起因。怎么会这样呢？

这种同步作用显然并不是有意识地造成的。女性没办法按心意来控制自己的激素周期作用时机。麦克林托克猜想，这种同步现象背后或许有费洛蒙的影响，而且当她把（如今已经成名的）这个发现投稿到《自然》杂志并于1971年发表时，报告里面也这样写，但却没能说得斩钉截铁。[①]当时还没有能够检测这么微量分子的技术。然而，她的发现显示，在我们这一长串复杂的沟通方式当中，显然还可以多添一种：我们能借助某种化学心电感应来相互联系，而且这种感应和意识思维或感觉都毫无关系。

麦克林托克的研究之后，关于人类费洛蒙沟通的更多证据浮现出来。1985年，科罗拉多大学的研究人员发现，原来我们还真的拥有能发挥功能的犁鼻器，这是一对非常细小的管道，就位于鼻子里面，两边鼻孔各含有一个微小的凹孔。这项研究甚至还找到证据，

---

① 参见 http://www.mum.org/mensy71a.htm；Matha K. McClintock,"Menstrual Synchrony and Suppression", *Nature* 229(1971):244-245。

显示人类犁鼻器本身具有专属神经联结，直接通达脑部，其运作机能和负责我们鼻子大半工作的嗅觉系统完全无关。严格来说，这就表示费洛蒙其实和气味完全没有关系，因为我们并不是真的能嗅出费洛蒙的气味（不过，我们也许嗅得到随之散发的其他气味）。显然，这完全与特定分子触及犁鼻器并触动相关脑区有关，从而触发非常特定的行为。这样一来，费洛蒙就成为一种"字词"，于是一个人的脑子，才得以借助分子来和旁人的身体直接对话。

举例来说，女性对男性的一种费洛蒙似乎特别有感应。这是一种没有气味的分子，由男性汗腺制成，称为雄甾烯醇。当女性观察喷了雄甾烯醇的男子照片，和没有喷洒的照片相比，她们真觉得那张照片更有吸引力，至于那是演员梅尔·吉布森还是水管匠张三的照片都无所谓了。伦敦大学学院的另一项研究则显示，当女性接触雄甾烯醇过后几个小时，她们就可能会比较多地和男子社交往来。虽然这并不是"促欲灵"，却显然可以让女性比平常更放松，不过这只有当她们和男性交往的时候才有效。

另一项研究则显示，戏院随机挑选座位喷洒雄甾烯醇，这时女性更愿意挑这些座位坐下，略过没有喷洒的位子，她们不知不觉、不折不扣地让鼻子带路来选择座位。费城莫乃尔化学感官中心（Monell Chemical Senses Center）甚至还通过实验发现，当女性身边总有男性相伴时，她们月经周期的时间和长度都会改变。她们的排卵往往比较规律，这就让她们的生育能力更为稳定。对于想要把更多孩子带进人世的配偶来说，这会是件好事。不过，事情还真奇怪，这么隐私的行为，竟然会受到我们完全不以为意的化学物质所影响。

费洛蒙对男人也有奇特的作用。最近一项实验显示，女性激素"促情素"似乎能促使男子对身边"擦用"这种物质的女性更有兴趣。美国广播公司《20/20》电视新闻杂志曾进行过一项非正式实验来检测类似观点。这家广播网募集了两对双胞胎，含一对男性和一对女性。每对都有一位喷洒没有气味的费洛蒙，另一位则只使用传统金缕梅收敛水。接着他们前往纽约市一家热门酒吧，各赴不同席区分别就座，依指示只静静坐着，而且不准以微笑展现魅力，也不得借肢体语言引诱旁人。

男性双胞胎都没有受到太多关注。到酒吧消费的女性对他们的注意程度，大约和平时相等。至于洒上费洛蒙气息的姊妹，境遇就有所不同了。她引来 30 名男子，比起和她同样漂亮的双胞胎姊妹引来的 11 位，几乎多达三倍。而唯一的差别就是：她先前喷了不出声音的沟通费洛蒙。[①]

这种现象的详细内情依然令人不解，不过循线却也瞧出端倪，显示费洛蒙和亲吻有连带关系。费洛蒙似乎有种磁力效应，能鼓动异性个体（对同性恋者则是同性个体[②]）产生亲近拥抱的念头。我们都见过动物伸鼻磨蹭，这或许就是费洛蒙的作用。有些科学家曾揣摩，因纽特人和马来人摩擦鼻子的做法，正是亲吻的前身，借伸鼻磨蹭来相互亲近，于是我们就可以更深入地接收旁人身体抛射出来的醉人信息。

到目前为止，科学家充其量只能表示，人类的犁鼻器为我们的下视丘牵起一条热线。下视丘是一处多功能脑区，影响体温和心跳

[①] 根据密歇根大学助教张建之 (Jianzhi Zhang) 所述，演化出颜色视觉之后，就再也不必使用费洛蒙来吸引配偶了。张建之在《美国国家科学院学报》（*Proceedings of the National Academy of Sciences*）2003 年 6 月 17 日号上发表的论文提到，颜色视觉也许已经让雄性猴子以及我们的亚、非洲早期祖先注意到雌性的性皮肤所出现的微妙变化。张建之的研究团队归结认为，尽管人类和若干猿类依然具有能产生鼻内费洛蒙受体的基因，这批基因却已经突变，不再具有作用。

[②] Randolph E. Schmid, "Gay Men Respond Differently to Pheromones", Associated Press, May 10, 2005.

速率，乃至情绪和性欲等。接下来就轮到下视丘来着手改造我们的行为。[①]

想象一下，这对我们的前辈物种产生了哪种作用。早期人类放射出种种化学信号，就像聚会时抛撒五彩碎纸，产生相吸或互斥的作用，本身却完全没有察觉这些事件。设想直立人、尼安德特人或克罗马农人各自配对、嗅闻、蹭脸、搂抱，同时他们的体味也交相混杂。然而，就爱情生活方面，人类和啮齿类动物的情况并不相同，人类的费洛蒙并不是爱和吸引力的唯一决断因子，它不过是悄悄促成第一吻的沉静伙伴。当脸颊、气息和游移的双手贴合交缠，原始化学作用和感官知觉汇聚而成的私密吸引力也愈来愈显强劲、浓烈，接下来，最自然的步骤想必就是接吻，而这就是以我们身体最敏锐、性感的部位来相互品尝、分享感受的行为。

新近研究业已显示，事实上尽管我们从空中把费洛蒙拦截下来，才觉知这种成分（以及连带能够诱发所有感受），其实我们也能用舌头、双唇来"品尝"费洛蒙，这样一来，我们也得以从亲吻对象采集更多的化学信息。换句话说，接吻是一种与生俱来的（即便是无意识的）做法，可以用来扫描潜在配偶的基因库，而且效果要比单纯吸入气息更为完备。或许从这点就可以解释，为什么大自然要尽力让接吻带来这么美好的感觉。这样做是为了鼓励我们尽可能地寻得最好的伴侣，这样才能创造出更多人类，而这也正是所有自尊自重的DNA的最终目标。

---

① 下视丘是串联神经和内分泌两个系统的集线中心，也是个很好的教材，可以用来阐明脑子交缠纠结的本质，以及脑子和身体的关系。下视丘努力和我们的身体沟通，所采用的做法是合成并分泌出神经激素，有时也称为"释放激素"，能刺激脑垂体前叶腺分泌出其他激素。其中有一种称为"促性腺素释素"。分泌促性腺素释素的神经元和边缘系统相连，而边缘系统则深深涉入性与情感的控制机能。

我们为什么开始接吻，现有理由并不只"搜寻费洛蒙"一种。接吻也有可能源自史前的一种喂孩子进食的做法。两个理论看似毫不相干，但也许存有关联。喂食假设的根本理念是，人科先祖母亲先嚼烂食物再喂养幼儿，和鸟类等动物的做法类似，嚼好之后就像亲吻一般喂哺孩子。黑猩猩会这样做，它们的嘴唇外翻对贴，后来说不定就发展出其他用途，食物短缺时可以借此安抚饥饿的孩子，最后才用来表达爱意和感情。过了一段时日，这种亲子亲吻的方式或许已经由恋人拿来应用，为这种亲吻带来崭新的变异手法。

把养育行为和接吻欲念牵扯在一起确实有点道理。它把情感引进方程式，也让接吻不再只是没有灵魂的渔猎活动，不再局限于追求能生育的健康配偶。[①]食物、饥渴、激情，这些全都有若干程度的牵连。《圣经·雅歌》中的一首古诗讲得很透彻："我新妇，你的嘴唇滴蜜，好像蜂房滴蜜。你的舌下有蜜，有奶。"（4章11节）毕竟，我们所有人都寻寻觅觅，渴求情爱。

古埃及语言学中甚至还有粮食和亲吻密不可分的情况。埃及古物学家一度把象形文字"吃"误译为"吻"，然而把吻纳入进食的句子却显得那么相称，结果他们在多年之后才明白自己弄错了。从这个角度我们就不难理解，说不定亲吻就是从满足一种饥渴演变来满足另一种饥渴。

尽管接吻很享受，却也蕴含了某些风险。根据一项估算，双唇

---

① Nicholas J. Perella, *The Kiss: Sacred and Profane* (Berkeley: University of California Press, 1969).

交接一次，就可能交换 278 种细菌和病毒，有些是好的，有些就不那么好。[1]伤风、感冒和鼠疫，全都可能潜藏在深情一吻里面。不过总体上看来，亲吻大致上都能帮我们人类存活下来，因为这自然而然地促成性爱，而性爱则免不了要带来小宝宝。

当然，多年以来这都是条麻烦之路，让霎时骇然发现自己成为父母的几百万少男少女陷入难关。青春期萌发和伴随而来的澎湃荷尔蒙，都早在现代文化起步之前业已演化出现，如今这些现象驱使的行为，拿到昔日就会显得比较有道理，在那个时代，14 岁母亲和 15 岁父亲还算是常态，不能当成例外。

那个时代不怎么讲求发展深邃的情感和持久的关系，物种存续是更能引人瞩目的焦点。尽管史前时代肯定也有灵长类浓情蜜意的楷模，然而，主要的目标想必却是追寻拥有最具指望的基因和最富生存技能的配偶。两情相悦固然可喜，却只属次要考虑。

这种古老的作用力依然驱使着我们的许多行为。举例来说，当史前女性怀孕并肩负起母亲的职责，行动能力就会减弱，因此演化心理学家多数认为，她们势必得依靠男子——擅长觅食的强健的猎人、举足轻重的部落高层——衷心指望他们当上爸爸并能不负所托，帮助她们照料后代。倘若分娩的现实处境让女性更须依赖旁人，那么她们注重权力和忠贞也就很合理了，甚至权力还可能在忠贞之上。配偶强健（含身体、社会和心理层面）不只代表基因深富潜力，也表示他们拥有强健的力量和雄厚的社会权势，得以让双方同居有利地位，好好养育孩子。如今我们随处可见这种决策的反响。罕有女子会避开选择忠诚、可靠又有雄厚财势的男性。

另一方面，史前男子想来都偏爱拥有优秀 DNA 的健康女性。

---

[1]　Raj Kaushik, "Science of a Kiss", *Toronto Star*, February 10, 2004.

相信他们都会追求肉体美感迹象——浑圆的后臀、丰满的乳房和匀称的髋部等种种特征，这就是一种胜利的微笑，清楚地发出健康信息，这在连强者都遍体鳞伤的残酷世界中显得特别重要。到现在依然没有改变。

这类特征也许能帮助阐明，科学家从男女脑部看出的部分差异。 最近，加州大学欧文分校和新墨西哥大学的科学家合作完成一项脑部扫描研究，结果发现，尽管男女智力水平相当，脑部解剖构造却有明显差别。男性脑中和总体智力相关的灰质体积约达女性的6.5倍，然而与智力相关的白质部分，女性的数量却达男性的10倍之多。灰质通常能为脑部信息处理中枢提供神经元能量功率，至于白质则能够为这批处理中枢提供突触联结。

从事这项研究的团队推测，这或许就能帮助解释，为什么"男性往往比较擅长需要由局部来处理的工作项目，比如数学；而女性则往往更擅长把散置多处灰质脑区的信息整合起来并消化吸收，比如必须用上语言能力的事项"。这类差异之所以演化出现，很有可能是由于我们的男女祖先要应付的环境、社会压力并不相同所致。①

这篇论文的结论是，演化似乎是为两性分别设想出不同的脑部解剖构造，双方处事效能一样好，不过是分别采用不同手法完成的。这或许也表示，男女基本上是分别采用不同手法来体验世界和男女关系的。

举例来说，女性的脑部天生交联程度较深，语言能力比较强，或许这就是为什么女性似乎往往比较擅长表达心中所思，同时又似

① Richard J. Haier, Rex E. Jung, Ronald A. Yeo, Kevin Head, and Michael T. Alkire, "The Neuroanatomy of General Intelligence: Sex Matters", *NeuroImage* 25(2005): 320-327.

乎有本领看穿旁人的心思。试举剑桥大学心理学家西蒙·巴伦—科恩（Simon Baron-Cohen）的发现为例，男性看世界的时候，都从小处着眼，接着向外推展。而女性则往往先观察全局，随后才向内聚焦。这两种观察方式是否只映现出我们脑部的构造差异——男性的局域化、集中化，女性的分散式且高度交联？

巴伦—科恩兼任剑桥自闭症研究中心主任，他说，这项研究证实，比起女性的脑部，男性脑部的运作方式更像是自闭症脑。多项研究显示，男性的两类秉性具有一种相关性，一类是脑部局域化程度较高，交联程度则比较低，另一类则是比较擅长数学推理，另外，在心中转动三维物件的测试中表现得也比较好。[1]巴伦—科恩说明，男性首先会专注琐碎细节，若还能适度抽离就可以表现得更好。他们喜欢分门别类组织物件，往往比较不注重人际导向。

这就像是自闭症患者的举止，他们都是"心盲"人士，对旁人的感受一无所悉，仿佛他们的镜像神经元因故障而失灵。他们也喜爱分门别类组织事物，只是更积极得多。还有，自闭症患者多半都是男性——事实上绝大多数都是男性。罹患阿斯伯格综合征（一种比较轻微的自闭症）的人中，每有一位女性就另有十位男性患者。[2]

这些专属男性的大脑特质或许也能解释，为什么和女性相比，男性比较不耐烦做口语交谈（他们往往不协商，只下命令）；还有为什么他们迷路时会在心中设想几何网格，据此判别去向，至于女性则大多先找出熟悉的地标，产生一幅私人空间的画面。同时，或许这就是为什么男孩子喜欢玩卡车、枪支等玩具，却不想陪洋娃娃

---

[1] Doreen Kimura, "Sex Differences in the Brain", *Scientific American* 12(1)(2002):32-37.

[2] Simon Baron-Cohen, *The Essential Difference: The Truth About the Male and Female Brain*(New York:Perseus,2003).

扮家家酒、假装喝茶聊天。他们天生喜爱东西，胜过人际交往。

　　不过，洋娃娃和扮家家酒却正好能迎合女性的知觉和心理技能，她们做事很少依靠分析，较常依靠直觉，从总体入手深入细节，而不是由下至上为之。女性脑部的交联本质，似乎也能帮她们凭直觉来理解旁人。女性天生比较擅长理解事情的来龙去脉，推断意图，接着才做出合乎人情的反应。

　　有关脑子的共鸣、社交能力，现有认识依旧相当肤浅，不过科学家业已发现，有一批神经元专门负责读取旁人的感觉和意图，就位于脑部左侧，很接近布罗卡氏区和韦尼克氏区，通常女性的这两处脑皮质区大都发育得比较好。①总而言之，这似乎就让女性的硬件连线更能盱衡全局，成为人类中比较擅长社交的一群。

　　权衡我们这些年来对于史前人类生活的点滴认识，男女脑部在这些方面的分歧现象，就显得很有道理。男性可能要肩负起大部分狩猎工作（有些研究甚至显示，男性拥有一种非常特别的天分，擅长抛掷物体击中目标，而女性通常并没有这种本领）；他们还有善于分析、目的性强、专注的倾向，社会性则比较低——这种种特征，都有利于猎捕、觅食，这让他们更有办法在危险的环境中生存。同时，由于男性不负责怀孕，所以他们当然也较可能从事狩猎工作。简单来讲，大多时候他们的活动能力都比较高。②

　　怀孕的是女性而非男性，这点想必也会影响其他角色和行为，这些都是我们至今还经常纠缠不清的问题。举例来说，女性的卵子数量有限，而且不管从哪个层面来考虑，怀孕都必须付出高昂的代价。这样一来，我们的女性祖先择偶时就必须非常谨慎。由于利害

---

① 并没有直接证据证明这点。不过有趣的是，这同一处脑区和镜像神经元最早演化出现的部位相当接近。
② Doreen Kimura，"Sex Differences in the Brain"，*Scientific American* 12（1）（2002）.

得失影响深远，女性之间的竞争也愈形激烈。不过，由于一个族群里的女性仍须和睦共处，因此在这种情况下很少会公然爆发争端。在这个世界，你的朋友也是你潜在的竞争对手，结果必然要取得微妙的平衡。能做周延思考又擅长社会沟通是好事，女性拥有这类特征就比较能够存活，这涉及她们和孩子的关系，也同时影响彼此的关系（整体而言，妈妈往往都比爸爸更会照顾孩子，理由也许就在这里）。

当男性忙着狩猎、应付危险时，女性也得面对营地世界，处理复杂的社会关系——要能和睦共处、照料小孩，同时还得随时注意竞争者的动向，并施展娴熟的手法，巩固自己的社会地位。若有女性擅长调整自己在人群中扮演的角色，深谙谁是朋友，谁是敌人，还有本领结盟，带来好处，这样她大致就能过上不错的日子。①②

男性的情况与女性虽不完全相反，却有相当大的差别。或许他们天天都在相互合作，同时也竞相争夺最好的性伴侣。不过，既然男性拥有数百万精子，演化性状也让他们随时都想散播 DNA，只要愿意奉陪的，他们都采取来者不拒的态度。还有，男性并不必付出怀孕的高昂代价，因此，他们对交配的女性，往往并不挑三拣四（关于这点，当今男性通常依然没有那么慎重，理由很简单，就算由于性爱怀了小孩，怀孕的人也不会是男人）。

---

① 就另一方面，这同一组特征也可能会导致心思太过缜密，经常为人际关系所困扰，也太过担心她们的交情会出问题。从这点或许就能瞧出端倪，推知女性族群为什么往往都比男性更容易感到消沉沮丧。

② 这在古时候也许能帮她们提高警觉，以免在忙着生养子女的时候遭人遗弃。这点在今天却有个明显的缺点。想得太多的人并不受欢迎，因为这种人过于需要旁人抚慰。当然，男性自己也有在不经意间避开旁人的情况。就如女性往往陷于沮丧，男性也有同等明显的倾向，他们经常过度酗酒、嗑药，有时还表现出反社会行为。

密歇根大学心理学博士苏珊·诺伦—胡克瑟马（Susan Nolen-Hoeksema）发现，有些女性会耽溺沉湎于烦忧处境，反复咀嚼负面的想法和感受，特别是牵涉人际关系的事情。她们经常陷入无助、绝望的循环而不可自拔。

就这点看来，男性的抉择相对而言不太复杂。对他们来讲，是否找到"老实"的女性并不那么重要。重点是要找到女人，而且愈健康的愈好。这或许就能解释，为什么男性似乎比女性更执着于美貌和身材，这些是身体健康的最好指标。对男性而言，身体健康是最重要的事情，这样才能找到最好的配对染色体组。

重点在于，若说"形式取决于机能"，那么很可能不同环境已经塑造出不同的脑区，这些不同脑区依循一条拱弧回馈回圈，产生出性爱和人际关系的种种行为和态度，不断促使男女互动，变得更能相互匹配，也显得更复杂。然而，为满足把更多孩子带进人世的原始需求，即便两性看待世界的方式截然不同，我们依然有必要找出方法，好让双方的理智和情意连同身体一并结合。

◎⌒⌒∽∾⌒◎

我们大脑新近演化的解剖构造差异，并不是唯一能影响我们决定吻谁的因素。边缘系统也是我们脑中很古老的部位，和较新近演化的脑区也有周密的联结，同时它对我们的情感也有深远的影响。边缘系统会生成许多我们所说的情绪和感觉。当我们思念某人，感受爱人相伴的温情，生气、嫉妒或狂喜时，这些经验都是神经元受到化学和电性刺激，在边缘系统四周不停吵嚷对话才生成。

脑子内部和外部都有绵密的交联，然而边缘系统则似乎是特别繁忙的交叉路口，这里是我们脑中非常古老的部位，负责好几项极端原始的作业，比如呼吸、喜乐、害怕和饥饿，而这些也都和前额叶皮质区所做的高级思维和规划彼此呼应。由于我们有边缘系统，我们的记忆、行动或决策才很难和情绪切割。这也就能说明，为什么强烈的情绪能以身体反应自行展现，比如心跳加速、双手颤抖、瞳孔放大、冒汗、突然觉得恶心或者同样突然涌现的喜悦。

我们脑区的边缘系统能帮忙解释许多表面上毫无意义的人类行为。总统、总理、参议员和皇室成员都以纵容边缘系统恣意妄为出名。想想媒体报道美国参议员加里·哈特、总统克林顿以及路易斯安那州众议员罗伯特·利文斯顿私会情人的头条新闻。就算会连累事业，风险极高，这部分脑区依然有办法确保自己不被轻视。

智商对我们的原始驱动力显然毫无驾驭之力。

由于边缘系统掌管情绪记忆，所以这里也成为另一个十字路口。成人的经验，比如亲吻和费洛蒙、性和爱，就是在这里和我们心中的童年记忆串联起来的。我们的时间感受和自我感受，都产生自受到边缘系统刺激的记忆。这些记忆确保我们从前（甚至回溯自非常早期）的众多情感模式，连同情绪保存下来，经渲染之后供现在和未来取用。

或许这就是为什么，想要情理兼顾地描写亲吻会那么困难。亲吻位于高级智力和原始驱动力的交会点上，而这二者似乎没办法同时运作。亲吻象征两颗心牵连纠结。这是人类爱与欲碰撞的实务范例。

为什么这要发生在我们身上，而鸸鹋、海龟和马达加斯加的大狐猴却没有这种情况？这是由于自从能人在两百多万年前打制出第一批工具开始，人类的文化演变速度已经远远凌驾于 DNA 的演化速度之上了。如今，尽管自然选择实现了种种基因的重整，我们的许多原始驱动力却依然保持原状。然而我们的大脑，却让人类陷入最讽刺的处境，世界业已被我们彻底改造，如今的这个地方，和我们原本演化适应的生活环境，已经是大大不同了。

事实上，亲吻和费洛蒙，以及把它们跟我们连在一起的边缘系统，经常让我们"脚踏两条船"：一边是我们演化适应的原始阵营，另一边则是我们发明的现代阵营。其中一边是我们的 DNA 塑造的，另一边则是由我们的大脑创造成形的。有时候两边似乎是死对头。当然并没有这么简单，却也很难否认，人类文化的极高演变速率，已经让我们的 DNA 和它创造的大脑产生了矛盾。

比方说，基因指示我们尽量提早生育。然而在许多文化当中，13 岁时做爱却绝不合宜。现代青少年的生涯，和 19 万年前的情况并不相同。然而他们的身体和驱动力却依然是相同的。

还有其他几个实例。由于卫生和医学条件改进，许多人都能指望在活到 70、80 岁乃至 90 岁之后再多活好几年。单配偶关系持续可达 40、50 年或 60 年，远超过我们的短命祖先所能想象到的。所以，我们找伴侣不只追寻能带来子嗣的喜乐性事，还追求能精彩延续数十年的圆满关系。我们有这样的条件吗？

寻觅建立长远关系一向不那么简单，至少部分要归咎于我们经边缘系统和 DNA 塑造的驱动力。我们重视单配偶制和忠贞的品格，然而，网络中最大的财源却是色情内容，现代世界中的偷情事件不论男女两性都愈来愈频繁，在美国半数婚姻都落得离婚的下场。

边缘系统/DNA 引发的冲突有个最佳的实务范例，那就是以亲吻来象征嫉妒——犹如莎士比亚借《奥赛罗》剧中人物伊阿古恶行恶状的口吻道出的台词："（嫉妒）是一头绿眼的妖怪，它惯于耍弄爪下的猎物。"就如我们众多的原始驱动力（包括亲吻本身）一样，嫉妒就像个劫财盗货之徒一样。它劫夺部分脑区，就像病毒接管细胞的遗传机能。有时候我们甚至会把这种情绪的力量引进法庭。20 世纪有一起极著名的案例，匹兹堡一位名叫哈利·塞（Harry K. Thaw）的工业家开创了法律史上的先河，辩称自己是一时精神错乱，才在 1906 年踏进一家餐厅，在满座宾客眼皮子底下走向纽约建筑学泰斗斯坦福·怀特（Stanford White），公然举枪近距离把他射死。

后来他的证词表示，自己这样做，是由于怀特在早些年曾和他当时的妻子——大美人伊芙琳·内斯比特（Evelyn Nesbit）有暧昧关系。他的律师在法庭上申诉，哈利·塞脑中刮起一阵风暴，所以才会完全失控。①这套辩词十分有用，塞获判无罪释放。他是第一个以丧失心神为理由逃脱牢狱之灾的人，却不是最后一个。

当我们感到嫉妒——几乎所有人都感受过嫉妒带来的锥心痛楚，这是最基本的，甚至有人涌起杀人的狂涛——脑中确实好像有种突然变天的感觉。而且如果你把气候形容成奔腾的激素、受刺激的脑细胞和受激发的脑皮层分子，也确是恰当的。

不过，正由于边缘系统和我们的前额叶皮质区相连，所以嫉妒或艳羡这样的事情，才会演变成预谋杀人或报复的行动。使用比较新近出现的几处脑区，我们就会滋生嫉妒，想象出可能出现的非常糟糕的情节，随后又回馈进一步激发借助边缘系统相连的几处中枢（比如下视丘、杏仁核和海马体），接着这些脑区又和几处更古老的脑区相连，接下来，我们最原始的行为——狂怒、生气、害怕——开始发挥效用。总之，我们的思维能力强化我们的初始部分。以我们脑中的"风暴"来做比喻倒也不差。

真诚、美丽，以及欲望考古学

有谁想得到，臀部和双肩的形状，能对脑部的形状和物种的演化发挥如此深远的影响？

亘古以来，性选择一直在捏塑我们先天对于美丽和吸引力的定义。时至今日，这些定义依旧控制着我们的许多个人

---

① 在这次号称"世纪大审"的庭审当中，哈利·塞所提辩词马上让 brainstorm 一词（译注：作"脑中风暴"或"脑病发作"解，后引申为"脑力激荡"）成为最新的英语单词之一。

行为，并能阐明主流文化似乎都很重视的事情。各地文化对于什么特色具有吸引力确有不同观点。某个文化对丰满身体的重视程度或许高于另一个文化，各种衣着、珠宝和发型在不同地方的普及程度也高低有别。不过，有些基本元素却是各地人士公认的很有吸引力的，就连婴儿也不例外。常见的决定因素似乎都属彰显健康的各种指标，特别是和异性有关的项目，因为健康是强健基因的外显证据，而强健的基因就会产生出生存机会比较高、能活下来把 DNA 传递给下一代的个体。最后，这就成为演化的考量底线。

试举脸型为例，举世公认，对称的脸形是健康的，因此是有吸引力的。对称的脸蛋（比如下巴和嘴巴、口和眉等的比例，计算得出希腊人所称的黄金比值：1.618）在所有文化中都被视为是有吸引力的。长着一副娃娃脸的女性通常也被视为有吸引力——具有天真的大眼睛和娇小的鼻子。另一种"黄金"比例是女性的臀部比例。就本例而言，腰围是臀围的 70％ 变得很重要，因为这种体形的女性比较能生育，而且也非常健康，能够怀胎到足月（当然了，这所有计算过程都是在潜意识中进行的）。

部分研究显示，受偏爱的女性乳房造型是个三维抛物线，而不是双曲线，甚至也不呈圆球形。另一方面，受偏爱的男、女性屁股的造型则是心脏形曲线，也就是抛物线的反转形式。

长发女性常受珍视，因为能长出长发是健康的指标。相同的道理，漂亮的指甲、红润的脸颊、丰满的红唇和靓丽的肌肤也都如此。凸显这些特征是美容产业的基石，不过就算在没有先进美容产品的国家，这些也都很受重视。另一方面，珠宝、穿孔和刺青则都可以视为补充的手法。

女性本身也有偏爱。她们也普遍认为比较高大的男子会很有吸引力，最好是比自己至少高上好几厘米。理论上而言，较高大男子占有较大优势，果真如此，他们就可以让DNA和权力结合为一，从而帮助他们的后代存续瓜瓞绵绵。基于相同的理由，女性心仪的男子，一般都是胸肩宽阔、手臂粗壮的人。她们也可能认为胡须等颜面毛发很有吸引力，因为须髯让男子看起来比较凶猛，较占优势（不过北美原住民却非如此，因为他们脸上几乎都不长毛发）。挺立身形对男女都很重要。身形挺直是健康和优势的象征。人在挫败或不舒服的时候才会驼背弯腰、显得萎靡不振。

然而，即便身体吸引力具有强大的作用，最终却也不是裁定情归何处的唯一因素。不论是谁，身体特点遇上人格特征都可能相形见绌，而且判断一个人也不能只看外貌。若有人能展现自信、和蔼可亲又深具魅力的性格，身体吸引力就会退居次要地位。

权衡我们男女祖先的不同情况，斟酌我们演化出的脑部互异解剖构造，有些演化心理学家推论，男女滋生嫉妒有各种原因，分循不同途径演化出现。得州大学的大卫·巴斯（David Buss）等人认为，男性脑中演化出某种回路，让他们产生一种内在倾向，对配偶不贞的性行为会心生嫉妒。不过就女性方面，研究人员则推论，她们是依循不同的回路，从而对配偶的情感出轨心生嫉妒。[1]

---

[1] Christine R. Harris, "The Evolution of Jealousy", *American Scientist* (January-February 2004): 61-71.

加州大学圣地亚哥分校心理学家克莉丝汀·哈里斯猜想，嫉妒并没有这么简单。她分别从 20 种文化中搜集了情杀案件（精确数字为 5225 起），研究背后的谋杀动机，结果发现，男女解决爱侣性命的原因并没有真正的差别。此外她还在另一项研究中发现，男女两性都说，伴侣偷情的情感层面比性行为方面更令人愤恨。换句话说，问题不只在于爱侣和别人交媾。驱使两性动手谋杀的起因，都是由于爱侣可能爱上了别人，而自己咽不下这口气所致。这是具体而微的《奥赛罗》情节。

嫉妒是我们硬件接线的内建机能，这方面证据无须远求，只需追溯至我们的婴儿期就能明白。只要有兄弟姊妹的人都知道这点。多项研究一再证明，手足间对抗是举世常见的现象。得州理工大学的一项研究显示，仅六个月大的婴儿，丝毫不愿见到母亲对栩栩如生的婴儿洋娃娃多付出关注。他们会皱起眉头，烦躁不安，拉下嘴唇，而且通常会让他们的边缘系统超时工作，发出信号告诉妈妈他们不高兴了。这仅是连兄弟姊妹都没有的婴儿表现的行为。第二项研究则显示，八个月大的婴儿会用口语和身体动作全力表现，来让母亲分心，不再和其他孩子互动，不管是哀鸣、哭喊或发笑，只要有效就好。①②

我们很容易看出，成人的嫉妒艳羡都源自这类早期反应，不过，演化出这些举止，并不是由于情绪失调会对我们有什么好处。这类反应之所以演化出现，是因为这些都是生存技能，结合婴儿研

---

① 敌对手足的作为可说是花样无穷，就连学步幼童也是。小女儿汉娜诞生时，我带着三岁的茉莉，一起前往医院去接回她的母亲和新生妹妹，出发时茉莉想到一个主意。"我们把汉娜丢下楼梯好了。"她说。我对她解释，这样做为什么不好。她想了一会儿，接着就说："好吧，那丢下楼梯一半就好了。"

② Christine R. Harris, "The Evolution of Jealousy", *American Scientist* (January-February 2004): 61-71.

究对象的年龄，就能推知这是一种内建的硬件接线。

这怎么会是一种生存技能呢？倘若你是现存哺乳类群当中比较无助的一员，你注意到自己的原始安全源头并没有关注自己，突然之间，引起妈妈注意就变得极端重要。昔日能够让母亲时时关注自己的婴儿，活下来的几率会大于没有这种能力的婴儿，所以这种基因就可以传递下来。成人的嫉妒彰显出我们采用了这项技巧，并找到（大半要带来负面作用的）新式手法，用来处理我们的人际关系。至于以谋杀收场只能说明这种驱动力是多么强大。

这些都在我们的童年时期就蚀刻纳入我们的边缘系统，而且依照托马斯·刘易斯（Thomas Lewis）、法里·阿米尼（Fari Amini）和理查德·兰侬（Richard Lannon）等精神科医生所见，这类组型还具有其他更广泛的作用。我们在幼龄时期集中学来的知识，"躲藏在意识面纱后方对孩子轻语，"他们写道，"告诉他人际关系是什么，能产生什么作用，预期会有什么情况，如何引导运作。"随后我们无论如何也都会把过去潜意识学来的知识，运用在我们现有的关系上。要是这种"边缘组型作业"做得太过火，我们就可能身陷于众多个人苦难中："男孩遇上女孩，女孩太过依赖，钳制他的独立自主（令人联想起男孩的母亲）：两人煎熬多年，相互怨怼日益严重。"①

若是这种人际互动的见解正确无误，这就表示和我们的意识心智相比，边缘系统更能了解我们心中的期望。这就代表，在我们幼时，照顾、疼爱我们的人所创造的重力作用影响深远，必须终生艰苦努力才有可能脱离掌控，而且这种铭印将永远无法完全泯除。这有时是件好事，有时则不。丘吉尔在他童年时期，父母都刻意和他

---

① 参见他们的著作：*A General Theory of Love*(New York : Vintage , 2001)。

疏远，不过倘若他是由（后来发疯的）政治家父亲和社交名媛母亲养大，又有谁能断言，丘吉尔会成为哪种领导人、哪种丈夫和父亲？或许还是任由他挚爱的保姆——伊丽莎白·安娜·爱维莉丝 (Elizabeth Anne Everest) 抚养他从婴儿期长成青少年为好。

当然，我们还是能修饰我们童年阶段的经验。我们不像蟋蟀、青蛙那样完全受 DNA 控制，甚或完全受到我们最早期、最强大的影响力量控制。毕竟，我们拥有顶尖的学习能力，还能投入时间来改变我们的行为举止，让生活和爱情步入正轨。从许多层面来看，成熟都事关控制、修饰我们的原始驱动力，这样一来我们才得以由此取得力量，而不是任由驱动力把我们拖垮。

倘若我们放任所有孩子的边缘系统肆意浮现，并不受约束发展到成人阶段，那么这个世界就会彻底不同，暴力也会大幅增加。另一方面，莎士比亚、简·奥斯汀、托尔斯泰、海明威、伍迪·艾伦和希区柯克，也就无从创造出一个个耐人寻味、令人痴迷的冲突角色，而我们也无缘安坐展阅他们的隽永杰作。所有文学和娱乐创作，全都倚靠我们的边缘系统和由此产生的冲突来作为基石。

我们发展出鼓胀的脑皮质，像老旧手套那样，把我们比较古老的棒球般的边缘脑区包裹起来，于是就某些层面来看，我们回到了柏拉图的两匹马：理性和激情。费洛蒙、激素和多巴胺，双唇和舌头的神经末梢，还有它们负责触动的各种喜乐中枢，都以如簧巧言向我们原始的情绪部分讲话——这些部分大半位于前脑雷达扫描范围之外，我们难得能靠意识来掌控它。然而，前额叶皮质却能动用高级中枢来设法评估、节略、管理，并与比较古老的驱动力交涉。

双方结合为我们带来了最伟大的技艺，还有最可憎的罪恶、和平与战争、我们最好的时光和最凄惨的时代。没有它们在我们里面纠结缠绕，想来连环杀手、希特勒，还有创建异端裁判所的设计师，永远都找不到借口来犯下这等恶行，处死完全无辜的民众。他们必须兼具狂怒的个性和巧妙的合理化强辩，才会做出这种举止。不过也不能否认，倘若我们的脑子不能融合理性和心灵、情感和才智，贝多芬就永远无法构思、写出美妙无比的《第九交响曲》等乐章，而巴赫也创作不出《D 小调托卡塔与赋格曲》。

这也许就是亲吻为我们带来的伟大礼物。刚开始这样做也许是为了分享费洛蒙，后来还帮我们找到在身体上最能互补的伴侣。说不定亲吻依然具有这种用途。不过，亲吻还把爱和激情完全融在一起，结合产生人类独有的经验；亲吻以人类其他举止全都做不到的方式，把人和人牵绊在一起。它开启了通往爱的大门，让人类享有最美妙的经验。或许我们终生确实是一再把童年阶段获得的边缘系统蓝图取出来应用，在无意识状态下拿来和成年期的爱情两相比较，幸好我们还有理智思维，赋予我们优异的学习能力，有本领做出各种非凡的改变。

正因如此，就连在现今这个缺乏热情的世界，亲吻有时还是显得那么令人痴狂又无从掌控，那么原始却又让人觉得温暖、安全，而且令人钟爱？每当我们全心投入，唇贴着唇，就能捕捉到塑造我们人性核心和私人生活的所有冲撞力量——心灵和理性、DNA 和才智、性欲和爱情。这就是边缘系统在发挥功能，受到同时引燃理与情的费洛蒙的驱使，酝酿出原始的、不可控制的情感作用。相互吸引到这么贴近之后，我们的古老化学鸡尾酒也开始采取行动，同时也把理智抛进烟尘当中。或许这就是为什么当我们爱上某人，两心交会时，就仿佛失去理智一般；还有为什么这时我们会痴心迷醉，举足失措。管他什么见鬼的理性。

我们是多么混淆的奇怪生物啊。这是多么神奇的演化成果啊。想起来就觉得奇怪，竟然有生物能用圆瘤状的或灵巧的附肢这样看似简单的东西，来引领它的未来。还有，眼泪竟然能显露人心复杂程度到这等程度。从外表看来，它们根本就不值一提。不过演化就是这样发挥作用的。DNA 的随机拼凑方式、变动的气候以及后撤的丛林，甚至移动的山脉，这一切都引出了大脚趾，于是我们的灵长类祖先也才站得起来。接着这种适应现象也改变了我们祖先的社会、性爱关系，改造我们的出生方式，并创造出新式的灵长类脑子。大脚趾也促使大拇指——以及凭此打造出来的工具——得以成真，从而演化出具有语言能力的心智，就这样造就出一种号称伟大无比的工具。语言让我们得以凝聚众多心智，共同开创文化，同时还把我们转变成具有自我意识的物种，化为拥有明确自觉，还能清楚觉察周围整个世界的生物。

　　然而，我们不只具备逻辑和语言意识天赋，不单能运用打制工具的巧手和大脑来淬炼出种种技术。我们是从野生动物的遗传根基演变成形，我们有许多原始驱动力依然跟着我们，根植于人性本质的最深层核心。这些驱动力是激情、害怕和需求的泉源，从而为我们带来创造性、复杂性和社会束缚。即便字词浮现的意义非同小可，字词却完全不适合用来表达我们最深邃的感受。因此我们不只交谈，还相互亲吻、哭泣和发笑，还会跳舞、绘画和创作音乐。

　　最后还是很难想出一个合理的解释，来说明我们是如何发展成为现在的我们，然而，我们似乎是一心一意总要想出个道理。或许我们永远达不到目标但这也没关系。或许我们最爱的事情是探寻的过程，而这就是促使我们动用敏锐心智，让谜团就范的驱动力。果真如此，看来我们就必须兼备动物激情和人类才智，结合古老的 DNA 股和新近转移的版本，才能了解我们这种出奇地古怪，也古怪地出奇的生物——人类。

尾 声

智脑：人种，2.0版

今天大自然溜走了，或许终于，脱离我们的视野了吧。

——小哈迪逊（O. B. Hardison Jr.）

在历经六百万年演化之后的今天，接下来我们该何去何从？从今往后，演化和我们新近出现的才智，以及我们原始的驱动力和我们不断创造出来的强大技术，会怎样改变我们？

我们的现有处境和大自然先前成就的一切全然不同，因为我们不只是演化的副产品，如今我们本身已经成为演化的一种媒介。我们这种动物满怀古老的情感和需求，并动用才智和意识来予以强化，接着我们举步踏入一个新世纪，动手创造各种新颖的工具和技术，而且速度快得连自己都得费劲追赶，设法追上我们亲自创造的变化。

这将往何处去？我们会不会发展出更新颖的神经元和新式附肢，会不会沿袭我们过去六百多万年来的做法，继续改造我们的各种能力？绝对会的，不过做法或许和你心中所想并不相同。我们仔细观察就能看出，过去一向扮演完美同盟的DNA，总是能和演化带给我们各种改变，如今其本身却可能正在接受改造。也许演化正到处寻觅新伙伴。这个伙伴也许就是我们，或至少是我们造就的技术。

这实在是始料未及的，演化竟然需要我们这种生物，必须借助人类来促成如此根本的改变。这项工作势必得结合高级智慧和情感、意识意图、原始驱动力，再加上能以高度复杂方式沟通的心智所造就的大量知识。把这其中任何一项抽离，那么未来就要分崩离析，至少涉及我们这种智慧型意识生物的未来，是无法成形的。这不单是聪明就够了，还需要激情，有时也包括害怕，还必须经由专注意向激发，才能从事创造和发明。没有这种结合，就不会出现技术，也没有轮子和蒸汽机、核弹和电脑。同时，我们栖居的这个世界，也万不可能成真。我们充其量依旧在非洲暗夜依偎在一起，周边还有掠食动物在黑暗中环伺等待，我们也只能这样勉强维持生存。就连火都不会成为我们的朋友。

不过把我们塑造成人类现状的各种特征，业已赋予我们各种奇特的能力，于是这些本领，也渐渐把我们推向和我们的出身过往彻底不同的未来。这种未来和我们多数人想象得到的景象，存有巨大的差异。

以汉斯·莫拉维克（Hans Moravec）的思想为实范。莫拉维克任职于卡内基梅隆大学，是位深受景仰的机器人学科学家。他在20世纪80年代晚期悄悄写成一本书，提出人类种族的末日预言。这本书名为《心智孩童》（*Mind Children*），内容并没有预言我们会动用核武器自毁，或者自行造出疾病，失控蔓延导致灭亡，也没说自我复制纳米技术会摧毁我们这个物种。事实上，莫拉维克提出的预言是，我们会被自己的发明给彻底毁灭，而机器人则会成为首选。

莫拉维克接下来的一本书叫作《机器人：由机器迈向超越人类心智之路》（*Robot: Mere Machine to Transcendent Mind*）。他在书中阐释这种转换会一次开展一个技术世代，加上现今的改变速度又很快，到了 21 世纪中期，很可能就会脱缰自行发展。其过程想必就是，我们会推动机器人攀登演化阶梯，约以十年为期逐步进展，让它们变得更聪明、更有活动性，也更像我们。刚开始时，它们的智慧等级也许就像昆虫或者孔雀鱼一样（这就是我们的现况），随后是实验室大鼠，接着是猴子和黑猩猩。到头来，总有一天，机器会变得比创造它们的人类更高明，也更能适应环境。当然，很快这就会引来一个问题："现在该由谁做主？"历经二百万年光景，始终高居地球食物链顶端的智人，是否从此就不再当家做主了？在这个被演化略过的窘迫空间当中，我们是否会发现自己在扮演尼安德特人，而对手则变成像我们这样拥有自我意识的技术制品——由会打制工具的意识生物所打造出来的第一批意识工具？

答案在所难免是肯定的。演化必定能借我们之力，发现一种创造新颖生物的崭新手法，这种手法离弃 DNA 演化阶梯和脆弱的碳基生物，抛下大自然使用了将近四十亿年来处理这项事务的做法。

"末日"不会出现《魔鬼终结者》那样的入侵场面；它只会以自然演化事件逐步开展，其中一个较能适应环境的物种取代另一个不再能够适应、已然无力存续的物种。只是这个新的物种不会以 DNA 堆造而成，而是要由我们来发明，采用硅和合金来打造成形，而且一旦顺利把它带进这个世界，我们这个物种就不再是必要的了。

事件会不会像这样收场仍有待观察。不过，莫拉维克的情节确有其道理：世界和赖以存续的生命是会改变的，不会只因我们是变化的媒介，就不受它的影响。

想起来就觉得奇怪，机器的发明，甚至机器人的发明，竟然可以和达尔文的自然选择联想到一起。谈到演化，我们通常都认为这是牵涉生物界细胞、DNA和各种"有生命的"生物的事件。至于机器，我们会觉得那是没有生命和智慧的，而且多半是靠经济力量推动，较少凭借自然力来促成的变化。不过也没有白纸黑字写明，演化就必须局限在我们的生物学传统思维范畴内。事实上，生物和技术制品的界线、人类和我们创造的机器之间的分际，已经日渐模糊了。我们已经成为人类技术不可分割的部分。

自从能人用三爪握法打制出第一件燧石石刀的时代开始，我们就很难分辨，到底是我们发明了工具，还是我们的工具发明了我们。若是全球的电脑系统失灵，世界经济就要瓦解。没有膝上、掌上型电脑，没有手机或 iPod，我们就活不下去，而且这些东西都在不断缩小，威力却持续增长。我们罔顾干细胞疗法引发的火爆争议，不时都在操控基因。复制人极有可能在未来五年期间出现。如今我们已经拥有纳米（分子）运作等级的电脑处理器，还有在细胞尺度运转的微机电式机械。现在已经有电子式义肢，直接和人类神经相连，还有在脑中植入电子装置，来处理帕金森氏病和心脏无力，这些都司空见惯了。甚至还有科学家在进行植入式电子眼实验。新式衣服把数码技术织进布料纤维，让衣着进一步化为我们的一部分。目前军方正在研制一种"战斗服"，这是一种"第二层皮肤"，能强化士兵的感官、力量和沟通能力，甚至能以三角法算出朝着他飞来的子弹方向。

接下来呢？讲话、书写和艺术，让我们能够以有力的新颖方式，来分享内心的感觉。不过必须投入好几个月或好几年时间，才

　　　　　　　重返人类演化现场

能学会新语言、弹钢琴或娴熟造桥建屋的技艺。加速沟通的新技术（虚拟实境、遥感临场、数码植入、纳米科技）会不会创造出替代讲话的崭新沟通方式？我们是否有一天会开始使用某种数码心电感应来沟通，还用来下载信息、经验、技能甚至情绪，就像我们从网络下载档案到笔记本电脑那样？我们会不会变成机器，或者说机器会不会变成我们的增强版本？倘若真会这样，到时我们要面对哪些道德议题？从哪一刻起，我们就不再是人类了？

琳恩·马古利斯（Lynn Margulis）是世界顶尖的微生物学家，她曾说，技术制品和生物的模糊分际，根本不是什么新鲜事。她曾论述表示，蛤、螺类群的外壳就是套上生物外衣的技术制品。我们建造的宏伟摩天大楼和我们血拼的购物中心，甚至于我们开着四处跑的汽车，和种子的荚壳真的有巨大的差别吗？种壳和蛤壳（这些都不是活的）里面装了些许水分、碳和DNA，便静候良机，着手复制，然而我们却没有把它们和里面装的生命区分开来。那么谈到办公建筑、医院和太空梭，为什么就非得另眼看待？

换个方式来讲，我们或许要区分生物和这些生物凑巧创作出的工具之辨，大自然却不会这样做。演化进程完全就在于见识新颖的适应作用，并把表现优于其他的一群保存下来。这样一来，能人最早打制的燧石石刀，就成为一种不比蛤壳稍逊的生物形式，而我们的祖先也借此踏上崭新的演化路程，这就好比他们的DNA经捏揉创造出一种新颖的身体突变——例如一双对生的拇指或一对大脚趾。

就算这些技术适应作用都不属于我们心目中的寻常生物学范畴，其影响仍是同等深远的，速度是远胜常态的。在演化瞬息之间，最早的燧石石刀改变了我们吃的东西，以及我们与世界互动以及相互交往的方式。这提高了我们的存活机会，让我们的脑子加速增长，从而让我们得以创造出更多工具，接着这又促使我们需要更大的脑子。我们就这样持续进展，以渐增高速愈益精进，不断打造出愈来愈复杂的技术制品，并开发出遗传技术，所以我们借此就能改动我们的染色体，操纵当初制造脑子来构思工具的同一组缰绳。果真如此，那么我们所有的技术制品也全部都是我们的延伸，而且人类的每种发明，实际上也就是生物演化的又一种表现。

莫拉维克和马古利斯，还有其他人都提出了好几个问题，逼得我们只能更改自己对演化的传统思维。和莫拉维克一样，科学家及发明家雷·库日韦尔也指出，技术改变速率以指数比率提高。还有，他也像莫拉维克一样提出先见，预言在本世纪中期会演变出才智和我们并驾齐驱的机器。不过就另一点他却与莫拉维克意见相左，他不完全同意这种机器会以一副机器人的模样现身。

起初库日韦尔认为，我们以遗传技术再造自己，是为了活得更久、更健康，超过我们与生俱来的 DNA 容许的寿限。首先我们会重新安排基因来减少疾病，培养替换器官，并普遍迟滞高龄带来的众多折磨。他说道，这就会把我们带往 21 世纪 20 年代晚期，那时我们就能创造出分子尺度的纳米机器，编程运用来弥补我们的自然演化局限，投入应付 DNA 始终无力处理的工作。

一旦这些进展到位，我们就不只会延缓衰老，还能逆转其进程，逐一处理每颗分子来清理、重建我们的身体。我们还会把这些机器，安顿在我们脑中现有的数十亿神经元当中，借助它们来强化我们的智慧，我们的记忆力会得以改良，我们会发令创造出崭新的虚拟经验，把人类的想象力提升到我们现有未强化的脑部连想都无法想的水平。一段（相当短暂的）时间之后，我们就会借助逆向工程，改造人脑创造出一种威力强大无比的数码版本，于是我们也就由此发展成一种完全数码形式的物种。

这种未来观，基本上和莫拉维克的"从脑子向机器人下载"观点并无不同，唯一区别是这是比较渐进式的见解。不论就哪种观点来看，我们都会与技术制品融合，况且一开始双方也不见得真有融合的障碍，而且到头来，位元、位元组、神经元和原子的分际也终将泯除。

　　或者从另一个角度来看，到时我们就会演化成另一个物种。于是我们就不再是智人，而是种智脑（*Cyber sapiens*），也就是半数码、半生物的活物，而且将来还会凌驾于其他所有生物之上，拉开它的 DNA 和演化命运之间的差距。同时，我们也会成为一种能掌舵操控本身演化进程的生物，从而开创自然界一项崭新的局面（智脑的"属名"Cyber 衍生自代表船只舵手或领航员的希腊文 kyber-netes）。

　　我们为什么要让自己被替换掉？因为我们到最后没有选择余地。我们本身的发明能力，已经让我们与环境彻底脱轨，于是我们也只好死命追赶。我们陷入一种极端讽刺的处境，我们创造的世界，和人类早先源出的世界已经彻底不同。一颗星球表面住了65亿生物，每天还有数百万人搭乘飞行机器旅行，他们用卫星和光纤缆索把心智相互串联起来，一方面重新安排分子，另一方面却动手铲平各大洲的雨林，他们栽植粮食，一夜之间就能输运好几兆吨——所有这一切都和狩猎采集者天差地远，殊异于演化在20万年前为他们打造出的游牧生活方式。

　　所以，看来我们长年发明的习性已经让我们陷入了困境。在演化胜人一筹的伎俩之下，我们的工具已经把世界变得更为复杂。为了适应这种复杂性，势必得发明出更复杂的工具，才能帮我们随时掌控全局。我们的新工具让我们得以提高适应速度，然而伴随着一项进步的产生，势必得再创造出另一项，于是每有愈益强大的发明套组出现，我们周围的世界也随之剧烈变动，程度大得必须产生更多适应才行。

要生存下去，唯有加速变动，变得更聪明，还得随改变做出改变才行；要想办到这点，最好的做法就是强化我们自己，最后就得从我们本身的DNA出发，这样我们才能从肉体、情感和心理各层面，适应我们不断创新的环境，存活下来。

这一切是否太难以置信，太无法想象了？智人果真会退让并由智脑取而代之吗？毕竟，智脑把分子和数码世界统合得天衣无缝，就像两百万年前，我们的祖先在把技术和生物界合并为一的情况一样。演化带头做出许多怪事。它花了好几十亿年让基因开合、交换，最后才把我们带进世间。接着我们的特异大脑花了二十万年，才把我们从裸露皮肤、带着石头武器四处奔跑的处境，带进了我们今天栖居的世界。演化完全关乎不可思议的进展。而生存驱动力则坚韧不拔，塑造出看似不可能之事。我们自己就是最佳明证。

倘若这一切都得以成真，若是DNA本身踏上恐龙的前尘，那么智脑会成为怎样的生物？就某方面而言，我们是不可能知道答案的，就如直立人也同样无从想象，它的后裔会在某一天创作电影、发明电脑还编写交响曲。我们的后代肯定会更加聪明，而且脑子采用巨量平行运作，就像我们现有的版本，同时速度也快得无法想象。不过，我们装载在颅骨里面的原始本能，还有非语言的潜意识沟通做法会怎样呢？还有哭、笑、亲吻又会怎样呢？听到好笑话时智脑能听得懂吗，读到雅致诗句时会微笑赞赏吗？他会不会挥手拂乱他子女的机器制头发，会不会和他心中之爱手牵手，会全心全意不由自主地纵情接吻吗？男女两性的"脑"和行为会有差别吗？到时还会有男女之别吗？还有，费洛蒙、肢体语言和神经质傻笑又会怎样呢？或许在达成使命之后，这些都会消失不见。智脑会睡觉吗？如果会的话，他们会做梦吗？他们会不会串通共谋、论人长短、嫉妒生气，会不会密谋杀人？他们会不会心怀深邃的（即便是机器制造的）潜意识，也就是人类心智的暗物质，或者是否这所有原始内情，都要在他们新铸成形的心智灿烂光照之下全部现形？

说不定我们会比心中设想更早地面对这类问题。未来每天都在加速进展。

我私心认为，既然演化变革和演化遗风已经合力把我们造就得这么出色，又这般富有人性，相信当我们迈步向前，这些也不会完全被人弃置，也或许放弃不得。毕竟，演化确实有办法就地取材，而且就算历经六百万年的变化折腾，我们依然怀有动物祖先的回响。也许这些回响大半都会留存下来。毕竟，即便行李沉重无比，挑几样精品保存下来，大概也会是件好事，就算我们是畸形产物，那也无妨。

致　谢

　　写作从表面看来是独自进行的活动，其实这从来不是单独完成的。出书必须靠群体共同努力才行，本书也不例外。所以我要向帮忙促成本书出版的人致上诚挚的谢意，没有他们，就没有读者手中的书页。好比众多学科的科学家，他们从事重量级的知识活动，完成了许多出色的成果，包括迪肯、阿尔比布和里佐拉蒂的语言演化研究，乃至于加扎尼加、萨克斯和埃德尔曼钻研人类意识开创的惊人发现。还有约翰逊、伊恩·塔特索尔（Ian Tattersal）、利基家族等人类学家的研究成果，他们在亚、非、欧洲发掘线索，追查我们的过往，从而帮助解释我们这个物种是如何努力奋斗达成现况的。我要向邓巴、珍尼·古道尔、科尼利厄斯、格林菲尔德、普罗文、亨利·普洛特金（Henry Plotkin）、福尔克等人致意，谢谢他们在钻研社会行为、笑、哭和脑部发展各方面课题卓有成就，协助充实了人类演化及行为方面的知识，为这几门在数十年前还一知半解的领域填补了空白。还有就总体层面，我要感谢平克、马古利斯、库日韦尔、莫拉维克、托马斯和道金斯，他们钻研每项课题，几乎总能采取令人耳目一新的途径，开创启人思维的成果。几百位科学家都曾投入相关研究，阐述我们是如何发展成现在这种生物，这里所列只是其中少数。

　　这里也该向我的经纪人彼得·索耶（Peter Sawyer）致意，感谢

272　　　　　　　重返人类演化现场

他介绍我认识此生所见最出色的人物——沃克图书公司（Walker and Company）发行人乔治·吉布森（George Gibson）。他们两人对我的这个计划总是坚定不移地积极支持。我这本著作由杰奎琳·约翰逊（Jacqueline Johnson）负责编辑，她的无尽耐心和温雅作风，让这项工作成为一种乐趣，不再是件苦差事；同时她还不止一次发挥技巧，把杂乱的文句梳理得连贯顺畅。

我要特别感谢菲利普斯及约翰逊家族基金会（Thomas Phillips & Jane Moore Johnson Family Foundation）在本书撰写期间对我的鼓励，也谢谢他们在经费和精神上的支持。我对他们的衷心感怀，绝非这段文字所能表达。对他们的慷慨义举，我必永志不忘。

我的几位至交展现了深挚的友情，通篇审阅手稿，在各著述阶段为我提供了卓见。这里要特别谢谢理查德·托宾（Richard Tobin）、辛蒂·莫西兹（Cyndy Mosites）、我的双亲——比尔和罗斯玛丽·沃尔特（Bill and Rosemary Walter）、汤姆·约翰逊（Tom Johnson）、苏珊·麦克莱伦（Susan McLellan）、罗宾·韦特海默（Robin Wertheimer）、玛丽·默林（Mary Murrin）、杰瑞·法柏（Jerry Farber）和塔拉·马克雷尼（Tara McLamey）。

最令人感怀的是我那两个出色的女儿——茉莉和汉娜，她们经常要忍受这个爸爸，因为偶尔他在出席垒球、划艇比赛或观赏剧院表演的时候，心思依然放在古代非洲或者默思剖析脑部课题上。不过她们对我总是很有耐心，时时保持高度的幽默感（连带着也让我风趣起来），而且她们也总能提醒我要知福，因为只有我们这种生物才能和挚爱的人一道欢笑、亲吻和哭泣。

奇普·沃尔特

2006 年于宾夕法尼亚州匹兹堡

01 《证据：历史上最具争议的法医学案例》[美] 科林·埃文斯 著　毕小青 译

02 《香料传奇：一部由诱惑衍生的历史》[澳] 杰克·特纳 著　周子平 译

03 《查理曼大帝的桌布：一部开胃的宴会史》[英] 尼科拉·弗莱彻 著　李响 译

04 《改变西方世界的 26 个字母》[英] 约翰·曼 著　江正文 译

05 《破解古埃及：一场激烈的智力竞争》[英] 莱斯利·亚京斯 著　黄中宪 译

06 《狗智慧：它们在想什么》[加] 斯坦利·科伦 著　江天帆、马云霏 译

07 《狗故事：人类历史上狗的爪印》[加] 斯坦利·科伦 著　江天帆 译

08 《血液的故事》[美] 比尔·海斯 著　郎可华 译

09 《君主制的历史》[美] 布伦达·拉尔夫·刘易斯 著　荣予、方力维 译

10 《人类基因的历史地图》[美] 史蒂夫·奥尔森 著　霍达文 译

11 《隐疾：名人与人格障碍》[德] 博尔温·班德洛 著　麦湛雄 译

12 《逼近的瘟疫》[美] 劳里·加勒特 著　杨岐鸣、杨宁 译

13 《颜色的故事》[英] 维多利亚·芬利 著　姚芸竹 译

14 《我不是杀人犯》[法] 弗雷德里克·肖索依 著　孟晖 译

15 《说谎：揭穿商业、政治与婚姻中的骗局》[美] 保罗·埃克曼 著　邓伯宸 译　徐国强 校

16 《蛛丝马迹：犯罪现场专家讲述的故事》[美] 康妮·弗莱彻 著　毕小青 译

17 《战争的果实：军事冲突如何加速科技创新》[美] 迈克尔·怀特 著　卢欣渝 译

18 《口述：最早发现北美洲的中国移民》[加] 保罗·夏亚松 著　暴永宁 译

19 《私密的神话：梦之解析》[英] 安东尼·史蒂文斯 著　薛绚 译

20 《生物武器：从国家赞助的研制计划到当代生物恐怖活动》[美] 珍妮·吉耶曼 著　周子平 译

21 《疯狂实验史》[瑞士] 雷托·U. 施奈德 著　许阳 译

22 《智商测试：一段闪光的历史，一个失色的点子》[美] 斯蒂芬·默多克 著　卢欣渝 译

23 《第三帝国的艺术博物馆：希特勒与"林茨特别任务"》[德] 哈恩斯—克里斯蒂安·罗尔 著　孙书柱、刘英兰 译

24 《茶：嗜好、开拓与帝国》[英] 罗伊·莫克塞姆 著　毕小青 译

25 《路西法效应：好人是如何变成恶魔的》[美] 菲利普·津巴多 著　孙佩妏、陈雅馨 译

26 《阿司匹林传奇》[英] 迪尔米德·杰弗里斯 著　暴永宁 译

27 《美味欺诈：食品造假与打假的历史》[英] 比·威尔逊 著　周继岚 译

28 《英国人的言行潜规则》[英] 凯特·福克斯 著　姚芸竹 译

29 《战争的文化》[美] 马丁·范克勒韦尔德 著　李阳 译

30 《大背叛：科学中的欺诈》[美] 霍勒斯·弗里兰·贾德森 著　张铁梅、徐国强 译